Emad Yacoub

Suivi cardio-respiratoire des nourrissons à risque

Emad Yacoub

Suivi cardio-respiratoire des nourrissons à risque

Recherche en Ingénierie Biomédicale

Presses Académiques Francophones

Mentions légales / Imprint (applicable pour l'Allemagne seulement / only for Germany)
Information bibliographique publiée par la Deutsche Nationalbibliothek: La Deutsche Nationalbibliothek inscrit cette publication à la Deutsche Nationalbibliografie; des données bibliographiques détaillées sont disponibles sur internet à l'adresse http://dnb.d-nb.de.

Toutes marques et noms de produits mentionnés dans ce livre demeurent sous la protection des marques, des marques déposées et des brevets, et sont des marques ou des marques déposées de leurs détenteurs respectifs. L'utilisation des marques, noms de produits, noms communs, noms commerciaux, descriptions de produits, etc, même sans qu'ils soient mentionnés de façon particulière dans ce livre ne signifie en aucune façon que ces noms peuvent être utilisés sans restriction à l'égard de la législation pour la protection des marques et des marques déposées et pourraient donc être utilisés par quiconque.

Photo de la couverture: www.ingimage.com

Editeur: Presses Académiques Francophones est une marque déposée de
Südwestdeutscher Verlag für Hochschulschriften GmbH & Co. KG
Heinrich-Böcking-Str. 6-8, 66121 Sarrebruck, Allemagne
Téléphone +49 681 37 20 271-1, Fax +49 681 37 20 271-0
Email: info@presses-academiques.com

Produit en Allemagne:
Schaltungsdienst Lange o.H.G., Berlin
Books on Demand GmbH, Norderstedt
Reha GmbH, Saarbrücken
Amazon Distribution GmbH, Leipzig
ISBN: 978-3-8381-8900-0

Imprint (only for USA, GB)
Bibliographic information published by the Deutsche Nationalbibliothek: The Deutsche Nationalbibliothek lists this publication in the Deutsche Nationalbibliografie; detailed bibliographic data are available in the Internet at http://dnb.d-nb.de.

Any brand names and product names mentioned in this book are subject to trademark, brand or patent protection and are trademarks or registered trademarks of their respective holders. The use of brand names, product names, common names, trade names, product descriptions etc. even without a particular marking in this works is in no way to be construed to mean that such names may be regarded as unrestricted in respect of trademark and brand protection legislation and could thus be used by anyone.

Cover image: www.ingimage.com

Publisher: Presses Académiques Francophones is an imprint of the publishing house
Südwestdeutscher Verlag für Hochschulschriften GmbH & Co. KG
Heinrich-Böcking-Str. 6-8, 66121 Saarbrücken, Germany
Phone +49 681 37 20 271-1, Fax +49 681 37 20 271-0
Email: info@presses-academiques.com

Printed in the U.S.A.
Printed in the U.K. by (see last page)
ISBN: 978-3-8381-8900-0

2

Remerciements

Ce travail de thèse a été effectué au sein de l'UMR 6614 CORIA à l'université de Rouen en collaboration avec le Service de Pédiatrie Médicale du Centre Hospitalier Universitaire de Rouen d'Octobre 2008 à Décembre 2011 sous la direction du Professeur Christophe LETELLIER. Je les remercie pour leur accueil.

Je tiens tout d'abord à remercier mon directeur de thèse, le Professeur Christophe LETELLIER et mon co-encadrant, le Docteur Ubiratan Santos FREITAS, qui m'ont guidé et encadré avec beaucoup d'implication tout au long de ma thèse.

J'exprime ma gratitude à Monsieur le Professeur Eric MALLET, ancien chef du service de Pédiatrie Médicale du Centre Hospitalier Universitaire de Rouen pour son intérêt, ses conseils et ses encouragements, ainsi qu'à tous les médecins et infirmières de ce service.

Je souhaite également remercier toutes les infirmières du service de soins intensifs et du soin à domicile de pédiatrie pour leur gentillesse et pour toutes les aides de mise en place des enregistrements sur les nourrissons, en particulier Madame Sylvie LEFESY qui m'a aider à organiser et réaliser mes enregistrements à l'hôpital.

Je voudrais aussi remercier le nouveau chef de département de Pédiatrie Médicale du Centre Hospitalier Universitaire de Rouen, le Professeur Christophe MARGUET, pour son intérêt et ses conseils.

Je remercie également Madame Valérie MESSAGER, pour son aide tout au long de la thèse.

J'adresse mes remerciements à Messieurs Laurent LARGER, Professeur, et François LUSSEY-RAN, chargé de recherche, qui m'ont fait l'honneur de rapporter cette thèse.

Je remercie Messieurs les Professeur Luis A. AGUIRRE et Eric MALLET, Messieurs Sylvain MANGIAROTTI et Christian TERLAUD, et Madame Valérie MESSAGER d'avoir accepté de faire partie du jury.

Je tiens aussi à exprimer ma gratitude à mes parents, ma femme et ma famille qui m'ont donné la chance de faire mes études et qui m'ont soutenu moralement et financièrement durant mon parcours.

Je remercie la fondation ANAÏS DUNOIS qui a assuré le financement de cette thèse.

Enfin je tiens à adresser mes plus sincères remerciements à toutes les personnes du Laboratoire CORIA, surtout mon groupe de recherche qui m'a aidé et encouragé durant la période de thèse : Dounia BOUNOIARE, Roomila NAECK, Elise ROULIN, Anne PEREL, Martin ROSALIE, Emeline FRESNEL, Saïd IDLAHCEN, Yann MESLEM, Catherine GRUSELLE, Zakaria BOUALI, Memdouh BELHI, Ouissem BENNASR.

4

Table des matières

Introduction

Si le syndrome de mort subite du nourrisson n'est plus aussi présent depuis la campagne de couchage sur le dos des années 1990, il reste encore à l'origine d'un tier des décès des nourrissons, ce qui le laisse parmi les préoccupations des pédiatres. A cela s'ajoute que le caractère soudain et imprévisible conduit à un choc psychologique dévastateur pour les parents et la fratrie dont les implications non négligeables persistent des années durant, si ce n'est durant le reste de la vie. C'est pour ces raisons que le suivi cardio-respiratoire des nourrissons à risque ou issus de fratrie à mort subite (pour des raisons psychologiques dans ce dernier cas) constitue encore un enjeu d'importance.

L'une des raisons majeures justifiant une nouvelle étude des techniques de suivi cardio-respiratoire réside dans le taux trop important de fausses alarmes qui conduisent, dans le meilleur des cas, les familles à ne plus utiliser ces appareils ; autrement ces moniteurs sont une source indéniable de stress et d'angoisse pour l'entourage du nourrisson dont l'impact sur le développement des nourrissons appareillés n'a jamais vraiment été étudié. Dans le cadre de travail, nous allons commencer (chapitre 1) par revisiter le syndrome de mort subite du nourrisson de manière à dégager ce qui en fait ses spécificités ; nous verrons ainsi que le nœud central de ce syndrome réside dans la maturation du système cardio-respiratoire et la capacité du nourrisson à s'éveiller dans des situations critiques.

Dans le chapitre 2, une technique de mesure de l'activité cardio-respiratoire par capteurs acoustiques est testée. Pour cela, un double système d'acquisition est mis en place de manière à ne paas modifier les pratiques de routine et, de plus, à permettre la validation de la technique proposée. Lors de la validation des mesures par capteurs acoustiques à l'aide des signaux acquis par des électrodes et un moniteur courant, nous avons constaté que les systèmes quotidiennement utilisés dans les services pédiatriques n'offraient pas nécessairement la fiabilité espérée. Malheureusement les capteurs acoustiques ne se révèlent pas meilleurs et même plutôt moins fiables.

Dans le chapitre 3, les électrocardiogrammes enregistrés avec le système de routine sont utilisés pour construire des tachogrammes (séries temporelles des intervalles RR) permettant l'étude des dynamiques cardiaques de nourrissons ayant fait des malaises ou des bronchiolites et monitorés à ce titre au service de pédiatrie du CHU de Rouen. Ceci constitue une base de données assez rare, au moins si l'on en juge le peu d'articles publiés sur la dynamique cardiaque de nourrissons.

Chapitre 1

Le syndrome de mort subite chez le nourrisson

1.1 Introduction

Pendant longtemps, le syndrome de mort subite du nourrisson, caractérisé par le décès brutal et inexpliqué d'un enfant apparemment en bonne santé, a été perçu comme l'une des pathologies les plus marquantes de la médecine. Au cours des dernières années des avancées majeures dans la compréhension des mécanismes reliant le sommeil et l'homéostasie[1] ont été réalisées : citons la mise en évidence des facteurs de risques environnementaux et génétiques, ou la découverte d'anomalies biochimiques et moléculaires chez les nourrissons décédés de mort subite, ceci permettant notamment d'en affiner la définition et de faciliter les recherches dans ce domaine [1].

La diminution du nombre de décès par syndrome de mort subite résulte d'une amélioration de la prévention du risque de mort subite chez le nourrisson par une modification de la position de couchage des nouveau-nés : il a en effet été démontré qu'une position de couchage en décubitus ventral[2] augmentait le risque de mort subite de manière significative [2, 3]. Suite à cette découverte, des campagnes de prévention nationales et internationales ont été lancées au début des années 1990, préconisant le couchage des nouveau-nés en position de décubitus dorsal[3], associées à quelques mesures préventives complémentaires. Cette simple mesure a entraîné une réduction du taux de décès par mort subite de plus de 50% [2, 4, 5, 6]. Cependant, malgrès ces recommandations préventives, la mort subite du nourrison reste la troisième cause de mortalité infantile dans le monde [7].

1.2 Définition et incidence

La première définition formelle du Syndrome de Mort Subite du Nourrisson[4] remonte à 1969 [8] et s'énonçait comme « le décès soudain, durant son sommeil, d'un nourrisson ou d'un jeune enfant de moins d'un an, inattendu par son histoire, dont la cause demeure inexpliquée malgrès les examens réalisés après le décès ». Une analyse détaillée des circonstances environnementales, un historique des antécédents médicaux ainsi qu'une autopsie complète des nourrissons victimes d'un syndrome de mort subite est indispensable pour différencier les morts subites explicables (l'étude des circonstances entourant le décès ou l'autopsie permettent de déterminer la cause du décès tel que la suffocation dans un environnement de couchage inadapté [9, 10]) des morts subites inexpliquées (aucune cause évidente n'est retrouvée). Bien que la mort subite du nourrisson soit définie comme un « syndrome », c'est-à-dire résultant potentiellement de plus d'une maladie, elle n'en reste pas moins regardée

---

1. L'homéostasie désigne la capacité du corps à maintenir une stabilité relativement constante du milieu interne malgrès les fluctuations du milieu externe (environnement). Il s'agit en fait d'un état d'équilibre dynamique dans lequel les conditions internes varient mais toujours dans des limites relativement étroites. Les réponses homéostasiques du corps sont régulées par le système nerveux et le système endocrine agissant en synergie ou independamment
2. décubitus ventral : allongé sur le ventre.
3. décubitus dorsal : allongé sur le dos.
4. SMSN correspond à l'acronyme anglais SIDS pour Sudden Infant Death Syndrome.

comme une entité singulière du fait de ces caractéristiques distinctives, parmi lesquelles sont mises en relief la prévalence d'un pic d'incidence entre le deuxième et le quatrième mois de vie, une prédominance masculine, une prématurité et sa survenue au cours du sommeil.

Par la suite, des modifications ont été apportées à cette première définition, restreignant ainsi son application aux nourrisson âgés de moins d'un an [11], incluant l'étude de la scène du décès ainsi que la nécessité d'établir le lien entre le décès et une période de sommeil (période au cours de laquelle surviennent la majorité des décès [12]). Toutefois, le moment exact auquel se produit le décès, à savoir au cours d'une phase de sommeil ou durant l'une des multiples transitions sommeil-éveil qui jalonnent les nuits, reste toujours indéterminé, aucun élément ne permettant de l'identifier de façon certaine. Seule la relation entre le décès et une période de sommeil peut être établie de façon claire.

Dans les pays industrialisés, la mort subite du nourrisson reste la cause de mortalité infantile la plus fréquente au cours de la période post-natale de la fin du premier mois, fin de la première année. Une étude récente du taux de décès par mort subite relevés dans 13 pays industrialisés [13] révèle une nette diminution de celui-ci au cours de la période 1990-2005 qui fait suite aux campagnes de préventions par modification des pratiques de couchage. Parmi ces pays, le Japon présente le taux de mortalité par mort subite le plus faible avec $0,09$ cas /1000 nourrissons, tandis que le taux le plus élevé est atteint en Nouvelle-Zélande avec un taux de $0,8/1000$ [6]. La France, quant à elle, présente un taux de décès dû à ce syndrome de $0,32/1000$, soit un décès sur dix ce qui reste encore très élevé [14]. Il est à noter cependant, que les différences entre les taux de mortalité imputables au syndrome de mort subite du nourrisson peuvent être substantiellement dépendantes de facteurs tels que le pays ou la ville dans lequel le décès a eu lieu, ainsi que des méthodes d'investigation utilisées pour diagnostiquer le décès, méthodes dépendantes de la définition du syndrome de mort subite du nourrisson admise par le praticien clinique ayant effectué le diagnostic [15].

Même s'il existe une population à risque, la mort subite peut frapper n'importe quel nourrisson, né à terme ou prématuré, présentant une pathologie ou non. Son retentissement sur la famille s'apparente à un traumatisme violent et durable. La prise en charge psychologique de ces familles nécessite une compréhension et une explication de la maladie. C'est pourquoi, même si de grands progrès ont été enregistrés ces dernières années grâce, notamment, aux campagnes de prévention, le syndrome de mort subite du nourrisson constitue, aujourd'hui encore, un problème de santé publique.

1.3   Conception actuelle

La principale théorie émergeant des données pluridisciplinaires recueillies, tend à concevoir le syndrome de mort subite du nourrisson comme l'aboutissement d'un processus multi-factoriel. La mort ne résulterait pas d'une cause unique, mais de la conjugaison de multiples facteurs, isolés ou associés, entraînant le décès par des mécanismes variés [16, 17, 18]. Sur cette base, Filiano et Kinney ont proposé en 1994 un modèle dit du « triple risque » [16] (Fig. 1.1) selon lequel, le syndrome ne survient que lorsque trois facteurs principaux de risques sont présents simultanément :

1. une vulnérabilité sous-jacente du nourrisson ;

2. une période de développement critique ;

3. des facteurs d'agression externes dans le contrôle de l'homéostasie.

L'ensemble des études épidémiologiques, physiologiques et neuropathologiques mettent en avant l'hypothèse d'une vulnérabilité sous-jacente du nourrisson comme facteur commun à tous les décès imputables au syndrome de mort subite. Des anomalies au niveau des fonctions neurologiques [19, 20, 21, 22, 23], du contrôle autonome [24, 25, 26, 27, 28, 29], de l'organisation des stades de sommeil et des fonctions respiratoires [30] ont également été retrouvées chez les victimes. Ces découvertes neuropathologiques révèlent un déficit significatif des structures neurales dans le cortex cérébral et dans les sites relativement proches des structures cérébrales telles que l'olive inférieure [5] et la surface ventrale de la moelle [24, 25, 26, 27, 28, 29]. Ces structures neuronales sont impliquées

---

5. L'olive inférieure est un noyau olivaire faisant partie du bulbe rachidien. Les noyaux du bulbe rachidien régissent le rythme respiratoire, la pression artérielle, la fréquence cardiaque. Les noyaux olivaires et d'autres centres sont responsables de la toux, de la déglutition, de l'éternuement, des vomissements.

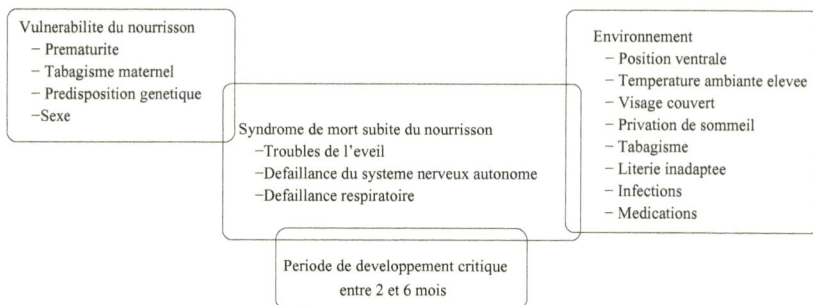

FIGURE 1.1 – Modèle triple risque du syndrome de mort subite du nourrisson

dans la régulation de la pression sanguine et des réflexes d'éveil [31]. Une auto-inhibition excessive des neurones sérotonergiques[6] a également été identifiée comme facteur de risque avec pour conséquence une dérégulation du contrôle autonome, un mécanisme potentiellement impliqué dans l'altération de l'homéostasie sérotonergique identifié chez les nourrissons ayant succombés à ce syndrome [32]. Le polymorphisme des gènes impliqué dans les fonctions autonomes, la neuro-transmission, le métabolisme énergétique, et la réponse aux infections a également été identifiée comme facteur de risque chez les nourrissons décédés [1, 33]. La présence de ce polymorphisme des gènes est supposée les rendre plus vulnérables au syndrome de mort subite, cette vulnérabilité devenant évidente lorsque ces nourrissons sont confrontés à un environnement potentiellement dangereux [6].

L'exposition prénatale au tabagisme maternel représente également un facteur de risque important qui augmente la vulnérabilité du nourrisson [23]. Plusieurs études ont examiné l'influence que pourrait avoir le tabagisme maternel sur le syndrome de mort subite. Il en découle qu'une exposition prénatale du nouveau-né au tabac augmente le risque de mort subite d'un facteur compris entre 0,7 et 4,85 [34], le risque étant directement proportionnel au nombre de cigarettes consommées par la mère au cours de sa grossesse [34, 35]. Il a ainsi été suggéré que le tabagisme maternel pouvait altérer le développement du contrôle autonome, augmentant de ce fait la vulnérabilité du nourrisson, et ceci d'autant plus, si ce facteur de risque est associé à d'autres facteurs de risques majeurs tels qu'un petit poids de naissance, une prématurité et/ou un retard de croissance intra-utérin [36, 37]. Le partage du lit parental, notamment avec une mère fumeuse, accroît encore le risque de mort subite [38, 39].

Enfin, la prématurité, un petit poids de naissance, une anémie maternelle, l'usage de drogues illicites telles que la cocaïne ou l'opium durant la grossesse, accroissent tous la vulnérabilité du nourrisson et donc le risque de mort subite lié à un environnement intra-utérin inadéquat [40, 41, 42, 43]. Un retard de croissance intra-utérin, la prématurité induisent un retard de maturation du système nerveux autonome, notamment de l'activité parasympathique au profit de l'activité sympathique, l'une et l'autre étant impliquées dans le contrôle cardio-vasculaire dont l'instabilité au cours du sommeil [44] augmente le risque [41, 43]. Prises conjointement, toutes ces études mettent en évidence une vulnérabilité du nourrisson qui, associée à une période de développement critique et exposé à un environnement potentiellement dangereux, peut précipiter les évènements vers une issue fatale.

Plus de 90% des décès diagnostiqués comme syndrome de mort subite surviennent dans les six premiers mois de vie, avec un pic d'incidence compris entre 2 et 4 mois [6, 45]. C'est au cours des six premiers mois après la naissance que d'importants changements physiologiques surviennent accompagnés d'une rapide maturation du

---

6. Les neurones sérotonergiques sont liés à l'écorce cérébrale, au système limbique et à une série d'autres centres cérébraux qui ont une fonction de régulation au niveau sensoriel, moteur et associatif. Pour bien intégrer l'association de différentes fonctions telles que le language, phénomène qui associe les aspects auditifs (entendre), visuels (lire en voyant les lettres) et moteurs (contrôle des muscles du larynx), le cerveau dispose d'une série de points de liaison appelés « relais ». La sérotonine a un effet inhibiteur sur les relais sensoriels et excitant sur les relais moteurs. Il semble que la sérotonine ait un puissant effet homéostatique sur la coordination de types d'activités sensorielles et motrices complexes dans le cadre de types de comportements très diversifiés.

cerveau, du système cardio-respiratoire et de l'organisation des stades de sommeil [46]. En particulier, les cycles veille-sommeil se mettent en place rapidement lors de l'apparition des premiers fuseaux de sommeil entre 2 et 4 mois [47, 48], témoin de la maturation cérébrale significative survenant durant cette période. C'est également au cours des six premiers mois de vie que s'opère une maturation importante du contrôle cardio-vasculaire du nourrisson. Un nourrisson présentant déjà une certaine vulnérabilité durant cette période de développement critique peut ainsi avoir certaines difficultés d'adaptations physiologiques nécessaires au maintien de son équilibre homéostasique.

Le dernier facteur du modèle triple risque proposé par Filiano et Kinney [16], pourrait jouer un rôle crucial dans la succession des évènements susceptibles de conduire à un décès soudain chez un nourrisson vulnérable. Divers facteurs de risques environnementaux communs aux victimes de ce syndrome ont ainsi été identifiés parmis lesquels sont mentionnés le couchage en position ventrale, la privation de sommeil, une literie trop souple, un environnement surchauffé, le partage du lit, des pyjamas recouvrant le visage [2, 4, 49, 50]. Par ailleurs, la moitié des décès surviennent lors du partage du lit ou d'un canapé avec une autre personne [49]. Des agressions extérieures telles qu'une infection, de la fièvre, une maladie respiratoire ou gastro-intestinale mineure susceptible de perturber l'homéostasie du nourrisson, surviennent fréquemment dans les jours, voire les semaines précédant le décès [40, 51]. Les facteurs de risques connus tels qu'une privation de sommeil, un coup de chaleur, une infection induisent des changements dans le contrôle du système nerveux autonome caractérisés par une diminution de l'activité parasympathique et/ou une augmentation de l'activité sympathique du système nerveux autonome (cf. Annexe A) [52, 53, 54, 55]. La position de couchage sur le ventre, identifiée comme facteur de risque majeur [57], favoriserait une température corporelle centrale et périphérique du nourrisson plus élevée, comparée à la position dorsale [58]. Cette position ventrale de couchage favoriserait la ré-inhalation des gaz exhalés par le nourrisson lorsque celui-ci est à plat ventre, pouvant alors conduire à une asphyxie, à une hypoperfusion du cerveau et, par conséquent, à une diminution de la réactivité du système nerveux autonome [1].

A l'image de l'identification des facteurs de risques du syndrome de mort subite, un certain nombre de facteurs protecteurs tels que l'allaitement, l'usage de la tétine et l'emmaillotement ont été identifiés. L'allaitement semble réduire le risque de mort subite d'environ 50%, tout âge confondu [59]. Les études physiologiques réalisées sur des nourrissons nés à termes et en bonne santé montrent que, durant la période de développement critique, soit entre 2 et 4 mois, les nourrissons allaités se réveillent plus facilement d'un stade de sommeil agité que ceux alimentés avec des formules lactés [60], indiquant par là que l'allaitement pourrait avoir un effet protecteur. L'usage de la tétine semble également être un facteur de protection contre ce syndrome, peu de nourrissons décédés de mort subite en ayant eu l'usage comparés aux nourrissons de référence [61]. Son usage semblerait favoriser le réveil, une défaillance des mécanismes d'éveil pouvant être l'un des processus conduisant à la mort subite.

L'explication du syndrome s'orienterait donc plus vers une pathologie de fonction plutôt que d'organe, impliquant des anomalies au niveau des mécanismes de régulation de l'homéostase. La première année de vie d'un nouveau-né est caractérisée par des changements multiples et continus, notamment en ce qui concerne la maturation du système de contrôle cardio-respiratoire, la mise en place des rythmes de veille et de sommeil, l'alimentation, les relations psycho-affectives avec l'environnement, les mécanismes de défense contre les infections, ainsi que les influences respectives des systèmes sympathique et parasympathique intervenant dans le contrôle des grandes fonctions physiologiques [16]. Selon le modèle triple risque, seul un nourrisson présentant une anomalie sous-jacente, soumis simultanément à ces trois facteurs de risques (Tab. 1.1), serait susceptible d'être victime de mort subite. Il faut cependant tenir compte du fait que des nourrissons parfaitement sains peuvent également succomber à ce syndrome s'ils sont soumis à des situations à risques auxquelles ils sont dans l'incapacité d'échapper de par leur âge, situations telles que l'asphyxie par un oreiller ou lors du partage du lit [62]. Ainsi, la consigne de couchage des nouveau-nés en décubitus dorsale permet d'éliminer ce principal facteur de risque, quel que soit l'état de santé du nourrisson. Une étude récente a montré que sur 209 décès soudain de nourrissons répertoriés, 85% étaient associés à des circonstances cohérentes avec une asphyxie, ce qui incluait la position en décubitus ventral et le partage du lit, suggérant un rôle majeur de l'asphyxie dans la pathogénie[7] du syndrome de mort subite du nourrisson dans sa globalité [63]. Une analyse méticuleuse des circonstances

---

7. Pathogénie : étude des mécanismes entraînant le déclenchement et le développement (évolution) d'une maladie.

entourant les décès soudain de nourrissons a montré qu'environ 13% d'entre eux pouvaient être attribués à une suffocation accidentelle ou intentionnelle [64]. Cependant, le diagnostique de l'asphyxie comme cause du décès reste très subjectif, la mesure des niveaux de gaz du sang étant totalement inaccessible. Le partage du lit rencontre toutefois certains arguments en sa faveur, puisqu'il contribue au bien-être du nouveau-né en facilitant l'allaitement maternelle et la structuration des liens affectifs mère-enfant [65], indispensable au bien-être et au bon développement du nourrisson.

TABLE 1.1 – Facteurs de risques dans le syndrome de mort subite du nourrisson. Ces facteurs de risques sont extraits de documents provenant du Centre de contrôle des maladies et de la prévention (2007) [66], Byard et Krous (2003) [67] et de diverses études conduites par le laboratoire de Kinney [21, 22, 19].

Facteurs de risques	Rôle supposé dans la pathogénèse
FACTEURS ENVIRONNEMENTAUX	
Couchage sur le ventre	asphyxie par ré-inhalation des gaz exhalés, perte de chaleur réduite ; consolidation accrue du sommeil et diminution des éveils
Surface de couchage molle	asphyxie par ré-inhalation des gaz exhalés, perte de chaleur réduite
Coup de chaleur	Prolongation des réflexes cardiaque et respiratoire inhibiteurs ; halètement réduit
Hiver	Tendance à l'augmentation des infections des voies aériennes supérieures et probablement chauffage excessif
FACTEURS MATERNELS	
Tabagisme	Augmentation de la densité des récepteurs GABA ; augmentation de l'activité inhibitrice ; diminution des réflexes d'éveil
Partage du lit	asphyxie par ré-inhalation des gaz exhalés, perte de chaleur réduite
Alcoolisme sévère	Augmentation de la densité des récepteurs GABA ; augmentation de l'activité inhibitrice
FACTEURS PRÉNATAUX	
Prématuré ou né avec un petit poids de naissance	Retard dans le développement et persistance des réponses réflexes fœtales
Sexe Masculin	Diminution plus importante des récepteurs de la sérotonine
Age compris entre 2 et 4 mois	Persistance des réponses réflexes fœtales avant l'émergence des réponses excitatrices néonatales
Déficiences des récepteurs des neurotransmetteurs	Réduction des réflexes excitateurs cardiaque et respiratoire
Dommages	Réduction des réflexes excitateurs et augmentation des réflexes inhibiteurs cardiaque et respiratoire
Facteurs génétiques	Instabilités des fonctions autonomes et cardiaque ; disfonctionnement des neurotransmetteurs et reduction des réponses excitatrices

Paradoxalement, 10% des cas de mort subite surviennent chez des nouveaux-nés couchés sur le dos, dans leur propre lit et le visage découvert [5]. Cette constatation vient renforcer l'idée que ces facteurs de risques extrinsèques ne sont pas les seuls responsables du syndrome de mort subite, et que celui-ci est bien d'origine multifactorielle. Plusieurs hypothèses ont été avancées concernant les mécanismes potentiels conduisant au décès soudain et inexpliqué d'un nourrisson apparemment en bonne santé. Parmi celles-ci, une défaillance du contrôle cardio-respiratoire au cours d'une période de sommeil, une défaillance des mécanismes d'éveil face à une situation potentiellement dangereuse pour le nouveau-né, une persistance des réflexes fœtaux au cours de la période néonatale, ou encore un stress excessif sont les plus concordantes avec les études réalisées. Quelle que soit l'hypothèse retenue, le sommeil du nourrisson reste le point commun et incontournable du syndrome de mort subite. Il semble donc indispensable de comprendre le sommeil du nouveau-né, son développement, sa structuration, ainsi que l'influence qu'il peut avoir sur les grandes fonctions physiologiques identifiées comme défaillantes, afin de pouvoir appréhender la complexité de l'intrication des mécanismes supposée aboutir au décès.

1.4   Rôle du sommeil dans le syndrome de la mort subite

La majorité des décès soudains et inexpliqués de nourrissons survient durant une période de développement à risque se situant entre le deuxième mois et le sixième mois d'âge post-natal, période qui s'accompagne de changements significatifs dans l'organisation et la structuration du sommeil, des commandes cardio-respiratoire et immunologiques.

Les diverses études menées pour tenter de comprendre et d'expliquer le ou les mécanismes sous-jacents mettent en évidence une défaillance du contrôle cardio-respiratoire du nouveau-né au cours d'une période de sommeil. Cependant, aucun indice ne permet de déterminer l'instant précis du décès. Ainsi, la question se pose de savoir si la mort survient au cours d'une phase de sommeil, lors d'une transition sommeil-éveil ou éveil-sommeil, ou encore lors de la transition entre deux stades de sommeil. Sur cette base, certaines études se sont intéressées à la possibilité d'une défaillance des mécanismes d'éveil [68, 69], d'une anomalie ou d'une immaturité de l'organisation du sommeil [70]. Bien qu'en lui-même, le sommeil n'en soit pas la cause, il est clairement établi aujourd'hui que le décès soudain et inexpliqué d'un nourrisson résulte en partie d'une défaillance des fonctions sous contrôle du système nerveux autonome et moteur, dont l'évolution et le développement sont intimement liés au développement et à l'organisation des stades du sommeil [71, 72]. Les grandes fonctions physiologiques que sont les fonctions ventilatoire, cardio-vasculaire, endocrinienne, digestive et thermo-régulatrice s'exercent en effet aussi bien pendant les phases de sommeil calme que durant les phases de sommeil agité, à des degrés inférieurs, égaux ou supérieurs à ceux des phases d'éveil.

L'évaluation de l'influence de ces stades de sommeil sur ces grandes fonctions vitales est nécessaire pour apprécier la limite entre normalité et défaillance en néonatalogie. Il est donc indispensable d'avoir une connaissance précise du développement et de l'organisation des états de vigilance du nourrisson caractérisés par deux états de sommeil et deux états d'éveil, et de leurs évolutions en fonction de l'âge du nouveau-né. Il sera alors possible d'évaluer les modifications des fonctions neuro-végétatives et motrices selon les stades de sommeil et l'âge du nouveau-né, et d'estimer ainsi l'impact des facteurs de risques sur l'organisation du sommeil et leurs répercussions sur le contrôle de certaines fonctions vitales, dont les défaillances sont mises en causes dans le syndrome de mort subite du nourrisson.

1.4.1   Développement des états de vigilance et des rythmes circadiens

L'apparition et l'organisation des différents états de veille et de sommeil, ainsi que des rythmes circadiens, résultent d'un long processus de développement et de maturation qui débute dès la période fœtale. L'émergence de ces différents états comportementaux est l'un des aspects les plus significatifs de la construction et de la maturation cérébrale fœtale puis néonatale [73]. Ces états de vigilance sont caractérisés par un certain nombre de critères spécifiques à chaque état, apparaissant de manière cohérente au cours du temps [74]. Pour permettre une classification de ces états dont les caractéristiques précises ont été définies par Monod en 1965 [75], Dreyfus-Brisac en 1968 [76], puis Prechtl en 1974 [77], un certain degré de maturité cérébrale est nécessaire.

La plupart des études concernant les états de veille et de sommeil du nouveau-né ont été réalisées à partir de données polygraphiques [75, 77, 78, 79]. Le codage des stades de sommeil chez le nouveau-né, comme chez l'adulte, repose sur l'enregistrement de nombreuses variables physiologiques pendant le sommeil, regroupées sous la désignation de polysomnographie (Tab. 1.2) [71] regroupant l'enregistrement d'un électro-encéphalogramme (EEG), d'un électro-occulogramme (EOG), d'un électro-myogramme (EMG) ; et des paramètres végétatifs associés de type cardio-respiratoire et musculaire [80, 81]. Un enregistrement vidéo simultané vient compléter les données recueillies. En pratique clinique, l'analyse des activités corticale, occulaire, et musculaire se fait visuellement, consistant en une appréciation graduelle, dépendant du comportement du nouveau-né et de son âge.

TABLE 1.2 – Caractéristiques des stades de sommeil chez le nouveau-né à terme et prématuré. D'après [71]

Paramètres	Stades	Prématuré	A terme
EEG	Sommeil agité	Ondes δ ou $\delta + \theta$ continu	Ondes δ ou $\delta + \theta$ tracé alternant
	Sommeil calme	discontinu	tracé alternant
MOR (REM's)	Sommeil agité	oui	oui
	Sommeil calme	non	non
AUTRES PARAMÈTRES PHYSIOLOGIQUES			
Mouvements corporels	Sommeil agité	++++	+++
	Sommeil calme	++	+
PARAMÈTRES RESPIRATOIRES			
Fréquence ventilatoire	Sommeil agité	élevée	élevée
	Sommeil calme	lente	lente
Pauses respiratoires	Sommeil agité	++++	++
	Sommeil calme	++	+
PARAMÈTRES CARDIAQUES			
Fréquence cardiaque	Sommeil agité	Plus rapide	Plus rapide
	Sommeil calme	Plus lente	Plus lente
Variabilité cardiaque haute fréquence	Sommeil agité	Plus basse	Plus basse
	Sommeil calme	Plus haute	Plus haute
Variabilité cardiaque basse fréquence	Sommeil agité	Plus haute	Plus haute
	Sommeil calme	Plus basse	Plus basse

Les particularités des signaux EEG (Fig. 1.2) du nouveau-né [82] (Tab. 1.2), corrélées à la succession extrêmement rapide des modifications des fonctions autonomes et motrices en fonction des stades de sommeil au cours des premiers mois de vie, ont amené les auteurs français à proposer une terminologie distincte de celle de l'adulte pour désigner les états de vigilance de la petite enfance [75]. Ainsi, les différents états de sommeil du nouveau-né sont désignés sous les termes de « sommeil calme » et de « sommeil agité », tandis que les termes « d'éveil calme » et « d'éveil agité » font références aux états de veille [76]. Les périodes de sommeil ne répondant pas aux critères de l'un ou de l'autre de ces deux états de sommeil sont regroupés sous le terme de sommeil indifférencié, indéterminé ou transitionnel [83]. Une autre désignation de ces états, proposée par Prechtl, décompose l'état de veille en trois stades [84]

stade III (éveil calme),

stade IV (éveil agité),

stade V (éveil avec pleurs et cris) ;

et l'état de sommeil en deux stades

stade I (sommeil calme),

stade II (sommeil agité).

Chez le nourrisson, l'éveil calme (stade III) se caractérise par une réceptivité sensorielle active de son environnement. Les yeux sont actifs et attentifs, le tonus musculaire est présent, associé à des mouvements corporels. Les rythmes respiratoire et cardiaque sont rapides et irréguliers. Cet état d'éveil est peu présent dans les premiers jours de vie, de l'ordre de 3 à 5 minutes deux ou trois fois par 24 h. Il atteint près de 30 minutes vers la

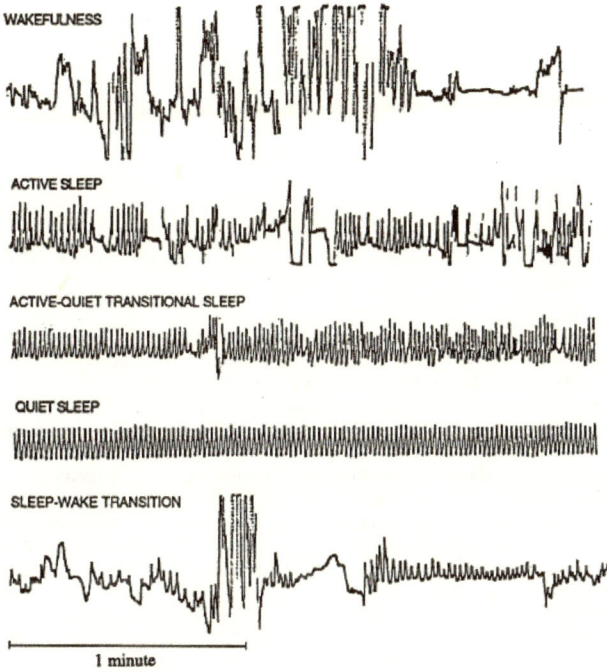

FIGURE 1.2 – EEG des stades de veille et de sommeil du nourrisson. D'après [85]

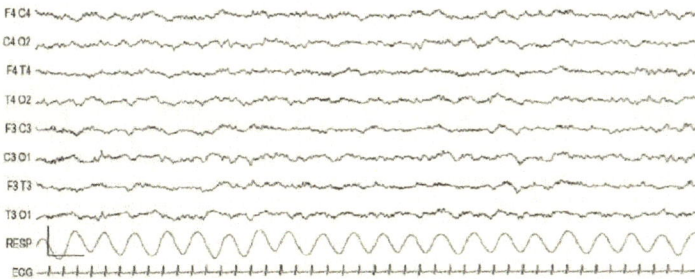

FIGURE 1.3 – Activité moyenne d'un EEG lors d'un éveil calme d'un nouveau-né de 41 semaines d'âge gestationnel et bien portant. Etalonnage : temps 1 s, amplitude 100 μV. D'après [82]

TABLE 1.3 – Caractéristiques EEG des stades de veille et de sommeil. D'après [82]

Activité	Amplitude	Durée	Fréquences	Etat
Mixte	Faible $20 - 30$ μV Ondes $\delta > 100$ μV	Continu	$1 - 8$ Hz $2 - 4$ Hz	Sommeil agité 1
Alternante	$50 - 200$ μV $25 - 50$ μV	$3 - 8$ s $4 - 8$ s et < 20 s	$0, 5 - 3$ Hz $1 - 7$ Hz	Sommeil calme
Lente continue	$50 - 150$ μV	< 20 s	$0, 5 - 4$ Hz	Sommeil calme
Moyenne	$25 - 50$ μV	< 20 s	$1 - 7$ s	Veille
Moyenne	$25 - 50$ μV	< 20 s	$4 - 7$ s	Sommeil agité 2

fin du premier mois, puis presque 2 h consécutives vers le troisième mois [86]. L'activité EEG représentative de cet état est moyenne (Fig. 1.3), caractérisée par une activité continue irrégulière de fréquence θ (de 4 à 7 Hz) auxquelles peuvent s'associer des fréquences plus lentes δ (de 1 à 3 Hz) [82].

L'éveil agité (stade IV) est caractérisé, comparativement à l'éveil calme, par un repli sur lui-même du nouveau-né. Les fréquences cardiaque et respiratoire sont, là encore, rapides et irrégulières, accompagnées très souvent de pleurs et de cris. Cet état d'éveil prédomine dans les premiers jours de vie avant de céder progressivement la place à ce dernier, jusqu'à quasiment disparaître vers le troisième mois [86]. L'activité EEG est, comme pour l'éveil calme et le sommeil agité, moyenne (Fig. 1.3).

Le sommeil agité (stade II) du nouveau-né, caractérisé par des mouvements occulaires rapides et très fréquents [84], est proche du sommeil paradoxal de l'adulte [75], et représente 50 à 60% du nychtémère [8]. La densité des mouvements occulaires rapides de ce sommeil paradoxal augmente avec l'âge. Les mouvements corporels sont très fréquents et périodiques, associés à une motricité plus partielle : mouvements fins des extrémités, mouvements segmentaires des membres, multiples expressions faciales [87]. L'activité EMG du menton n'est pas nulle, et le tonus musculaire extrêmement bas comparé au sommeil calme. Le rythme respiratoire est irrégulier et plus rapide, entre 30 et 60 mouvements par minute, associé à de brèves pauses respiratoires inférieures à 12 s. Le rythme cardiaque est également irrégulier et plutôt rapide, puisqu'entre 120 et 150 battements par minute.

Le sommeil agité (Fig. 1.4) peut se décomposer en deux phases : le sommeil agité 1 et le sommeil agité 2, tous deux étants caractérisés par des activités EEG différentes [82, 88]. Le sommeil agité 1 suit la veille et précède le sommeil calme, tandis que le sommeil agité 2 suit le sommeil calme. Pendant le sommeil agité 1, l'EEG présente une activité continue, comportant davantage d'ondes lentes (de 2 à 4 Hz) de grandes amplitudes (100 μV) [75]. Le sommeil agité 2, l'éveil calme et l'éveil agité présentent une activité EEG identique désignée sous le terme d'activité moyenne. Il est à noter que ces différents états ayant une signature EEG similaire, il est aisé de les confondre.

Le sommeil calme (stade I) du nouveau-né, sans mouvement occulaire, s'apparente au sommeil lent de l'adulte et représente 40% du nychtéméré [75]. Les activités occulaires (EOG) et corporelles (EMG) sont absentes, hormis quelques brefs sursauts et quelques mouvements de succions périodiques et très réguliers. Paradoxalement, le tonus musculaire est important. La respiration est lente et régulière, généralement peu ample, comportant entre 30 et 40 cycles par minute, une fréquence inférieure à celle du sommeil agité. Rarement peuvent survenir des soupirs, suivis de pauses respiratoires dont la durée est plus longue qu'en sommeil agité, sans toutefois dépasser 15 secondes. Le rythme cardiaque est lui-aussi lent et régulier, aux alentours de 90 à 140 battements par minute, ce qui reste là encore, inférieur à la fréquence cardiaque en sommeil agité.

En dessous de 36 semaines d'âge post-conceptionnel, le sommeil calme est caractérisé par une activité EEG discontinue, ponctuée épisodiquement par des bouffées d'ondes δ. A 37 semaines d'âge post-conceptionnel, que le nouveau-né soit prématuré ou à terme, ce tracé EEG discontinu laisse place à un tracé alternant ou lent

---

8. nychtémère : du grec *nukthêmeron* (nuktos « nuit » et hëmera « jour »). Terme utilisé en physiologie pour désigner une alternance d'un jour et d'une nuit, et correspondant à un rythme biologique de 24 h

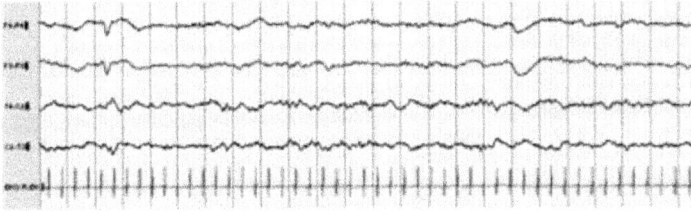

FIGURE 1.4 – EEG du sommeil agité.

continu. Le tracé alternant est constitué d'un fond d'ondes θ (de 4 à 7 Hz) de faible amplitude (de 25 à 50 μV), ponctué de bouffées d'ondes lentes (de 1 à 3 Hz) de grandes amplitudes (50 à 200 μV) d'une durée variant entre 3 et 8 secondes [82, 88]. Après 44 semaines d'âge post-conceptionnel, soit environ 5 mois, seul persiste le tracé lent continu (Fig. 1.5), constitué d'ondes lentes de fréquences dominantes de 1 à 3 Hz et d'amplitude variant entre 50 et 150 μV.

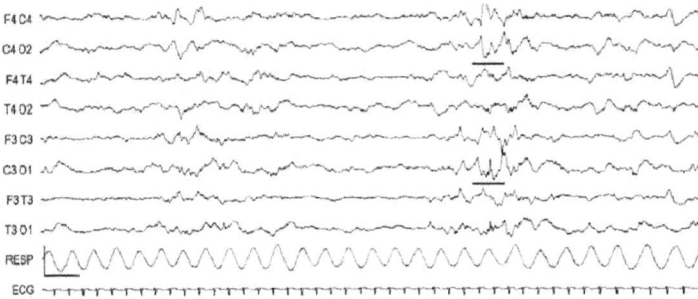

FIGURE 1.5 – Activité alternante d'un EEG durant le sommeil calme d'un nouveau-né de 40 semaines d'âge gestationnel. Alternance de bouffées et d'intervalle. D'après [82]

L'apparition des premiers fuseaux de sommeil (Fig. 1.6) [9] (entre 12 et 16 Hz), indicateurs de la maturation cérébrale des voies thalamocorticales [10], se fait vers l'âge de 8 semaines, définissant par là le stade 2 du sommeil lent. Le sommeil calme avec fuseaux de sommeil et le stade 3 du sommeil lent profond, beaucoup plus riche en ondes δ, se distinguent vers le troisième mois de vie. Enfin, entre 6 mois et 1 an, les stades 3 et 4 du sommeil lent profond de l'adulte deviennent reconnaissables. Le rôle des fuseaux du sommeil semble être de permettre au sujet de « s'isoler » d'un environnement bruyant afin de préserver son sommeil.

Le sommeil transitionnel ou indifférencié, correspond au passage du sommeil agité vers le sommeil calme qui dure en moyenne cinq minute et vingt seconde, ainsi qu'au passage du sommeil calme vers le sommeil agité dont la durée moyenne est de quatre minute et vingt seconde [82]. Cet état de sommeil représente environ 10% du sommeil total. Au cours de ce sommeil, les différents paramètres se modifient progressivement de sorte que les

---

9. Les fuseaux du sommeil résultent d'un système oscillant gabaergique unique situé au niveau du noyau réticulé du thalamus permettant une synchronisation des circuits neuronaux. La régulation de la production de ces fuseaux se fait à travers les boucles thalamo-cortico-thalamiques. Leur fonction est encore hypothétique mais un rôle protecteur sur le sommeil est le plus probable (en inhibant la voie d'activation des stimuli sensoriel).

10. Les voies thalamo-corticales sont des voies de liaisons entre le thalamus et le cortex cérébral.

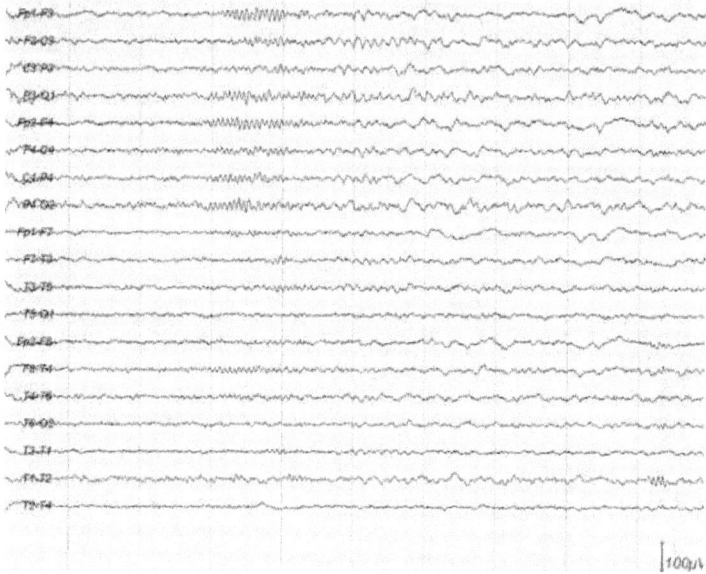

FIGURE 1.6 – Fuseaux de sommeil au cours du sommeil du nourrisson.

paramètres des deux états de sommeils finissent par coexister. Enfin, la disparition des mouvements occulaires est le premier signe de la transition sommeil agité–sommeil calme ; les mouvements occulaires sont les derniers à apparaître lors du passage sommeil calme–sommeil agité.

Le réflexe d'éveil du sommeil peut être défini en utilisant au moins quatre critères basés sur les stades de sommeil standards. Du point de vue du tracé électro-encéphalographique, l'amplitude du signal décroît et sa fréquence augmente, tandis qu'une réduction de l'activité des ondes δ et/ ou des fuseaux de sommeil est observée. Le rythme cardiaque s'accélère et s'accompagne d'une augmentation de la variabilité du rythme cardiaque. La variabilité de la fréquence respiratoire augmente également ; il en est de même pour les pauses respiratoires qui peuvent inclure des soupirs. Enfin, des mouvements corporels sont présents d'une durée variant entre 3 secondes et une minute. Les mouvements corporels survenant sur une période de temps plus longue que la minute caractérisent un réveil.

Le sommeil de l'enfant a largement été étudié, mais la principale difficulté à comparer les résultats réside dans la grande variabilité des paramètres retenus par les auteurs pour leurs interprétations, ainsi que la grande variabilité inter-individuelle. Les études sont également réalisées sur des périodes et des durées différentes allant de l'étude polygraphique de courte durée au cours de la journée [89, 90] ou de la nuit [91, 92], à des études sur 24 heures [93]. Un autre obstacle à la synthèse des résultats obtenus concerne le mode d'interprétation des données. La plupart des auteurs traduisent leurs données en terme de stade d'éveil, de sommeil calme et de sommeil agité. Certains introduisent la notion de sommeil indifférencié pour caractériser la transition entre deux stades de sommeil [94, 91]. Enfin, quelques-uns choisissent d'évaluer le sommeil du nouveau-né et du nourrisson selon les critères du sommeil de l'adulte établis par Rechtschaffen et Kales [80], et adapté à l'enfant par Guilleminault et Souquet [95] en ce qui concerne les ondes lentes (100 μV), afin de distinguer les stades 1, 2, et 3 − 4 (sommeil lent profond de l'adulte) du sommeil calme du nourrisson. Cependant, d'un point de vue qualitatif, les diverses interprétations s'accordent sur la maturation des principaux états de vigilance caractérisés par une augmentation de la proportion d'éveil et de sommeil calme en fonction de l'âge, associés dans le même temps à une diminution du sommeil agité. Le sommeil, comme de nombreux autres paramètres physiologiques, apparaît dès la vie fœtale. Au cours de cette période commence la distinction entre les différents états de sommeil et leurs proportions respectives évoluant au cours du temps, et ce, longtemps après la naissance.

L'existence d'un sommeil fœtal humain a été mise en évidence pour la première fois en 1978, en analysant les mouvements corporels et cardiaques fœtaux, enregistrés au moyen de capteurs positionnés sur la paroi abdominale maternelle [78]. La visualisation échographique des mouvements occulaires et corporels (Fig. 1.7), complétée par un enregistrement continu de la variabilité du rythme cardiaque fœtal, paramètres représentatifs d'une phase de sommeil ou d'éveil, a permis de définir avec précision la période d'apparition des différents états de vigilance, ainsi que l'ontogenèse [11] des principaux paramètres biophysiques utilisés pour les définir [96].

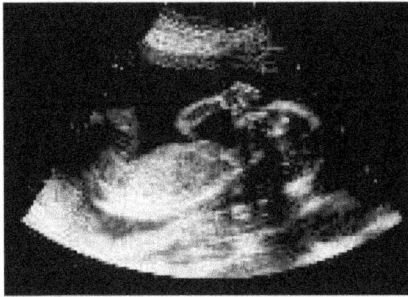

FIGURE 1.7 – Fœtus de 19 semaines.

Ces paramètres apparaissent très tôt au cours du développement fœtal. Les premiers mouvements fœtaux, correspondant à de fins mouvements vibratoires, apparaissent entre la septième et la huitième semaine de gestation [97]. Au fur et à mesure du développement du système nerveux, l'activité fœtale devient de plus en plus complexe. Ainsi, dès la vingtième semaine de gestation, tous les mouvements corporels, et presques toutes les variables physiologiques du sommeil (présence ou non de mouvements corporels et occulaires, fréquence respiratoire, fréquence cardiaque) sont présents (Tab 1.4) [97, 98].

TABLE 1.4 – Ontogénèse des variables physiologiques de sommeil chez le fœtus humain. D'après [99]

Battements cardiaques	6-9 semaines
Mouvements du tronc (sursauts)	8 semaines
Mouvements isolés des membres	9-13 semaines
Mouvements respiratoires	9-12 semaines
Mouvements de succion	15 semaines
Mouvements coordonnés des 4 membres	16 semaines
Mouvements occulaires lents	16 semaines
Mouvements occulaires rapides	19 semaines
Mouvements fins des doigts et des paupières	20 semaines

---

11. Ontogénèse : science qui étudie la croissance et le développement d'un individu à partir de l'œuf (ovule fécondé par un spermatozoïde) jusqu'à l'âge adulte.

C'est également au cours de cette vingtième semaine que se met en place une alternance d'activité et d'immobilité fœtale à laquelle sont directement liées les mouvements fœtaux, et dont la périodicité, comprise entre 50 et 60 minutes, est semblable au futur cycle de sommeil du nouveau-né. A ce stade, il n'est pas encore possible de caractériser cet état d'immobilité par du « sommeil » dans le sens strict du terme, mais plutôt comme une sorte de sommeil indifférencié dans lequel le fœtus passe la majeure partie de son temps.

L'apparition progressive des différents stades de sommeil survient également pendant la période fœtale. Le sommeil agité commence à se distinguer en premier vers la vingt-huitième semaine de gestation, puis vient le sommeil calme, aux alentours de la trentième semaine, ces deux phases de sommeil apparaissant épisodiquement au sein d'un sommeil indifférencié prépondérant. Ce n'est qu'aux environs de la trente-deuxième semaine de gestation que les épisodes de sommeil calme et de sommeil agité se différencient clairement du sommeil indifférencié [100, 101]. L'enregistrement des états comportementaux du fœtus enregistrés sur deux heures consécutives entre la trente-deuxième et la quarantième semaine de gestation révèle une augmentation significative du sommeil calme accompagnée d'une diminution du sommeil indifférencié, sans toutefois noter de modifications particulières de la quantité de sommeil agité [100]. Enfin, c'est aux alentours de la trente-sixième semaine de gestation que se met en place une alternance régulière entre sommeil calme et sommeil agité, entrecoupée de sommeil indifférencié. Un rythme pseudo-circadien se met en place au cours de la période fœtale, souvent à contre-temps de celui de la mère [102, 103]. Il est vraisemblablement d'origine maternelle, induit par des variations maternelles du taux de glucose sanguin et de la sécrétion du cortisol, puisqu'il disparaît à la naissance [104].

La surveillance du rythme cardiaque fœtal pendant l'accouchement est systématique dans la plupart des maternités françaises depuis 1975 environ. Il est également possible, lorsque la position du bébé s'y prête, de réaliser un enregistrement EEG au moyen d'électrode-ventouses posées directement sur le cuir chevelu. Plusieurs études basées sur l'analyse d'électro-encéphalogrammes enregistrés pendant l'accouchement ont ainsi été effectuées entre 1970 et 1980 aux Etats-Unis et en France. L'analyse de ces enregistrements EEG conjointement aux enregistrements simultanés du rythme cardiaque, ont permis d'affirmer qu'un fœtus en bonne santé dort pendant l'accouchement et ne se réveille qu'au moment des contractions utérines les plus fortes et de l'expulsion. Les tracés EEG présentaient des modulations identiques à celles des deux états de sommeil calme et agité recueillis juste après la naissance chez les nouveau-nés à termes ou prématurés [105]. Ces données ont mis en lumière l'influence néfaste de l'administration de sédatifs à la mère pendant l'accouchement avec pour conséquence une dépression rapide du système nerveux du futur nouveau-né caractérisée par des modifications évidentes de l'électro-encéphalogramme.

Les premières études du sommeil chez le nouveau-né prématuré furent réalisées par l'équipe du Dr Dreyfus-Brisac à l'Hôpital de Port-Royal à Paris [106, 107]. Les observations réalisées montrèrent que l'activité électrique du cerveau et le développement du sommeil ne dépendaient que de l'âge conceptionnel [108]. Ainsi, un nouveau-né prématuré dont le développement se fait normalement, voit son sommeil se développer et évoluer de la même manière que s'il était resté in-utero. La caractérisation des états de vigilance du nouveau-né prématuré nécessite une observation comportementale directe, associée à un électro-encéphalogramme (possible sur les plus petits prématurés viables de 24 semaines, soit 5 mois de grossesse), et un enregistrement polygraphique qui lui, n'est possible qu'à partir de la trente-deuxième semaine, lorsque le prématuré est moins fragile. Par ailleurs, les durées d'enregistrement et les paramètres retenus selon les études étant très différents, en particulier pour les données quantitatives [109, 110, 77], la comparaison des résultats reste très difficile mais s'accordent globalement sur les modifications qualitatives [109, 110, 77].

De manière globale, le nouveau-né prématuré de moins de 24 semaines présente un EEG totalement plat avec épisodiquement quelques bouffées intermittentes d'activités. A ce stade du développement, la maturation du système nerveux central est encore loin d'être suffisante pour permettre une quelconque manifestation des caractéristiques comportementales et physiologiques du sommeil [77]. L'aspect de l'électro-encéphalogramme, les mouvements occulaires et corporels caractérisés par l'électro-occulogramme et l'électro-myogramme (EOG et EMG), les rythmes cardiaque et respiratoire ne présentent pas encore de cyclicité ni de synchronisation. La respiration est irrégulière et souvent insuffisante, nécessitant la plupart du temps une assistance ventilatoire artificielle en raison de l'immaturité du système respiratoire. Entre 24 et 27 semaines, la trace EEG présente des bouffées d'activités de plus en plus longues [111] et, même si toutes les caractéristiques du sommeil sont déjà présentes, le degré de maturité du système cérébral n'est toujours pas suffisant pour distinguer les différents états de sommeil (Fig. 1.8).

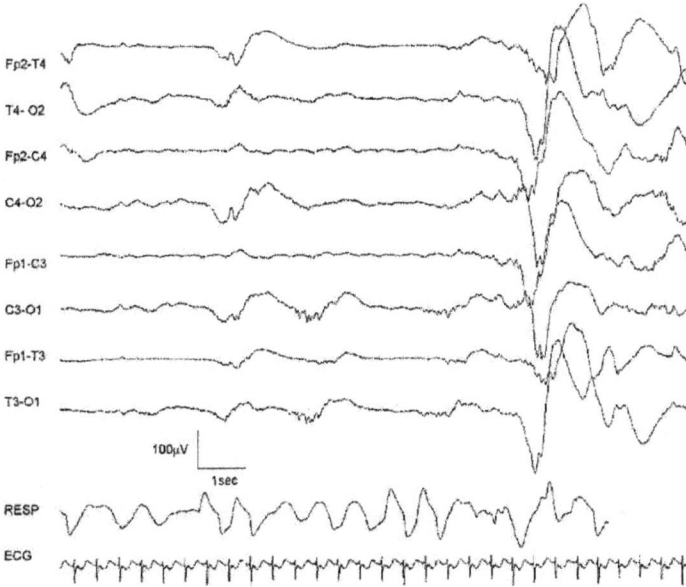

FIGURE 1.8 – Tracé EEG d'un nourrisson de 25 semaines d'âge conceptionnel. D'après [111]

Vers la vingt-huitième semaine, comme chez le fœtus, les premiers épisodes de sommeil agité commencent à apparaître et l'activité électrique cérébrale, qui présentait jusque-là une activité discontinue, devient permanente pendant les périodes de sommeil agité. Les premiers épisodes de sommeil calme font leur apparition vers la trentième semaine. A ce stade, le développement du sommeil du prématuré est identique à celui du fœtus *in-utero*, tout du moins qualitativement. Jusqu'à la trente-deuxième semaine d'âge conceptionnel, le prématuré passe la majeure partie de son temps dans un état de sommeil indéterminé, entrecoupé de brefs épisodes de sommeil calme ou agité. A partir de la trente-deuxième semaine, le pourcentage de sommeil agité augmente rapidement avec l'âge conceptionnel pour représenter entre 45% et 65% du temps de sommeil total entre la trente-deuxième et la trente-sixième semaines, tandis que le pourcentage de sommeil calme évolue plus lentement passant de 10 à 35% entre la trente-et-unième et autour de la trente-septième semaine [109, 110, 77] (Figs. 1.9 et 1.10). Il est à noter que pendant les dernières semaines avant le terme théorique, la proportion de sommeil agité est plus importante que chez le fœtus de même âge conceptionnel.

Parallèlement, l'activité électrique corticale se stabilise, devenant permanente et continue, mais restant toutefois peu active dans les rares moments d'éveil. Ce n'est qu'aux alentours de la trente-sixième semaine que les EEG révèlent une activité électrique cérébrale continue au cours des périodes d'éveils. Les états de veille du nouveau-né prématuré représentent seulement 10% des états. Les enregistrements EEG de ces nouveau-nés prématurés, une fois arrivé à l'âge du terme, présentent une organisation du sommeil similaire à celle des nouveau-nés à terme [79, 112, 113].

Cette évolution dans la mise en place des états de vigilance chez le prématuré, observable au fil des semaines, dépend de la maturation des neurones corticaux, de l'établissement des connexions qui les relient entre eux, et

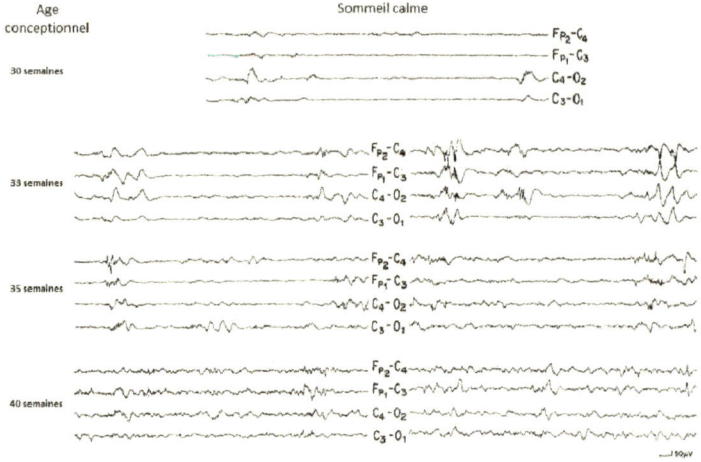

FIGURE 1.9 – Evolution de l'EEG d'un nourrisson prématuré lors du sommeil calme entre la trentième et la quarantième semaine d'âge conceptionnel. D'après [114]

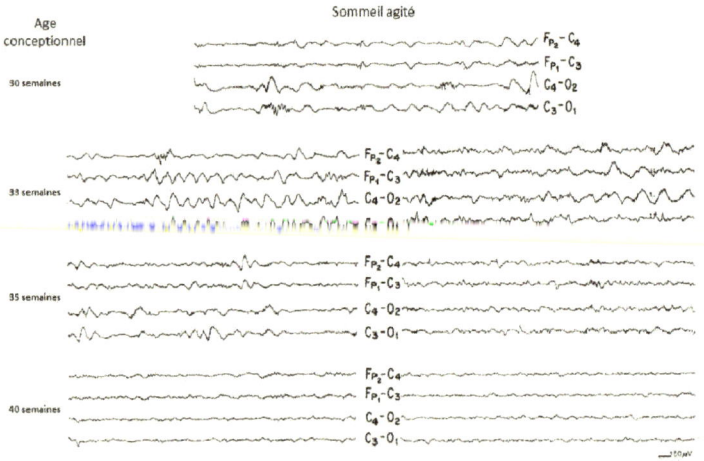

FIGURE 1.10 – Evolution de l'EEG d'un nourrisson prématuré entre la trentième et la quarantième semaine d'âge conceptionnel lors du sommeil agité. D'après [114]

surtout, qui les relient au cerveau profond [12]. Elle est le reflet de la construction cérébrale du nouveau-né. La naissance prématurée ne semble pas, en soit, modifier le cours de ce développement, ce qui suggère un mécanisme cérébral endogène. La comparaison de l'activité électro-encéphalographique durant le sommeil de nouveau-nés prématurés et à termes, montrent une grande similitude entre la distribution des ondes EEG, confirmant ainsi que la maturation électro-encéphalographique est largement dépendante du temps écoulé depuis la conception [114]. L'identification de déviations neurologiques dans la période néonatale et de l'enfance précoce peut donc se faire par l'observation de retards persistants des états spécifiques de sommeil [115]. L'observation du développement des états de vigilance donne ainsi une mesure du développement et de la maturation cérébrale du nouveau-né [73, 116].

Le sommeil du nouveau-né est sensiblement le même que celui du fœtus qu'il était avant sa naissance, à l'exception de deux modifications majeures :
- l'apparition d'éveils plus nombreux par 24h, dont la présence est probablement induite par le besoin inhabituel de se nourir. Toutefois, ceci ne semble pas être le seul facteur déterminant, puisque ces éveils sont également présents chez les nouveau-nés alimentés par voie intra-veineuse [117].
- la disparition temporaire du pseudo cycle circadien fœtal qui commence à réapparaitre confusément vers la fin du premier mois de vie.

Au cours de ce premier mois de vie, le nouveau-né dort en moyenne 16 h sur 24, avec de fortes variations inter-individus. Le sommeil de cette période débute presque toujours en sommeil agité, contrairement au sommeil de l'adulte qui commence par un sommeil lent. Ce sommeil est fractionné en cycles ultradiens [13] de 3 à 4 heures, de jour comme de nuit, le nouveau-né étant indifférent à son environnement lumineux. Globalement, le sommeil du nouveau-né est assez semblable à celui de l'adulte, mais il en diffère fortement dans l'organisation et la durée (Tab. 1.5).

TABLE 1.5 – Comparaison de l'organisation du sommeil de l'adulte et du nouveau-né. D'après [99]

	Adulte	Nouveau-né
Durée de sommeil quotidienne	8 h	16 h
Organisation des états de vigilance	Circadienne monophasique nocturne	Ultradienne polyphasique diurne et nocturne
Endormissement	Sommeil lent	Sommeil agité
Durée du cycle de sommeil	Sommeils lent et paradoxal 90 à 100 min 4 à 6 cycles	Sommeils agité et calme 50 à 60 min 18 à 20 cycles par 24 h 9 à 10 cycles nocturnes
Rapport Calme/Agité	20 à 25%	50 à 60%
Organisation nychtémérale	Quatre stades de sommeil lent Les stades III et IV prédominent le premier tiers de la nuit et le sommeil paradoxal prédomine le dernier tiers de la nuit	Un seul stade de sommeil calme Pas de différence entre la première et la deuxième partie de la nuit

---

12. Le cerveau profond correspond aux impératifs biologiques élémentaires de l'instinct, du réflexe, et assure toute l'activité automatique et impulsif (mouvement et posture) du comportement.
13. Cycle ultradien : rythme biologique se présentant avec une fréquence supérieure au rythme circadien de 24 h.

Les cycles de sommeil sont courts, entre 50 et 60 minutes en moyenne, comme les cycles activité-immobilité observés chez le fœtus *in-utero*, et constitués d'une phase de sommeil agité, suivie d'une phase de sommeil calme. Le sommeil agité, période de construction cérébrale majeure [118, 119], représente 50 à 60% du sommeil total, soit 8 à 10 h par jour chez le nouveau-né à terme. Le sommeil calme représente 40% environ du sommeil total, tandis que le sommeil indifférencié est encore présent à 10% [82, 81]. L'enchaînement de ces cycles de sommeil est très variable d'un nouveau-né à un autre. Ainsi, 2 ou 4 cycles consécutifs permettent un sommeil de 2 à 4 heures consécutives, rarement plus, au cours du premier mois. Le sommeil se trouve donc fractionné en 18 à 20 cycles de sommeil par 24 heures, inégalement répartis en phases de sommeil plus ou moins longues, sans périodicité diurne ou nocturne. Enfin, au cours des enregistrements prolongés, les états de veille représentent environ 10% du temps d'enregistrement, mais l'état de veille calme, qui est le seul état de veille où le nouveau-né est « conscient » de son environnement et peut l'appréhender, ne dépasse pas 4% [120]. De manière analogue au sommeil, les états de veille du nouveau-né se produisent indifféremment de jour comme de nuit.

Durant la première année de vie, le sommeil du nouveau-né évolue rapidement vers les composantes caractéristiques du sommeil de l'adulte, c'est-à-dire vers une alternance jour-nuit, une maturation électro-encéphalographique des ondes de sommeil[14], l'apparition des rythmes circadiens[15] de la température, des rythmes cardio-respiratoire et des sécrétions hormonales [86]. L'apparition d'une périodicité jour-nuit se manifeste spontanément vers la fin du premier mois, caractérisée par un allongement des périodes de sommeil au cours de la nuit, pouvant atteindre 6h consécutives, ainsi que des périodes d'éveils également plus longues au cours de la journée dues principalement à une diminution d'environ 35% du temps de sommeil diurne entre 3 et 6 mois. Cette tendance s'affirme au fur et à mesure du développement du nourrisson et donc de la maturation du cerveau, passant d'un sommeil nocturne d'une durée moyenne de 9 h vers l'âge de trois mois, à une durée de 12 h en moyenne entre six mois et un an, avec ici encore de grandes variabilités inter-individuelles [86].

Globalement, l'instabilité du sommeil agité qui prédominait à la naissance (50 à 60% du sommeil total) laisse progressivement la place à la stabilité du sommeil calme, pour ne plus représenter que $24 \pm 4\%$ du sommeil total à six mois [79, 68, 94, 92], ce qui est presque équivalent à celui du sommeil du jeune adulte ($23 \pm 3\%$). C'est également vers l'âge de six mois que l'endormissement en sommeil calme se substitue progressivement à l'endormissement en sommeil agité qui caractérise le sommeil des premières semaines de vie. Entre le deuxième et le troisième mois, le sommeil calme devient transitoirement plus profond avec diminution temporaire des possibilités d'éveil. C'est également à partir de cet âge que le nourrisson devient potentiellement plus sensible au syndrome de mort subite dont l'une des particularités diagnostiquées est un manque de réaction réflexe vis-à-vis de stimuli extérieurs. Cette période transitoire s'allège un peu vers quatre mois, rendant possible la distinction sur l'EEG de plusieurs stades équivalents électriques du sommeil lent léger et lent profond de l'adulte [70]. L'évolution du sommeil du nourrisson sur 24 heures et pendant les parties diurne et nocturne du nychtémère, montre des variations significatives en fonction de l'âge (Figs. 1.11).

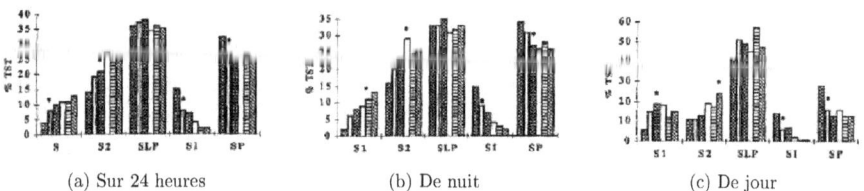

(a) Sur 24 heures   (b) De nuit   (c) De jour

FIGURE 1.11 – Evolution et répartition des stades de sommeil en fonction des parties diurne et nocturne du nychtémère et en fonction de l'âge du nouveau-né (3, 6, 9, 12, 18 et 24 mois). D'après [129]

---

14. Les ondes de l'électro-encéphalogramme sont caractéristiques des différents stades de sommeil. Les ondes θ (entre 3,5 Hz et 7,5 Hz) sont caractéristiques de l'endormissement (stade 1). Les ondes lentes ou ondes δ ($< 3,5$ Hz) sont caractéristiques du sommeil lent profond (stade 3 − 4). Les complexes K et fuseaux (de 12 à 14 Hz) sont caractéristiques du sommeil lent léger (stade 2).

15. Les rythmes circadiens sont des rythmes biologiques d'une durée de 24 h environ. Ces rythmes sont endogènes. Ils sont produits par des horloges biologiques qualifiées, elles aussi de circadiennes. Celles-ci tournent même en absence de tout stimulus extérieur.

Ainsi, la quantité de sommeil agité diminue de façon significative pendant la journée, mais reste relativement présente pendant la nuit. A contrario, la quantité de sommeil calme reste relativement stable en fonction de l'âge, avec une proportion plus marquée le jour. L'âge du nourrisson et l'alternance lumière-obscurité jouent donc un rôle sur l'évolution des stades de sommeil. Les rythmes qui s'installent sont encore relativement indépendant de l'environnement. Ils sont peu influencés par le rythme, libre ou non, de l'alimentation et par l'alternance du jour et de la nuit, puisqu'ils surviennent même chez les nourrissons élevés en éclairage constant [125]. Ce rythme circadien indépendant de l'environnement est un rythme endogène, inné, régulé par une horloge biologique interne.

1.4.2   Mise en place des mécanismes de régulation des états de veille et de sommeil

La définition des états de veille et de sommeil est basée sur des variables physiologiques et comportementales qui surviennent à des moments particuliers sur une période de 24 h. Les modèles actuels de régulation des états de veille et de sommeil découlent en grande partie du modèle à deux processus proposé par Bordèly en 1982 [121, 122]. Les périodes de sommeil et de veille sont ainsi régulées par deux processus (ou horloges) :

1. un processus circadien (Processus C) situé dans le noyau suprachiasmatique de l'hypothalamus antérieur. Celui-ci est entraîné par le cycle lumière-obscurité induisant l'éveil pendant la phase active du cycle et laissant place au sommeil pendant la phase restante du cycle.

2. un processus homéostatique (Processus S) selon lequel le besoin de sommeil s'accumule durant la journée avant d'être dissipé par une période de sommeil [121].

Bien que ces deux processus soient distincts et fonctionnent indépendamment l'un de l'autre, ils influent conjointement sur le moment et la durée du sommeil et de la veille. Finalement, un processus ultradien contrôle l'alternance entre sommeil calme et sommeil agité sur une période de sommeil donné [123]. Ces trois processus agissent de concert pour organiser les schémas typiques de veille et de sommeil dans le cadre d'un sommeil adulte normal. Cependant, comme de nombreux autres paramètres physiologiques concernant le nouveau-né, la mise en place de ces processus de régulation du sommeil est intimement liée à l'âge et au degré de maturité du nouveau-né.

Le développement des rythmes circadiens trouve son origine au cours de la période fœtale [102, 103]. Une horloge biologique fœtale, réactive aux signaux d'entrainement maternel, est déjà oscillante au cours du dernier trimestre de gestation. L'absence de rythmicité circadienne chez un fœtus anencéphalique en dépit de la présence de ce rythme chez la mère et deux autres fœtus jumeaux, conforte la notion que le cerveau fœtal (plus probablement l'horloge fœtale biologique) est nécessaire à l'apparition de ce rythme endogène. Ces observations viennent renforcer l'hypothèse selon laquelle la mère entraîne le developpement du rythme circadien de son nouveau-né au rythme lumière-obscurité [124]. Les diverses études portant sur l'émergence d'un rythme circadien du sommeil chez le nouveau-né aboutissent à des conclusions différentes selon l'origine des données. Ainsi, en se basant sur l'interprétation des agendas de sommeil des nouveau-nés (Fig. 1.12), la périodicité caractéristique de 24 h de ce processus apparaît au bout d'une semaine de vie seulement [125, 126], tandis que pour les études polygraphiques ou actimétriques, cette organisation circadienne n'apparaît qu'aux alentours du troisième mois [94, 127]. A cet âge, l'amplitude du rythme circadien est réduite, mettant en évidence la présence d'un rythme ultradien de 3 à 4 h. L'augmentation de cette amplitude circadienne avec l'âge, le maximum étant atteint à l'âge de 12 mois, va entraîner la disparition progressive des rythmes ultradiens.

Des changements dans l'organisation circadienne des états de veille et de sommeil sont également accompagnés de changements dans la structuration du cycle de sommeil lui-même. Ainsi, le cycle de sommeil de la période néonatale commence typiquement par un sommeil agité, et est réparti de manière égale entre sommeil agité et sommeil calme dont l'alternance se fait avec une périodicité de l'ordre de 50 à 60 minutes [128]. Dans les premières semaines de vie, on constate une diminution rapide de la quantité de sommeil agité pendant la journée, accompagnée d'une forte augmentation de la proportion de sommeil calme pendant la nuit [93, 92]. Le temps passé en sommeil calme sur une période de 24 h est remarquablement constant entre 3 mois et 1 an. Au contraire, le temps passé en sommeil agité diminue dans les mêmes proportions que l'augmentation de la durée des périodes d'éveil [129]. En comparant les périodes de sommeil diurne et nocturne séparément, il apparaît clairement que la quantité de sommeil agité diminue significativement pendant la journée, mais reste

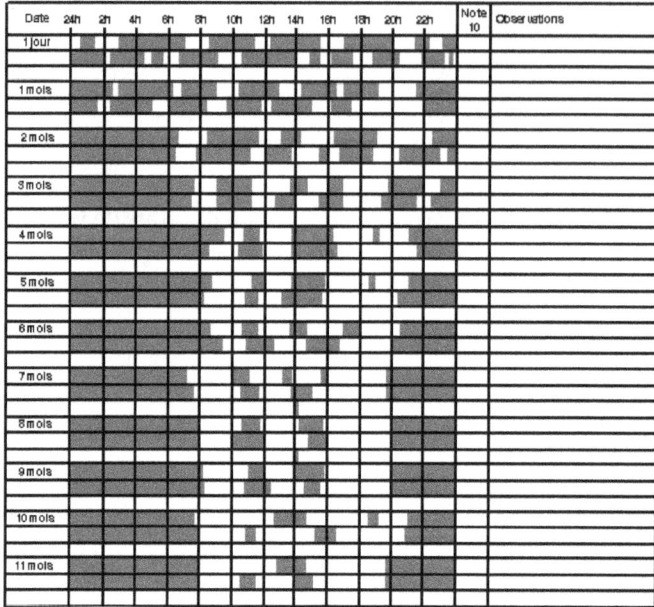

FIGURE 1.12 – Agenda de sommeil d'un nourrisson de la naissance à l'âge d'un an. Les blocs rouges correspondent aux stades de sommeil. D'après [99]

relativement constante pendant la nuit (Fig. 1.11) [129]. Enfin, en termes de proportions relatives des stades de sommeil, les périodes de sommeil diurne et nocturne sont clairement différentes à partir de l'âge de trois mois.

L'analyse de la distribution temporelle des stades de sommeil calme et agité au cours du sommeil nocturne montre clairement une prédominance du sommeil calme dans le premier tier de la nuit, alors que le sommeil agité prédomine dans le dernier chez les nourrissons âgés de plus de trois mois [92, 129]. La maturation du sommeil du nouveau-né et du nourrisson est dans certaines ??? par la mise en place du nouveau... circadien, puisque la plupart des modifications quantitatives du sommeil prennent place pendant la journée. L'augmentation de l'amplitude du rythme circadien de sommeil permet, grâce à l'augmentation des épisodes d'éveil pendant la journée, l'installation du processus homéostatique. Ce processus homéostatique du sommeil subit de nombreuses modifications au cours de la période postnatale, principalement au niveau de la tolérance à la pression de sommeil. En effet, la proportion d'éveil étant très faible durant la période postnatale, les nouveau-nés sont incapables de maintenir ces phases d'éveil dans la durée, contrairement à l'adulte. Ainsi, de courtes périodes de privation de sommeil chez le nouveau-né ont pour conséquence un accroissement de la pression de sommeil qui se traduit par une augmentation de la durée ou de l'intensité du sommeil réparateur [130, 131]. Ceci laisse à penser que la pression de sommeil s'accumule à un rythme plus élevé au cours de la petite enfance qu'à l'âge adulte. Enfin, les nouveau-nés répondent à une privation de sommeil partielle ou totale par une augmentation compensatrice de la quantité de sommeil calme [130, 131]. Il n'y a pas de compensation au niveau de la perte de sommeil agité, correspondant à la période de développement cérébral.

Parallèlement à la mise en place d'un rythme circadien du sommeil, des rythmes circadiens du rythme cardiaque, de la cortisole, de la mélatonine et de la température corporelle apparaissent également [132, 133].

Les changements dans la température corporelle, qui sont de bons marqueurs des rythmes circadiens chez l'être humain (la température corporelle est elevée pendant la journée et basse pendant la nuit), sont déjà présents entre la sixième et la douzième semaine chez les nouveau-nés à terme [134]. De nombreux facteurs environnementaux tels que la méthode d'allaitement (allaitement à la demande comparé à une formule lactée donnée à heure fixe), la luminosité environnante et l'âge post-conceptionnel du nourrisson influencent le moment d'apparition de ces rythmes. Ainsi, un nouveau-né dont le rythme propre est respecté, à savoir un allaitement à la demande, une exposition à la lumière du jour pendant les périodes de veille et à l'obscurité de la nuit au cours des périodes de sommeil, une exposition lumineuse minimale lors de l'allaitement de nuit, et aucune pertubation en provenance de l'environnement pour imposer un rythme quelconque, voit ses rythmes circadiens émerger rapidement [125]. Le rythme circadien de la température corporelle apparaît dès la première semaine de vie tandis que les rythmes circadiens de la cortisole et de la mélatonine se mettent en place vers la sixième semaine [135]. Ces résultats, en accords avec d'autres [136, 137] démontrent que la fonction inhérente de l'horloge biologique fœtale est capable de continuer à osciller après la naissance si aucun facteur environnemental ne vient interférer.

1.4.3 Sommeil et maturation cérébrale

Le sommeil et ses cycles sont essentiels au développement des systèmes neurosensoriels et moteurs du fœtus et du nouveau-né. Ceux-ci sont indispensables à la création des circuits de la mémoire à court et à long terme, ainsi qu'au maintien de la plasticité cérébrale d'un individu tout au long de sa vie [119]. Des perturbations du sommeil ou de ses cycles chez un nouveau-né peuvent interférer de manière significative dans le développement précoce de ces processus.

Le développement et la maturation cérébrale de l'être humain évolue rapidement au cours du dernier trimestre de gestation et des trois premiers mois de vie avant de prendre un rythme plus lent par la suite. Pour Howard Roffwarg [138], le sommeil agité, qui prédomine durant le sommeil des premiers mois de vie, jouerait un rôle prépondérant dans le développement et la maturation du système nerveux central : la quantité de sommeil agité (paradoxal) chez les êtres immatures à la naissance « permettrait la mise en place et le développement des circuits nerveux et la maturation du cerveau au cours de la vie fœtale et des premiers mois de vie ». La fonction du sommeil agité au cours de cette période précoce de développement serait de stimuler le cerveau du fœtus et du nouveau-né à un moment ou les stimulations extérieures sont limitées dans le temps et l'espace [138], bien que la plupart des fonctions sensorielles ait déjà atteint un degré de maturité suffisant à la naissance. Plusieurs faits viennent corroborer cette hypothèse [118, 139]. Chez le fœtus comme chez le nouveau-né, la grande quantité de sommeil agité des dernières semaines de gestation et des premiers mois de vie, caractérisée par des mouvements occulaires rapides, correspond à une intense activation corticale [73], activation qui emprunterait surtout des voies sensorielles. Les mouvements occulaires rapides sont de bons indicateurs des phases d'activité cérébrale [140]. Par ailleurs, chaque onde de l'EEG représentative d'un stade de sommeil agité, jouerait un rôle particulier dans le développement des systèmes sensoriels du nouveau-né [119]. Hubel et Weisel [141, 142] ont ainsi observé que les expériences de privations sensorielles chez le jeune chat, en particulier visuelle, altéraient de façon permanente la réponse physiologique du cerveau à la stimulation visuelle, prouvant ainsi que la mise en place des connexions neuronales est réglée par l'activité des circuits au cours d'une période sensible de développement d'une fonction donnée.

L'hypothèse de Roffwarg semble enfin étayée par les données de Denenberg et Thoman [143] qui ont mis en évidence la correlation très étroite existant entre la diminution rapide de la quantité de sommeil agité (paradoxal) [73, 144] au cours des premiers mois de vie chez le nouveau-né et l'apparition d'éveil calme prolongé, seul stade d'éveil au cours duquel le nourrisson est capable d'appréhender son environnement et de réagir ainsi des stimulations de celui-ci. Cette maturation rapide de l'activité électrique du cerveau se retrouve au travers d'EEG dont l'aspect évolue en fonction de l'âge, et caractérisé par la disparition du « tracé alternant » et l'apparition des premiers fuseaux de sommeil entre la sixième et la neuvième semaines de vie [89, 145]. Cet aspect maturatif concerne à la fois le sommeil agité et les stades 1 et 2 du sommeil calme (lent) qui augmentent considérablement avec l'âge [93, 90, 146, 91]. Un autre aspect maturatif concerne la grande stabilité du sommeil de nuit avec l'âge, caractérisé par une diminution du nombre d'éveils noctunes, du nombre de changements de stades de sommeil et, pour le sommeil agité, de la quantité de mouvements corporels. En contrepartie de cette diminution des éveils nocturnes, la durée de l'éveil diurne augmente, accompagnée d'une diminution du sommeil diurne [147]. Pendant ce temps, les endormissements en sommeil agité du début de nuit disparaissent vers l'âge de 9 mois. La perte de cette capacité à s'en dormir en sommeil agité est considérée comme un indice de maturation cérébrale des structures du sommeil.

Le rôle du sommeil agité dans le développement du système nerveux central est également illustré par les études décrivant les modifications comportementales à long termes, résultant d'une privation de sommeil agité au cours de la période néonatale [148, 149, 150, 73]. Afin d'étudier les conséquences à long terme d'une privation de sommeil agité sur les fonctions cérébrales, Mirmiran et al. [148, 151] ont supprimé les périodes de sommeil agité des deuxième et troisième semaines postnatales chez des rats en employant des moyens pharmacologiques tels que des antidépresseurs (chlorimipramine) ou des anti-hypertenseurs (clonidine). Il s'avère en effet que le sommeil agité est atteint à partir de l'équilibre entre les activités centrales noradrenergique et sérotonergique d'une part, et l'acétylcholine, d'autre part. Un choix judicieux de drogues affectant le métabolisme de l'acétylcholine, la noradrenaline et la sérotonine permet de supprimer les périodes de sommeil agité tout en augmentant les périodes de veille et de sommeil calme [149]. A l'âge adulte, les rats privés de sommeil agité au cours de la période néonatale montraient une anxiété exacerbée, des difficultés d'attention et d'apprentissage, une activité sexuelle réduite et un sommeil perturbé [148, 151, 149]. Des mesures des régions cérébrales ont mis en évidence une réduction de l'épaisseur du cortex cérébral et, dans certains cas, une modification de l'architecture de certaines structures nerveuses [148, 152].

La présence d'une régulation du sommeil calme suggère que ce dernier a également son importance dans le processus du développement cérébral. En effet, le sommeil calme coïncide avec la formation des schémas d'innervation thalamo-corticale et intra-corticale, avec des périodes de synaptogénèses, mais est également associé à un important processus de remodelage synaptique [132, 133]. Le sommeil calme contribuerait ainsi au remodelage synaptique en produisant une source endogène d'activités répétitives et synchronisés au travers de voies neuronales spécifiques [124]. En dehors du rôle primordial du sommeil agité et des cycles de sommeil sur le développement précoce des systèmes sensoriels du nouveau-né, l'alternance des stades de sommeil, agité et calme, est d'une importance critique pour modeler et préserver la plasticité cérébrale de l'individu. Ce processus, dépendant des cycles de sommeil tout au long de la vie, débute dès l'apparition du sommeil agité au cours de la période fœtale [119]. Cette plasticité cérébrale rend compte de la capacité de changement, d'adaptation et d'apprentissage du nouveau-né, en réponse à l'expérimentation de son environnement et à ses nouveaux besoins, faisant ainsi du cerveau un système dynamique, en perpétuelle reconfiguration.

Les découvertes neuro-anatomiques lors des examens *post-mortem* sur des nourrissons décédés de mort subite décrivent une altération du circuit cérébral basée sur des changements de l'organisation dendritique, de la synaptogénèse et de la myélinisation [153]. L'évolution de la maturation de la fonction cérébrale chez les nourrissons à risques tels que ceux susceptibles de succomber à un syndrome de mort subite [46] peut se faire au moyen d'une analyse méthodologique du sommeil [154, 155, 156, 157]. Les nourrissons à risques de mort subite sont en effet décrits comme présentant une immaturité au niveau des EEG caractéristiques de l'organisation du sommeil et des réflexes d'éveil [155, 69, 158].

Les conditions environnementale et biologique peuvent, soit accélérer, soit retarder la maturation cérébrale, suivant le circuit neuronal affecté. L'expression fonctionnelle altérée d'une quelconque activité cérébrale du nourrisson reflète une adaptation au stress pour maintenir l'homéostasie en vue de la survie [159]. Par exemple, des nouveau-nés à terme asymptomatiques, mais présentant une accélération des comportements de sommeil à la naissance, peuvent être à haut risque de retard dans leur développement au cours de la première année de vie [160]. Les EEG de sommeil chez les nourrissons à risque de mort subite illustrent eux-aussi ce processus d'adaptation qui résulte en une expression fonctionnelle altérée de la fonction cérébrale et de sa maturation, appelée dysmaturité physiologique. Ces changements dysmatures dans l'organisation du sommeil, des schémas d'éveil et cardio-respiratoire ont été décrits à la fois chez les nourrissons à risque de mort subite et chez ceux y ayant succombés [158]. Cette dysmaturité cérébrale physiologique, comme celle exprimée durant le sommeil, peut être prédictive d'une vulnérabilité accrue au syndrome de mort subite chez ces nourrissons lorsqu'ils sont exposés plus tard à un stress environnemental ou médical [16] ; ces situtations de stress incluent le couchage sur le ventre, le tabagisme passif, le coup de chaleur ou les infections respiratoires récurrentes [40].

1.4.4 Sommeil et fonction respiratoire

Le système respiratoire, plus que n'importe quel autre système corporel, caractérise le développement et la maturation qui survient entre la naissance et l'âge adulte. Il reflète non seulement les changements anatomiques dans la structure des voies aériennes mais également dans la fonction neurologique et le contrôle de la respiration. Plusieurs raisons font que la physiologie respiratoire des nourrissons, prématurés ou à termes, est différente de celle de l'adulte [161]. Tout d'abord, le réseau neuronal du tronc cérébral, responsable de l'initiation et du contrôle de la ventilation n'est pas complétement développé à la naissance, ce qui rend le schéma de l'activité neurale différent de celui de l'adulte. Il existe ensuite une différence dans la sensibilité des chémorécepteurs et dans l'activité cérébrale ultérieure qui dépendent de l'âge. La fréquence ventilatoire chez le nourrisson peut être amoindrie par des impulsions afférentes provenants des voies aériennes supérieures. Finalement, la coordination entre le muscle postcricoaryténoïde responsable de l'ouverture de la glotte et le muscle diaphragme n'est pas complétement développée, impliquant des épisodes durant lesquels les voies aériennes ne sont pas ouvertes pour permettre l'entrée de l'air au moment de la contraction du diaphragme : le nourrisson tentera alors de respirer avec une glotte fermée. Tout ceci a pour conséquence une respiration chez le nouveau-né qui est irrégulière comparée à celle de l'adulte : de brèves apnées sont fréquentes à cet âge là, mais ce problème devient de moins en moins fréquent avec la croissance du nouveau-né [162].

Il existe également de simples différences anatomiques entre les voies aériennes du nouveau-né et celles de l'adulte qui peuvent être source de problème. Ainsi, le « lumen » des voies aérienne est plus petit, la fréquence ventilatoire est aussi plus élevée. Les nouveau-nés sont obligés de respirer par le nez et ce n'est que plus tard que la respiration se fait également par la bouche. Les variations dans l'organisation des états de vigilance constituent également un problème qui n'est résolu qu'avec la mise en place du rythme circadien du sommeil. Finalement, il existe des différences physiologiques de base entre la respiration de l'adulte et celle du nourrisson.

La respiration du nouveau-né, bien que plus développée que celle du fœtus, est encore immature à la naissance et poursuit son évolution au cours des années suivantes, la maturation s'effectuant principalement au niveau alvéolaire. Cette immaturité se manifeste dans presque tous les aspects du contrôle respiratoire, allant des afférences d'entrée périphériques à la production respiratoire centrale, en incluant les réponses réflexes et les réponses des groupes musculaires respiratoires. En outre, les nourrissons prématurés présentent une immaturité plus prononcée du contrôle respiratoire dont le résultat se traduit par une incidence élevée dans la survenue d'apnées et de bradycardies [163]. Il semble y avoir une augmentation de l'influence inhibitrice d'origine centrale dans le contrôle de la respiration chez le nouveau-né. Celle-ci se manifeste par une diminution de la réponse respiratoire au CO_2, une réponse paradoxale en cas d'hypoxie, un réflexe d'apnée exagéré et des irrégularités dans le schéma respiratoire, incluant la présence d'une respiration périodique, d'apnée ou de tachypnée. Cet effet inhibiteur prédominant de la respiration du nouveau-né pourrait être secondaire à une augmentation des voies inhibitrices, une diminution des voies excitatrices ou une combinaison des deux [163].

De manière globale, l'activité respiratoire du nouveau-né est caractérisée par une irrégularité et des changements spontanés de la dynamique respiratoire allant de l'eupnée à l'apnée, la respiration périodique ou la tachypnée. La respiration du nourrisson est ainsi tantôt régulière avec un volume courant et une fréquence ventilatoire relativement constante, tantôt irrégulière avec d'amples fluctuations du volume courant et de la fréquence. La fréquence ventilatoire est souvent inversement proportionnelle au poids, et peut être légèrement variable chez le nouveau-né prématuré. Cette fréquence ventilatoire dépend également de l'âge du nourrisson (Tab. 1.6) Des bouffées de fréquence ventilatoire lente chez le nouveau-né sont secondaires à une prolongation de l'expiration (T_E) tandis que la durée de l'inspiration (T_I) reste inchangée. Ce phénomène est caractéristique d'un épisode hypoxique ou hypercapnique [164]. Dans sa forme extrême, cette prolongation correspond aux pauses respiratoires et aux apnées qui surviennent fréquemment chez le prématuré et, dans une moindre mesure, chez le nouveau-né à terme.

De nombreuses études ont montré que les stades de sommeil du nouveau-né avaient une influence marquée sur le contrôle respiratoire. Le rythme respiratoire global est ainsi plus élevé et plus variable en sommeil agité qu'en sommeil calme, que les nouveau-nés soient prématurés [165], ou à termes [166, 167]. Ces deux stades de sommeil qui alternent au cours d'une même phase de sommeil, et dont les proportions évoluent en fonction de l'âge [169], ont des effets différents sur le contrôle du générateur du rythme respiratoire, des muscles respiratoires et du volume pulmonaire (Tab. 1.7).

TABLE 1.6 – Valeurs normales de fréquence ventilatoire en fonction de l'âge.

Age	Fréquence ventilatoire (cycle.min^{-1})
de 1 à 6 mois	42 ± 12
de 7 mois à 1 an	30 ± 8
de 1 à 2 ans	26 ± 4

TABLE 1.7 – Influence des stades de sommeil et de l'âge sur les variables respiratoires chez des nourrissons nés à terme et en bonne santé. D'après [168]

Age	2 à 5 semaines		2 à 3 mois		5 à 6 mois	
Sommeil	agité	calme	agité	calme	agité	calme
SpO_2 (%)	95.9 ± 0.4	96.2 ± 0.4	94.4 ± 0.2	94.8 ± 0.3	94.5 ± 0.5	95.1 ± 0.4
CO_2 (mmHg)	38.1 ± 1.1	40.7 ± 1.3	39.2 ± 1.3	40.5 ± 1.1	41.8 ± 0.7	41.9 ± 0.9
f (cycle/min)	54.7 ± 4.1	48.1 ± 4.4	38.0 ± 2.9	36.2 ± 5.8	29.7 ± 1.8	29.1 ± 1.8
V_T (ml/kg)	5.1 ± 0.4	5.2 ± 0.4	5.5 ± 0.6	5.4 ± 0.7	6.1 ± 0.4	5.5 ± 0.3
V_I' (ml.min^{-1}.kg^{-1})	250 ± 12	228 ± 14	195 ± 13	197 ± 7	177 ± 12	165 ± 11
Durée de sommeil (min)	20 ± 3	18 ± 2	14 ± 2	19 ± 2	13 ± 1	20 ± 2
Cycle de sommeil (min)	40 ± 5		41 ± 3		35 ± 2	

A l'instar des adultes, les nourrissons endormis modifient leur ventilation en réponse à des difficultés respiratoires telles que l'hypoxie, l'hypercapnie, l'obstruction des voies aériennes... [170, 163]. La réponse ventilatoire du nouveau-né à l'hypoxie illustre sans doute le mieux la différence entre le nouveau-né et l'adulte. Lorsque son niveau d'oxygène décroît, le nouveau-né augmente rapidement sa ventilation sur une courte période (environ de 1 à 2 secondes), avant de revenir à son état de ventilation initial [171, 172]. Cette réponse ventilatoire à l'hypoxie, très bien caractérisée chez les nouveau-nés (en particulier les prématurés), est connue sous le terme de réponse biphasique [173]. Au même moment, son rythme cardiaque augmente et reste élevé tandis que survient un petit changement de la pression partielle en CO_2 ($PaCO_2$) par rapport à l'état stable [171, 174]. Cette sensibilité du nouveau-né au CO_2 décroît lorsque la pression artérielle en oxygène (O_2) est basse, contrairement à l'adulte. Entre 7 et 18 jours d'âge postnatal, le nourrisson présente une réponse typique de celle d'un adulte, à savoir une hyperventilation soutenue pendant l'épisode hypoxique avec une sensibilité au CO_2 accrue [175].

L'hyperventilation initiale est accondaire à la stimulation des chémorécepteurs périphériques, principalement ceux du corps carotidien, puisque la réponse est éliminée par la dénervation de ce même corps [176]. Le mécanisme de la décroissance qui s'en suit reste quant à lui encore inexpliqué. Cross et al. [172] ont initialement suggéré que l'hypoxie produisait une dépression généralisée du tronc cérébral incluant les centres respiratoires. Chez les agneaux, les efforts inspiratoires générés par une hypoxie progressive se sont révélés beaucoup plus importants en sommeil calme qu'en sommeil agité [177], indiquant par là que, comme chez l'adulte, la sensibilité respiratoire à l'hypoxie est déprimée en sommeil agité. Toutefois, peu d'informations sont disponibles sur la sensibilité du nourrisson à l'hypoxie au cours d'une phase de sommeil agité. Ceci s'explique peut-être par une augmentation de l'éveillabilité des nourrissons en cas d'hypoxie en sommeil agité, probablement reliée au taux de désaturation plus élevé (de 2 à 4 fois) au cours du sommeil agité par rapport au sommeil calme [178].

Comme chez l'adulte, le nourrisson confronté à une hypercapnie (ré-inhalation de CO_2) répond par une augmentation de la ventilation avec toutefois une sensibilité très variable de la réponse [179], celle-ci étant plus importante en sommeil calme qu'en sommeil agité [180]. Chez l'être humain comme chez l'animal, de petites augmentations de la pression artérielle $PaCO_2$ ou de petits changements du pH du fluide cérébral [181] augmente dramatiquement la ventilation. La réponse ventilatoire au CO_2 résulte de l'activation des chémorécepteurs périphériques et centraux. La contribution des chémorécepteurs périphériques, principalement à travers le corps carotidien, représente 10 à 40% de la réponse hypercapnique totale [182]. Les chémorécepteurs centraux supposés confinés dans la partie ventro-latérale de la moelle, se trouvent être largement diffusés dans le tronc cérébral [183].

La réponse ventilatoire au CO_2 augmente avec l'âge postnatal [184, 185] et l'âge gestationnel [184, 185] chez les nourrissons prématurés. La réponse respiratoire au CO_2 chez les prématurés est ainsi détériorée en comparaison des nourrissons à termes [184, 185]. Cette différence est à la fois qualitative et quantitative. Tandis que les nouveau-nés à terme augmentent leur ventilation au moyen d'une augmentation de leur volume courant et de la fréquence ventilatoire, les prématurés sont incapables d'augmenter leur fréquence ventilatoire en réponse à la présence de CO_2 [185, 186]. Plusieurs mécanismes ont été proposés pour expliquer cette atténuation de la réponse ventilatoire hypercapnique au CO_2 que présentent les prématurés et les nouveau-nés immatures. Les hypothèses évoquées incluent des changements dans les propriétés mécaniques des poumons et dans la maturation des chémorécepteurs périphériques ou centraux, ou des changements dans l'intégration centrale des chémorécepteurs ou autres signaux neuronaux. Krauss et al. [185] ont observé une amélioration simultanée de la compliance pulmonaire avec l'augmentation de l'âge post-conceptionnel, parallèlement à une maturation de la réponse hypercapnique chez les nourrissons. Frantz et al. [184] ont confirmé que les réponses ventilatoires au CO_2 étaient diminuées chez les prématurés et, en mesurant les pressions d'occlusion de fin d'expiration, ont suggéré qu'une diminution de la sensibilité des centres respiratoires contribuait à ce phénomène.

Finalement, la détérioration de la réponse respiratoire hypercapnique chez les prématurés présentant des apnées est plus importante que celle observée chez des nourrissons prématurés sans apnées [187]. Pour un même niveau de CO_2 et pour le même degré de variation du CO_2 alvéolaire, la ventilation minute chez les nourrissons sujets aux apnées était plus faible. Les mécanismes pulmonaires, la fréquence ventilatoire et le volume d'espace mort étaient similaires entre les deux groupes indiquant une origine centrale à cette respiration perturbée observée chez les prématurés apnéiques [187]. Les modifications du volume pulmonaire relatives aux stades de sommeil surviennent en réaction à des altérations des schémas respiratoires ou des activités des muscles respiratoires accessoires tels que les muscles intercostaux et laryngés [188]. La cage thoracique du nouveau-né étant relativement plus compliante que celle de l'adulte, il est possible d'observer le déplacement des parties supérieures et inférieures de la cage thoracique dans les directions opposées pendant la respiration [189]. Cette respiration paradoxale, conséquence probable d'une absence d'activité des muscles intercostaux associée à une contraction diaphragmique maximale au cours du sommeil agité, a été associée à une réduction de 31% du volume gazeux thoracique (volume pulmonaire) chez les nouveau-nés à terme âgés d'une à trois semaines [190]. Il n'existe cependant pas de modification de la capacité fonctionnelle résiduelle associée au sommeil chez des nourrissons à terme plus jeunes (de 2 à 6 jours) [191]. La ventilation résiduelle pour un stade de sommeil donné augmente avec l'âge postnatal [175], que le nourrisson soit prématuré ou à terme, même lorsque la ventilation est normalisée par rapport au poids [192]. L'augmentation de la ventilation est due à une augmentation du volume courant (V_T) avec l'âge post-natal, plus important que la décroissance lente et progressive de la fréquence ventilatoire. Le paramètre le plus significatif est représenté par la croissance du flux inspiratoire moyen ($\frac{V_T}{T_I}$ où T_I représente la durée de l'inspiration), puisque le cycle inspiratoire ne change pas avec la maturation.

L'instabilité du contrôle respiratoire chez les nourrissons se manifeste par une augmentation de la fréquence des pauses respiratoires. L'apnée des nourrissons peut avoir une origine centrale, obstructive ou mixte (centrale et obstructive) [193]. Chez les nouveau-nés à terme, la plupart des apnées sont centrales et sont plus communes en sommeil agité qu'en sommeil calme [44, 194]. La fréquence des apnées, qui est similaire entre les stades de sommeil, atteint son maximum à 2 mois avec une incidence à 6 mois similaire à celle observée durant la première semaine post-natale [194]. Au cours du sommeil calme, l'apnée est typiquement précédée d'un soupir, tandis qu'en sommeil agité, l'apnée survient seule ou associée à des sursauts corporels [194]. Les apnées sont également plus fréquentes chez les nouveau-nés prématurés que chez les nouveau-nés à terme [195]. L'apnée idiopathique de prématurité est le type d'apnée la plus fréquente chez les nouveau-nés prématurés, avec un risque inversement proportionnel à l'âge gestationnel. L'apnée débute typiquement entre 2 et 17 jours après la naissance et se résorbe généralement entre 37 et 40 semaines d'âge gestationnel. L'apnée idiopathique est supposée résulter de l'immaturité du tronc cérébral associée à un développement incomplet des voies aériennes supérieures [196].

La respiration périodique est définie comme la succession d'épisodes apnéiques séparés par de courtes périodes de respiration, et caractérisés par une augmentation et une diminution progressive du volume courant. Il s'agit d'un schéma respiratoire standard chez les nouveau-nés, qu'ils soient prématurés ou à terme, et n'ayant aucune signification clinique particulière [193]. Cette respiration périodique est également plus fréquente en sommeil agité qu'en sommeil calme à une semaine d'âge, et est souvent précédée d'un soupir. La durée du cycle de la respiration périodique décroit avec l'âge chez les nouveau-nés à termes de plus de trois mois [197].

La défaillance soudaine de la ventilation du nourrisson est couramment perçue comme la cause de décès la plus probable. L'asphyxie accidentelle représente moins de 50% des décès diagnostiqués comme dus au syndrome de mort subite. Le reste s'apparente vraisemblablement à une certaine forme de défaillance respiratoire profonde. Bien que l'incapacité du nourrisson à auto-réssuciter ou à s'éveiller du sommeil contribue à initier l'enchaînement des évènements conduisant dans certains cas au décès, ces mécanismes ne peuvent être considérés comme cause première de la défaillance respiratoire initiant la séquence fatale. Cette défaillance respiratoire peut avoir plusieurs origines et, selon le contexte, peut initier le processus conduisant au décès [198].

De nombreuses études ont montré que la position de sommeil avait une influence significative sur l'architecture du sommeil des nourrissons. Ainsi, la position de couchage sur le ventre augmente la durée totale de sommeil, en particulier la durée de sommeil calme [166, 199, 201, 202]. Les effets de la position de couchage sur la fréquence ventilatoire sont variables. Certaines études ont mentionné des fréquences plus basses en position ventrale chez les nouveau-nés [200], tandis que d'autres études réalisées sur des nourrissons plus âgés, ne montraient aucune modification, et ce, quel que soit le stade de sommeil (agité ou calme) [166, 167, 199]. La saturation en oxygène se trouve également altérée par une position ventrale de couchage chez les nourrissons de moins de six mois [199]. L'instabilité respiratoire se trouve être plus importante lors d'un couchage sur le dos, avec des épisodes de respiration périodique plus nombreux en sommeil agité comme en sommeil calme, associées à des apnées plus longues et plus fréquentes à la suite de soupirs [167]. L'exposition prénatale au tabagisme maternel a pour conséquence une augmentation de la fréquence et de la longueur des apnées obstructives chez les nourrissons qui dépend de la consommation tabagique maternelle [203]. Ce dernier est également responsable d'une conduite respiratoire plus faible et d'une réponse ventilatoire à l'hypoxie atténuée [204]. Ce phénomène est supposé être dû à une augmentation de l'épaisseur des parois des voies aériennes, ce qui pourrait faciliter le rétrécissement des voies aériennes et des anomalies de la fonction pulmonaire chez le nouveau-né.

Une menace potentielle de la survie du nourrisson peut se développer à partir d'une défaillance à récupérer d'une obstruction des voies aériennes externes, telle que le positionnement du visage face à un oreiller ou la surface molle d'un matelas, impliquant une exposition excessive au dioxyde de carbone (CO_2) et à l'hypoxie [1, 205]. Les campagnes de préventions recommandant de placer les nourrissons en position dorsale ont contribué à diminuer de façon conséquente le taux de morts subites des dernières décennies, en réduisant la propension d'obstruction des voies aériennes externes. Le mécanisme de défaillance à récupérer d'une telle obstruction est supposée être, tout du moins en partie, le résultat d'une incapacité développementale ou potentiellement acquise d'un positionnement approprié de la tête et, par conséquent, des voies aériennes afin que puisse s'effectuer librement l'échange gazeux. L'absence de mobilité de la tête peut découler de plusieurs processus, incluant une perception défaillante des taux de dioxyde de carbone (CO_2) ou d'oxygène (O_2), c'est-à-dire une détection inadéquate d'hypercarbia ou d'hypoxie extrême, due aux déficits des systèmes de traitements cérébraux centraux, une intégration déficiente des processus sensorielle avec les réflexes moteurs appropriés, et/ou une défaillance des mécanismes d'éveil à restaurer le tonus moteur ou encore, à activer les réponses motrices appropriées. Une perception ou une intégration inadéquate des taux de CO_2 ou O_2 représente un domaine de recherche important, notamment dans la recherche des aberrations liées au développement des systèmes neuro-transmetteurs impliqués dans ce signal de « transduction », incluant l'exposition prénatal à la nicotine qui peut modifier le développement de ces neuro-transmetteurs, ou une exposition hypoxique précoce qui peut « conditionner » ou adapter d'une manière différentes les systèmes afférents. De multiple systèmes d'intégrations moteurs participent à la récupération d'une obstruction des voies aériennes externes, incluant les structures du tronc cérébral. Une autre possibilité implique les structures du cervelet, puisque la principale fonction de celui-ci est la coordination de l'activité motrice, incluant certaines actions réflexes.

L'obstruction des voies aériennes supérieures résulte d'une perte de tonus de la musculature des voies aériennes supérieures associée à des mouvements diaphragmiques continus. En retour, ces mouvements induisent une pression thoracique négative, augmentant l'effondrement des voies aériennes selon le principe de Venturi de l'accélération du débit d'air lors du passage à travers une ouverture de diamètre réduit [206, 207]. Une atonie des muscles respiratoires peut être induite par une élévation transitoire rapide de la pression artérielle [208] ; une telle atonie s'exerce préférentiellement sur les voies aériennes supérieures relatives au diaphragme [209]. Il en résulte qu'une réponse détériorée de la pression artérielle à des difficultés peut exercer des effets inattendus sur la respiration. Des évènements obstructifs répétés présentent ainsi un risque significatif pour les nourrissons, avec d'une part, de multiples expositions à une hypoxie intermittente avec obstructions successives et, d'autre part, une répétition de variations extrêmes de la pression artérielle. La probabilité d'une obstruction est augmentée par l'atonie de la musculature des voies aériennes supérieures au cours du sommeil agité, pour laquelle la plupart des muscles du corps, à l'exception de ceux des yeux et du diaphragme, ont perdu leur tonicité. Le sommeil agité impose donc un risque supplémentaire pour la respiration des nourrissons, puisque les muscles intercostaux perdent leur tonicité pendant ce stade de sommeil. Par ailleurs, les côtes nécessitant un certain temps pour se calcifier, les muscles intercostaux confèrent donc, à eux seuls, la plus grande partie de la rigidité de la cage thoracique du nourrisson. Toutefois, l'atonie des muscles intercostaux durant le sommeil agité augmente la compliance, rendant la cage thoracique molle qui s'affaisse alors à chaque effort inspiratoire [190]. L'effondrement de la cage thoracique conduit à une perte substantielle de volume intra-thoracique en fonction de la respiration, laissant peu de place à l'air inspiré. Il peut en résulter une désaturation rapide au cours de laquelle, n'importe quel processus pourrait interférer avec le débit d'air, telle qu'une obstruction des voies aériennes. L'atonie naturelle des muscles intercostaux au cours du sommeil agité s'accompagne de circonstances physiologiques qui peuvent augmenter le risque de mort subite. La probabilité d'une obstruction des voies aériennes supérieures est également augmentée par la structure unique des voies aériennes supérieures du nourrisson, avec une langue relativement large et des dimensions des voies aériennes qui prédisposent à l'obstruction, en particulier si la tête est en flexion, comme l'a montré Tonkin [210]. La position de la tête peut représenter un risque particulier dans certaines positions du corps, comme c'est le cas pour l'endormissement dans les sièges de voitures, qui permet une flexion extrême de la tête vers l'arrière [211]. Dans certaines circonstances, une flexion normale de la tête compromettant toutefois la morphologie des voies aériennes, combinée à une atonie durant le stade de sommeil agité, pourrait conduire à une issue fatale qui pourrait être considérée comme accidentelle.

Une défaillance de la commande respiratoire telle que l'apnée centrale, induite à la fois par les voies aériennes supérieures et par le muscle diaphragme, a mobilisé l'attention comme mécanisme potentiel à partir duquel une succession d'évènements conduiraient à la mort subite du nourrisson. Cette défaillance peut résulter de plusieurs composantes du processus de la respiration, incluant une détérioration de la transduction ou de l'intégration sensorielle du CO_2 ou de l'O_2, ou encore une absence de mobilisation des mécanismes d'halètement, dernier mécanisme de survie lorsque le nourrisson est confronté à un faible taux d'oxygène. La défaillance respiratoire étant supposée survenir durant le sommeil, la préoccupation principale concerne la perte de la commande de veille pour respirer, c'est-à-dire que le stade de veille active les processus qui maintiennent la respiration mais, durant le sommeil, ces influences sont supprimées ou non mobilisées. Une perte conséquente de la commande respiratoire durant le sommeil, notamment durant le sommeil calme, survient dans le Syndrome d'Hypoventilation Central Congénital (CCHS) [212], une maladie rare résultant de la mutation du gène PHOX2B responsable de la différenciation cellulaire [213, 214, 215]. A cette hypoventilation au cours du sommeil, dont sont victimes les nourrissons atteints de ce syndrome, s'ajoute une faible réceptivité à de hauts niveaux de CO_2 ou de faibles niveaux d'O_2. Ce syndrome d'hypoventilation ne peut cependant pas être considéré comme un modèle valable pour le syndrome de mort subite, puisque, bien qu'un polymorphisme du gène PHOX2B apparaît chez les nourrissons décédés de mort subite, ce polymorphisme n'est aucunement relié à celui identifié dans le syndrome de l'hypoventilation centrale congénitale [216, 217]. De plus, les nourrissons affectés par ce syndrome montrent une grande variété de déficiences autonomes profondes beaucoup plus importantes que celles révélées avant le décès chez les nourrissons victimes du syndrome de mort subite. Cependant, une détérioration de la chémosensibilité centrale et de la commande respiratoire durant le sommeil sont majoritairement concernés dans le syndrome de mort subite du nourrisson ; la perte de la chémosensibilité centrale offre ainsi un modèle intéressant pour illustrer les processus autres que ceux commandés chimiquement et qui contribuent à maintenir la respiration. De plus, en comparant les réponses cérébrales consécutives à de forts taux de CO_2 chez des nourrissons sains et des nourrissons touchés par le syndrome d'hypoventilation, il est ainsi possible d'identifier les structures cérébrales impliquées dans la transmission des réponses neurales vers la chémoréception.

L'implication des études sur le syndrome d'hypoventilation centrale congénitale dans la compréhension des mécanismes du syndrome de mort subite du nourrisson se justifie par le fait que les processus maintenant la respiration dépendent de multiples entrées, incluant des signaux thermique, affectif et kinesthésique, en plus des entrées chémosensibles et de l'activité oscillatoire intrinsèque des structures médullaires. D'autre part, les contributions provenant des différentes influences varient en fonction des stades de sommeil et de veille ; par exemple, la commande ventilatoire en température est perdue durant le sommeil agité [218], et le contrôle des structures neurales de la surface ventrale médullaire sur la pression sanguine est altéré durant ces états [219]. L'atonie du sommeil agité modifie les voies aériennes supérieures ainsi que d'autres fonctions musculaires et, par voie de fait, la rétroaction kinesthésique. Les déficiences respiratoires du syndrome d'hypoventilation apparaissent préférentiellement au cours du sommeil calme ; le sommeil agité étant plus protecteur, ceci indique là encore que la détermination des mécanismes sous-jacents de la respiration nécessitent de considérer les influences provenant du cerveau antérieur aussi bien que des sites médullaires.

La défense ultime à une exposition hypoxique est l'halètement, une séquence d'efforts respiratoires engendrée par l'activation de structures du tronc cérébral. L'halètement est fréquemment retrouvé dans les signaux de monitorage de la respiration chez les nourrissons qui succombent durant une surveillance à domicile [220]. Parce qu'une issue favorable à un épisode d'halètement est sans conteste vital pour le nourrisson, la détermination des facteurs déclenchants sous-jacents et des processus neuromodulateurs de ce processus respiratoire font l'objet d'une attention considérable. Il a ainsi été mis en évidence que le blocage des récepteurs 5-HT et des récepteurs noradrénergiques suppriment l'halètement ; les récepteurs 5-Ht seuls semblent moins efficaces, suggérant par là, la nécessité d'une participation intégrée de systèmes multiples pour engendrer les efforts d'halètement [221, 222].

1.4.5 Sommeil et réflexe d'éveil

Le réflexe d'éveil d'une période de sommeil est un important mécanisme de défense en réaction à un stimulus signalant un évènement potentiellement dangereux pour le nourrisson au cours du sommeil [223]. En restaurant la protection que représente l'état d'éveil, le réflexe d'éveil joue un rôle important face à de possibles difficultés respiratoires et cardio-vasculaire au cours du sommeil. La conjonction temporelle entre le syndrome de mort subite du nourrisson et une période de sommeil a conduit à suggérer que l'éveillabilité d'un nourrison confronté à un évènement potentiellement menaçant pour sa survie pouvait être compromise dans le cadre de ce syndrome. Dans les années 90, plusieurs études ont mentionné un retard de développement dans l'organisation du sommeil et une réduction de la fréquence des éveils chez les futurs victimes de mort subite [30, 158]. D'autre part, une difficulté à s'éveiller pourrait être impliquée dans le déroulement final de ce syndrome [224]. Afin d'élucider la physiopathologie du syndrome de mort subite, de nombreux auteurs ont évalué les effets des trois principaux facteurs de risques exposés par Filiano et Kinney [16] dans leur modèle du « risque triple » sur l'éveillabilité de nourrissons en bonne santé. Pour interpréter les résultats de ces études, il est important de comprendre les mécanismes sous-jacents au processus d'éveil, la définition de ce qu'est l'éveil d'un nouveau-né, les techniques de leurs enregistrements, les différentes méthodes utilisées pour évaluer l'éveillabilité d'un nourrisson et les facteurs de confusion qui modifient la détermination des seuils d'éveil [225].

La littérature offre une multitude de terminologies pour la classification de l'éveil [226, 227, 228, 229, 199]. Des dénominations telles que « éveil » ou « réveil » sont souvent utilisées pour décrire la transition de l'état de sommeil vers l'état de veille. Ces états brefs ou momentanés sont différents des comportements de veille. Le réveil ou l'éveil peut se traduire simplement par de subtiles modifications physiologiques telles qu'une activité physiologique, des sous-réveils, la conscience d'un stimulus, ou aller jusqu'à un réveil complet. Le nourrisson peut sembler assoupi mais manifeste des changements abruptes des réponses cardiaque, respiratoire, musculaire, thermique, ou électro-encéphalographique. Certaines de ces manifestations représentent des réponses du système autonome, alors que les changements au niveau des micro-structures encéphalographiques (EEG) avec l'apparition des complexes K caractérisent des éveils sans réveils [230].

La réponse d'éveil ne correspond pas à un état discret mais à un processus continu qui reflète l'activation de structures variées, provenant des aires corticales et sous-corticales [205, 231]. L'éveil du sommeil chez le nourrisson est supposé être un phénomène hiérarchisé, consistant en une succession progressive de réponses générées à partir des aires corticales et sous-corticales. Par exemple, suite à une exposition au CO_2, les nourrissons répondent avec un enchaînement de comportements spécifiques, commençant par un soupir (c'est-à-dire une augmentation de la respiration) couplé à un sursaut, suivi ensuite par des mouvements saccadés avant d'arriver progressivement à un éveil complet avec ouverture des yeux et cris [205]. La même progression au niveau de l'activation du système nerveux central allant des niveaux spinaux vers les niveaux corticaux a été observée durant l'utilisation de stimulus non-respiratoire (tactile) et d'éveils survenant spontanément [232]. La stimulation tactile induit un réflex spinal suivi par des réponses du tronc cérébral (réponses respiratoires et sursaut), avant de se terminer en éveil cortical. Toutefois, le processus d'éveil ne passe pas toujours par un aboutissement, c'est-à-dire à un éveil cortical ; l'activation des réflexes d'éveil transmis par le tronc cérébral est souvent suffisante au nourrisson pour rétablir l'homéostase à la suite d'épisodes d'hypercapnie, sans nécessiter un éveil cortical complet. En considérant les informations selon lesquelles les interruptions répétées du sommeil affectent de manière défavorable le développement et la maturation du nourrisson, il apparaît biologiquement pertinent que ces éveils « partiels » ou sous-corticaux maintiennent l'homéostasie tout en préservant l'intégrité du sommeil. Le seuil de la réponse spinale serait donc plus faible que celui du tronc cérébral et, de manière similaire, le seuil du tronc cérébral serait probablement plus faible que le seuil de la réponse corticale [225].

Sur un enregistrement polysomnographique, l'éveil cortical se caractérise par un bref épisode de basse tension, une activité rapide de l'EEG central ou occipital, remplaçant temporairement l'activité synchronisée normalement associée au sommeil (Fig. 1.13).

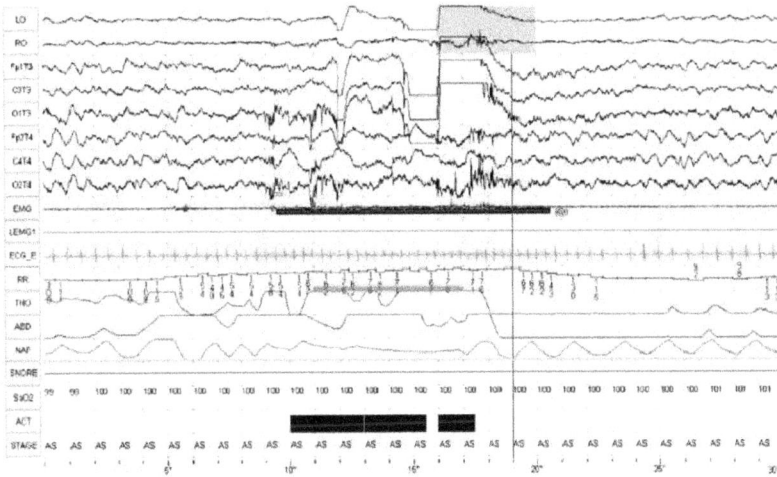

FIGURE 1.13 – Enregistrement polysomnographique : apparition d'un éveil cortical. D'après [225]

Conformément au rapport de l'Association Américaine des Désordres du Sommeil [16], les éveils polygraphiques transitoires (éveil cortical) sont définis par la survenue d'un décalage abrupte de la fréquence EEG, associée pendant au moins trois secondes, mais moins de quinze secondes, à une augmentation simultanée de l'amplitude de l'EMG durant une période de sommeil agité (avec mouvements occulaires rapides) [229]. Cependant, au cours de la première année, les nouveau-nés sont soumis à d'importantes modifications de leur activité EEG et de la structuration de leur sommeil liées à leur maturation [233]. Chez le nouveau-né et le jeune enfant, la variabilité spontanée des schémas respiratoires, des mouvements corporels et du rythme cardiaque compliquent significativement l'évaluation des éveils. En 2005, le Groupe de Travail International sur les éveils [17] a défini des critères d'évaluation des éveils chez les nouveau-nés à terme et en bonne santé, âgés de 1 à 6 mois, basés sur l'analyse d'enregistrement polysomnographiques [234]. Les éveils ont été classés en tant qu'activation corticale ou éveil cortical, en tenant compte de la hiérarchie naturelle apparente de la réponse d'éveil.

---

16. American Sleep Disorders Association (ASDA).
17. International Paediatric Work Group on Arousals.

Une activation sous-corticale (Fig. 1.14) n'implique aucun changement de l'EEG, et se caractérise par la survenue d'au moins deux des phénomènes suivants :
- mouvement corporel saccadé observable au détecteur de mouvement ou observé en tant qu'artéfact sur les voies somatiques ;
- des modifications du rythme cardiaque (d'au moins 10% des valeurs standards) ;
- des changements dans les schémas respiratoires (en fréquence et/ou en amplitude) en sommeil calme ;
- une augmentation du tonus du mentons à l'électromyogramme en sommeil agité.

Les éveils corticaux (Fig. 1.13) sont classés en utilisant les mêmes critères que précédemment, mais en y ajoutant la présence d'un changement abrupt de la fréquence de fond de l'EEG d'au moins 1 Hz pendant au moins 3 s.

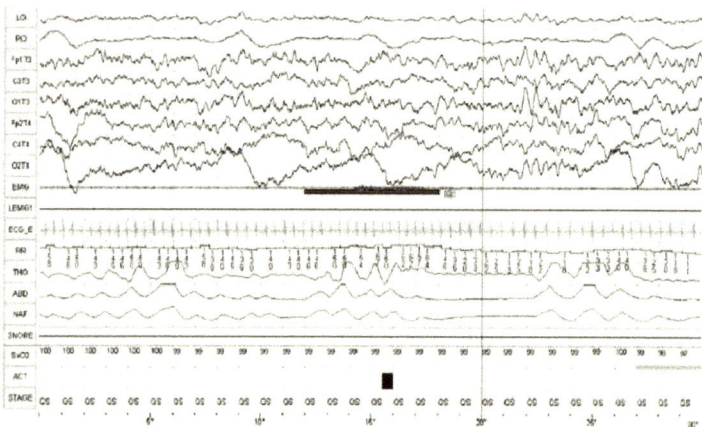

FIGURE 1.14 – Enregistrement polysomnographique : apparition d'un éveil sous-cortical. D'après [225]

Les éveils peuvent apparaître spontanément durant le sommeil ou être provoqués par des stimuli externes tels qu'un bruit environnant, une lumière intense, ou des stimuli internes tels que des perturbations respiratoires ou des altérations du rythme cardiaque. Diverses études ont été réalisées sur des nourrissons prématurés et à terme afin d'évaluer leur propension à s'éveiller du sommeil en les exposant à divers stimuli [199]. Les stimuli utilisés doivent être non-invasifs, facilement quantifiable, et induire des réponses spécifiques aussi bien que reproductibles. L'étude de l'éveillabilité chez les nourrissons requiert des enregistrements polysomnographiques continus d'EEG, ECG et EMG, des mouvements respiratoires abdominaux, thoraciques, et du débit d'air afin de suivre les changements du signal électro-encéphalographique EEG aussi bien que d'autres signaux. De plus, la période de sommeil doit être suffisamment longue pour que le nourrisson puisse expérimenter tous les stades de sommeil classiques. La durée entre l'initiation du stimulus et la réaction d'éveil est alors utilisée pour évaluer l'éveillabilité. Le seuil d'éveil peut également être déterminé en mesurant l'intensité du stimulus nécessaire à l'induction d'un éveil. L'interprétation du terme de « seuil d'éveil » tend à varier entre les études, et la manière dont ce seuil est déterminé reste flou dans la littérature. Les seuils sont classés suivant une réaction simple à une série de stimulations d'intensité et de durées d'exposition croissantes ou décroissantes [199].

Aucun consensus n'existe sur le type de stimulus permettant la détermination la plus précise de ces seuils d'éveils. Les stimuli basés sur le bruit, les gaz, la lumière, la nocivité, les stimuli mécaniques, chimiques, et de température ont tous été utilisés dans les diverses études faites sur ce sujet [130, 235, 236, 237, 238, 239]. Ces stimuli peuvent être classés selon deux catégories : les stimuli internes et les stimuli externes. Les stimuli externes regroupent les stimuli auditifs [227, 130, 235], lumineux, tactiles [236], ou encore respiratoires. Les stimuli lumineux s'avèrent être les moins efficaces à engendrer un réflexe d'éveil (de 27 à 47% des nourrissons) [130, 240].

Les stimuli respiratoires sont directement liés à une difficulté respiratoire telle que l'hypoxie, l'hypercapnie ou une obstruction des voies aériennes [239]. Dans ce cadre, de nombreux auteurs considèrent l'hypoxie comme un faible stimulus d'éveil chez les nourrissons [240]. De récentes études montrent cependant que les nourrissons prématurés comme ceux nés à terme s'éveillent d'une hypoxie moyenne (15% d'O_2) tout au long des six premiers mois de vie, et ceci en sommeil calme comme en sommeil agité [237, 238]. A ce titre, l'hypercapnie est un stimulus d'éveil beaucoup plus puissant que l'hypoxie [237, 241]. La réponse d'éveil à l'hypoxie et l'hypercapnie est influencée par la durée de l'exposition, la profondeur de l'hypoxie ou de l'hypercapnie, le stade de sommeil et l'âge [241, 178]. Enfin, une occlusion ou un rétrécissement des voies aériennes supérieures apparaissent plus stimulant que des changements des gaz du sang artériel seuls, l'éveil pouvant survenir à la fin d'une apnée ou d'une hypopnée trop brève pour qu'une asphyxie conséquente puisse se développer [239].

Les stimuli internes, eux, induisent des réponses adaptatives sous forme d'éveils qu'il est difficile de traduire en terme d'éveil spontané en réponse à une difficulté. Ces stimuli endogènes incluent les apnées prolongées [239], les reflux acides œsophagiens [242, 243], les mouvements [244], la douleur [245], la fièvre [246], les changements de pression sanguine [208], ou la vidange de la vessie [247]. Chez les nourrissons endormis, la vidange de la vessie survient seulement durant le sommeil calme et est accompagné d'un éveil cortical et d'une accélération du rythme cardiaque [247]. Le reflux gastro-œsophagien est probablement l'un des plus forts stimuli d'éveil [242, 243], particulièrement à cause de l'acidité du contenu [242].

L'apnée du nourrisson est souvent désignée comme le premier rouage du mécanisme conduisant à la mort subite du nourrisson. Le réflexe d'éveil à la suite d'une apnée obstructive ou centrale chez le nourrisson, l'enfant et l'adulte a largement été étudié. Dans le cadre d'une apnée obstructive, l'ouverture des voies aériennes est typiquement précédée d'une augmentation de l'activité des muscles des voies aériennes supérieures comparée au muscle du diaphragme. Cette forte augmentation du tonus des voies aériennes supérieures coïncide généralement avec un éveil [207]. La fréquence des réponses d'éveil à une apnée obstructive augmente avec l'âge. Chez les adultes, la fin d'une apnée obstructive en sommeil lent est associée à un éveil cortical dans approximativement 70% des cas [248], tandis que chez les enfants et les nourrissons, les éveils ne surviennent pas fréquemment. McNamara et ses collègues [228] ont étudié des enfants âgés de 1 à 14 ans et des nourrissons âgés de moins de 21 semaines, présentant un syndrome d'apnée du sommeil obstructive. Chez les enfants, la fin d'une apnée obstructive était associée à un éveil cortical dans 51% des cas pendant le sommeil calme et 35% des cas en sommeil agité. Chez les nourrissons, la fin d'une apnée obstrutive était associée à un éveil cortical dans seulement 18% des cas en sommeil calme et 12% en sommeil agité. Les éveils après une apnée centrale sont beaucoup moins fréquents, avec seulement 16% d'apnées centrales associées à des éveils d'un stade de sommeil calme chez les enfants, et 5% chez les nourrissons.

Le manque d'activité corticale chez les enfants et les nourrissons en réponse à une apnée peut être corrélée à leurs seuils d'éveil plus élevés en âge pédiatrique comparé à l'âge adulte. Ceci peut correspondre à un mécanisme de protection pour préserver la structure du sommeil. Cependant, aucune corrélation n'a été rapportée entre la durée d'une apnée et la propension d'éveil cortical chez les nourrissons. Wullbrand et ses collaborateurs, étudiant les effets d'évènements obstructifs chez des nourrissons prématurés, ont montré qu'une courte expiration suivie d'une profonde inspiration termine généralement les apnées et les bradycardies, incluant un « éveil cardio-respiratoire » sans changement du stade de sommeil [249].

Enfin, les nourrisson atteints de syndrome d'apnée obstructive du sommeil présentent une détérioration du réflexe d'éveil en réponse à des stimuli respiratoires comparés à des enfants du même âge en bonne santé [250]. Harrington et al. ont mis en évidence une diminution de l'éveillabilité liée à l'altération de la fonction autonome uniquement chez les nourrissons souffrant d'un malaise grave associé à un syndrome d'apnée obstructive [251]. La suppression du réflexe d'éveil durant le sommeil agité pourrait ainsi être causée par un mécanisme de préservation du sommeil agité supposé d'une importance prépondérante dans le développement et la maturation cérébrale des nouveau-nés.

Afin de comparer l'impact des stimuli internes et externes sur les réflexes d'éveil du nourrisson, Parslow et collaborateurs [252] ont réalisé une polysomnographie journalière chez des nourrissons à terme et en bonne santé, âgés de 2 à 4 semaines, âgés de 2 à 3 mois, et de 5 à 6 mois. Ils ont ainsi démontré que l'éveillabilité à une stimulation somatosensorielle (jet d'air nasal) et à une hypoxie moyenne (15% d'O_2) était affectée de manière similaire par le stade de sommeil et l'âge post-natal. Pour mettre en évidence un possible chemin commun au niveau de la fin du processus d'éveil, quel que soit le stimulus, Richardson et al. [253] ont, quant à eux, comparé les effets d'une hypoxie moyenne et d'un jet d'air pulsatile sur les processus d'éveil en examinant les éveils corticaux et sous-corticaux induits par le stimulus, et exprimés en pourcentage du nombre total d'éveils. Durant le sommeil agité, aucun effet significatif sur les proportions d'éveil cortical n'a été observé, quel que soit le type de stimulus et quel que soit l'âge étudié. Par contre, durant le sommeil calme, l'hypoxie induit une proportion d'éveil cortical plus élevée que le jet d'air chez les nourrissons âgés de 2 à 3 et de 5 à 6 mois. Enfin pour l'ensemble des nourrissons, les réponses du rythme cardiaque associées aux éveils corticaux et sous-corticaux étaient similaires pour chaque stimulus, validant la théorie d'un chemin neural final commun dans l'éveil cortical. L'augmentation d'éveils corticaux, observée seulement en sommeil calme, pourrait être attribuée à la nature plus brutale de l'hypoxie comme stimulus de malaise grave chez les nouveau-nés.

Chez les nourrissons, de même que chez l'adulte, les seuils d'éveils déclinent au cours de la nuit en fonction du temps de sommeil accumulé, ce déclin étant indépendant du stade de sommeil [254]. Les éveils spontanés et les réveils surviennent plus fréquemment chez les nourrissons pendant le sommeil agité que pendant le sommeil calme [255], bien que la différence entre les deux stades de sommeil soit plus faible chez les nouveau-nés que chez les nourrissons de plus d'un mois de vie [256]. En réponse à divers stimuli qu'ils soient pharyngés [242], auditifs [254], vibratactiles [236], dus à un jet d'air pulsatile [199], liés à une occlusion des voies aériennes [239, 257], dus à une inclinaison de la tête [258], ou encore à une hypoxie ou une hypercapnie [252], les seuils d'éveil les plus bas sont observés durant le sommeil agité. En sommeil calme, il arrive fréquemment que les nourrissons manquent de s'éveiller en réponse à une hypoxie (15% d'O_2) (55% entre de 2 et 5 semaines, 38% entre 2 et 3 mois et 44% entre 5 et 6 mois), alors qu'en sommeil agité, ils s'éveillent presque invariablement (respectivement 18%, 0% et 0%) [252]. De plus, la latence de l'éveil à l'hypoxie est plus longue durant le sommeil calme que durant le sommeil agité [252].

La répétition rapide des stimuli peut également favoriser le développement d'une habituation et, par conséquent, modifier le seuil d'éveil du dormeur. L'habituation des réponses d'éveils des nourrissons a ainsi été observée lors d'une stimulation tactile répétée au niveau du pied au cours de la sieste journalière, impliquant une diminution graduelle de la réponse d'éveil avec des stimuli répétés à intervalles de 5 s [259]. L'élimination des éveils corticaux survient plus rapidement que les réponses sous corticales, spécialement durant le sommeil agité. L'habituation de la réponse d'éveil à des stimuli sans importance peut être bénéfique dans le maintien de l'intégrité du sommeil ; cependant, l'augmentation de cette latence à l'éveil a également été observée lors de périodes répétées d'hypoxie intermittente [260]. Une telle habituation montre le danger que peuvent représenter les stimuli pour la survie du nourrisson, particulièrement chez ceux présentant des maladies cardio-vasculaires ou, plus généralement, pendant le développement du système cardio-respiratoire.

La maturation de l'activation sous-corticale et des éveils corticaux diffère selon le stade de sommeil et l'âge du nourrisson. Une étude de cette maturation, réalisée sur des nourrissons couchés sur le dos, a montré qu'avec l'âge, les activations sous-corticales décroissent pendant le sommeil calme et le sommeil agité, tandis que les éveils corticaux augmentent en sommeil agité et diminuent en sommeil calme [261]. Les seuils d'éveil sont également affectés par l'âge : ils décroissent de la naissance jusqu'à l'âge de 3 mois en réponse à une stimulation auditive durant le sommeil calme [262], 70% des nourrissons de moins de 9 mois et seulement 12,5% des nourrissons plus âgés s'éveillent en réponse à une hypoxie de sommeil calme [240]. Ces données suggèrent que tandis que le nourrisson poursuit sa maturation, sa capacité à s'éveiller en réponse à une hypoxie diminue à partir de 2 à 3 mois. Par contre, une augmentation significative des seuils d'éveil à des stimuli vibrotactiles est observable en sommeil agité à 3 mois [236]. Selon McGraw [263], entre la période à dominante réflexe (contrôle sous-cortical) et l'éventuel « comportement volontaire, délibéré » (contrôle cortical) qu'il doit acquérir, le type de réponse du nourrisson souligne une période d'activité « désorganisée ». Cette importante période transitionnelle entre un contrôle principalement sous-corticale et un contrôle principalement cortical survient entre 2 et 5 mois, la période la plus à risque de mort subite du nourrisson [264]. La perte des comportements réflexes pourrait être un facteur de risque si les réponses volontaires ne sont pas complètement acquises.

La durée de la gestation peut également modifier l'éveillabilité du nourrisson. Les nourrissons à terme présentent une augmentation du rythme cardiaque plus grand pendant un éveil cortical comparé à une activation sous-corticale. Par contre, le rythme cardiaque des prématurés décroît pendant l'éveil, sans différence significative entre éveil cortical et activation sous-corticale. D'une manière similaire, la vidange de la vessie n'induit pas d'éveil chez les prématurés, suggérant un retard de maturation dans le processus d'éveil chez ces nourrissons [265]. Comparé à des nourrissons nés à terme et en bonne santé (37 à 42 semaines de gestation), les nourrissons prématurés nés entre la trente-et-unième et la trente-cinquième semaine de gestation présentent un retard de maturité des différents états d'éveillabilité lié aux stades de sommeil ; cette différence apparaît seulement vers 2 à 3 mois pour les nouveau-nés prématurés au lieu de 2 à 3 semaines chez les nourrissons à terme [266]. Les grands prématurés (de 26 à 32 semaines de gestation) présentant, lorsqu'ils sont âgés de 2 à 3 mois, un historique d'apnée et de bradycardie de prématurité montrent, quant à eux, des réponses d'éveil diminuées à la fois en sommeil agité et en sommeil calme [199]. Après un défis hypoxique moyen (15% d'O_2) les prématurés âgés de 2 à 3 semaines ont une latence à l'éveil plus longue en sommeil agité [238]. La plus grande désaturation durant l'épisode hypoxique, combinée à une latence à l'éveil plus longue, suggère que chez ces nourrissons, il existe une détérioration de la réponse à l'hypoxie durant le sommeil, ce qui pourrait expliquer l'augmentation du risque de syndrome de mort subite dans ce groupe. Ces découvertes sont d'un intérêt particulier lorsque l'on sait que les nourrissons prématurés victimes du syndrome de mort subite, l'étaient à un âge, en âge corrigé par rapport au terme, plus précoce que les nourrissons à terme [42].

Le tabagisme maternel conduit à une détérioration à la fois des éveils induits par stimulus et des éveils spontanés. Comparés à des nourrissons prématurés de mères non fumeuses, le nombre d'éveils spontanés décroît significativement chez les prématurés exposés au tabagisme maternel *in-utero* (> 10 cigarettes par jour), avec une diminution spécifique du pourcentage d'éveils après des évènements respiratoires en sommeil agité [267]. Les mêmes résultats ont été obtenus chez des nourrissons nés à terme [268]. Par ailleurs, lorsqu'ils sont exposés à des défis d'éveil auditif [269], hypoxique [270], ou par jet d'air nasal [56], ces nouveau-nés et ces nourrissons présentent des seuils d'éveil beaucoup plus élevés que les sujets nés de mères non fumeuses. Cette diminution de l'éveillabilité est potentiellement dangereuse puisque les prématurés, les nouveau-nés à terme, et les nourrissons âgés de 2 à 3 mois exposés durant la période prénatale à la fumée de cigarette montrent une augmentation de la fréquence des évènements obstructifs comparés à ceux de mères non fumeuses [267, 203]. La relation entre le tabagisme prénatal et les apnées obstructives du sommeil est directement liée à la consommation tabagique de la mère [203]. Peu de mères fumeuses changent leur comportement tabagique et, celles d'entre elles qui parviennent à arrêter de fumer pendant la grossesse, reprennent rapidement après l'accouchement [271] ; il est ainsi difficile, dans de nombreuses études, de certifier que les effets respiratoires et d'éveil observés résultent principalement de l'exposition intra-utérine ou postnatale au tabac. Dans deux études, les résultats semblent pointer vers une exposition prénatale à la fumé de cigarette, les prématurés et les nouveau-nés ayant été exposés au tabagisme maternelle seulement pendant la période prénatale [267, 269]. Cependant, d'autres études ont mis en évidence un lien significatif, dose-dépendant entre la proportion d'éveil cortical et les niveaux de nicotine dans les urines chez les nourrissons âgés de 2 à 3 mois, suggérant que l'exposition tabagique post-natale jouerait également un rôle [272]. Les mécanismes sous-jacents aux effets du tabagisme maternel sur le contrôle de l'éveil sont encore peu compris. Il a ainsi été suggéré que le tabagisme maternel durant la grossesse pouvait altérer la structure cérébrale du nourrisson conduisant à des changements du contrôle cardio-respiratoire et d'éveil *via* une interaction complexe entre une hypoxie fœtale, l'absorption de toxines et des changements métaboliques [203]. Il existe également quelques preuves substancielles que le développement cérébral fœtal pourrait aussi être endommagé par les effets directs de la nicotine [273]. La nicotine intéragissant directement avec les récepteurs acétylcholine nicotiniques endogènes dans le cerveau, pourrait affecter profondément le développement et l'activité du système nerveux autonome [274]. L'exposition tabagique prénatale pourrait induire une sur-régulation des récepteurs nicotiniques dans le cerveau, résultant en une plus grande sécrétion de dopamine, norépinéphrine, sérotonine et acétylcholine [275]. Les effets excitateurs de la nicotine pourraient également être responsables de l'augmentation de la prévalence d'une fragmentation du sommeil et des mouvements corporels rapportés chez les nourrissons prématures nés de mères fortement fumeuses [276].

La position du corps pendant le sommeil modifie de manière significative les éveils spontanés et provoqués chez les nouveau-nés à terme ou prématurés [26, 199, 258, 201, 166]. Chez les nourrissons en bonne santé, la position ventrale de couchage est associée à une augmentation significative de la durée de sommeil (+16%), de la durée de sommeil calme (+25%) avec une diminution significative du nombre d'éveils comportementaux (−40%) et de leurs durées (−43%) [166]. Les éveils spontanés faisant suite à une apnée obstructive surviennent moins fréquemment quand les nourrissons dorment sur le ventre (31,1%) plutôt que sur le dos (57,5%) [201]. Les nourrissons de 3 mois dormant sur le ventre présentent également des seuils d'éveil plus élevés à des stimuli variés, tant auditifs que tactiles ou sensoriels [26, 199, 258].

D'autres modifications physiologiques ont été observées lorsque les nourrissons dorment sur le ventre : ceux-ci incluent une augmentation de la température périphérique de la peau, une augmentation du rythme cardiaque de base avec une diminution de la variabilité du rythme cardiaque et de la pression sanguine [258, 58, 199, 58, 277]. Il pourrait s'agir de manifestations d'une altération de l'équilibre autonome en position ventrale, attribuée à une augmentation du tonus sympathique et/ou une réduction du tonus parasympathique [277]. Enfin, les nourrissons dormant sur le ventre présentent des réponses cardiaques à l'éveil plus faibles que ceux dormant en position dorsale [277]. Ceci laisse supposer que l'augmentation des proportions d'éveils corticaux complets lors de l'exposition à un stress externe tel qu'une position ventrale de couchage, pourrait être un mécanisme de protection inné, pour assurer le niveau d'éveil approprié, évitant ainsi des complications cardio-respiratoires durant le sommeil.

La température corporelle et celle de l'environnement du nourrisson peuvent également altérer les réponses d'éveil du nourrisson. L'exposition au froid induit une diminution de la continuité du sommeil et, une augmentation de la fréquence de sommeil agité et des mouvements corporels [278]. Comparée à une température environnante idéale, une atmosphère surchauffées (28° par rapport à 24°) contribue à une élévation des seuils d'éveil, particulièrement en fin de nuit [254].

Enfin, comme pour d'autres fonctions physiologiques, l'usage de la tétine comme l'allaitement maternel sont des facteurs protecteurs permettant ici d'améliorer le seuil d'éveillabilité. Il a ainsi été démontré que le seuil d'éveil auditif durant le sommeil agité était significativement plus bas chez les nourrissons utilisant une tétine que chez les autres [279]. Cette découverte peut être reliée à l'effet déstabilisant de la perte de la tétine durant le sommeil, puisque la plupart des nourrissons perdent leur tétine après 30 minutes de sommeil continu. Comparés aux nourrissons alimentés avec des formules lactées, les nourrissons allaités passent plus de temps éveillés pendant la nuit et reçoivent plus fréquemment la visite de leurs parents [280]. Durant le sommeil agité, les nourrissons allaités, âgés de 2 à 3 mois, présentent significativement plus d'éveil en réponse à une stimulation auditive [279] et à un jet d'air nasal [60] comparés à ceux alimentés par des formules lactées. En résumé, les facteurs environnementaux tels que le couchage sur le ventre et une augmentation de la température qui ont été associés à une augmentation du risque de mort subite du nourrisson tendent à diminuer l'éveillabilité du nourrisson. A l'opposé, des facteurs environnementaux identifiés comme étant protecteur du syndrome de mort subite tel que l'allaitement et la tétine sont associés à une augmentation de l'éveillabilité du nourrisson.

Un manque de réponses d'éveils adaptées à des stimuli nocifs a été observé chez les nourrissons présentant un malaise grave (ALTE), chez les frères et sœurs de nourrissons décédés de mort subite, et chez les futures victimes de ce syndrome. Avant 12 semaines, des modifications du sommeil ont été observées chez les nourrissons présentant un malaise grave [226, 255], caractérisées par un pourcentage d'éveil plus faible, une quantité plus importante de sommeil agité, des épisodes de sommeil calme et de sommeil agité plus longs résultant en un allongement du cycle de sommeil. Après 12 semaines, l'organisation du sommeil tend à se normaliser. Cette perturbation dans l'organisation du sommeil est mise en avant comme facteur possible de risque : un seuil d'éveil plus élevé peut jouer un rôle critique si l'homéostasie est perturbée pendant le sommeil du nourrisson, principalement à un âge où le contrôle homéostasique n'est pas encore complètement établi. Une atténuation des mécanismes d'éveil engendrée par des seuils d'éveil élevés durant le sommeil a été rapportée chez des nourrissons présentant des malaises graves. Une réponse d'éveil à l'hypoxie survient chez seulement 9% des nourrissons présentant un malaise grave contre 70% chez les nourrissons normaux en sommeil calme [281]. Aucune différence dans les seuils d'éveil auditifs n'a été identifiée entre les nourrissons de référence et les nourrissons avec malaise grave lorsque les stimulations avaient lieu en sommeil calme [262]. Cependant, Harrington et al. ont trouvé que seuls les nourrissons présentant à la fois un malaise grave et un syndrome d'apnée du sommeil obstructive, montraient un contrôle autonome cardio-vasculaire anormale et une éveillabilité amoindrie en sommeil agité [251]. Par contre, aucune différence n'a été observé entre les nourrissons de références et ceux présentant seulement un malaise grave sans syndrome d'apnée obstructive.

L'éveillabilité du sommeil fournit un mécanisme protecteur de survie et l'association temporelle entre le syndrome de mort subite du nourrisson et des périodes de sommeil suggère que, lorsqu'ils sont confrontés à une difficulté menaçant leur vie durant le sommeil, la réponse vitale des nourrissons succombant au syndrome peut être détériorée. Le lien étroit entre réponse d'éveil modifiée et facteurs de risque de mort subite confirme le rôle d'un éveil détérioré dans la physiopathologie de ce syndrome [1]. Tous les facteurs connus de risques majeurs relatifs à ce syndrome ont été associés à une diminution à la fois des éveils spontanés et des éveils induits. Les nourrissons qui, par la suite, ont succombé au syndrome, bougeaient moins pendant la nuit et s'éveillaient moins fréquemment [30, 158]. Ils présentaient également des caractéristiques d'éveils différents [29], avec notamment nettement moins d'activations sous-corticales durant la première partie de la nuit entre 21 h et minuit, et un peu moins d'éveils corticaux durant la dernière partie de la nuit, suggérant un processus d'éveil incomplet [29]. L'hypothèse d'une défaillance du mécanisme d'éveil est également appuyée par l'identification post-mortem d'un disfonctionnement des régions cérébrales relevant du contrôle cardio-respiratoire et de l'éveil chez les nourrissons décédés de mort subite. Des études pathologiques et immuno-histologiques des nourrissons décédés ont démontré des lésions diffuses des différents noyaux du système nerveux central, essentiellement au niveau du tronc cérébral.

1.4.6   Sommeil et fonction cardio-vasculaire

Encore immature à la naissance, le système cardio-respiratoire du nourrisson subit une maturation fonctionnelle significative, dont les modifications sont intimement liées aux états de sommeil. Au cours de la première année de vie, et plus particulièrement au cours des six premiers mois, l'architecture du sommeil du nourrisson et de ces différents stades subit une maturation considérable [169]. Dans le même temps, le contrôle autonome des fonctions respiratoire et cardio-vasculaire, dépendant fortement du sommeil, subit lui aussi une maturation importante [282, 283, 284, 285, 44]. Parallèlement, c'est durant cette période d'immaturité cardio-vasculaire et respiratoire que se produit la plupart des morts subites du nourrisson.

La fréquence cardiaque et la variabilité du rythme cardiaque résultent essentiellement de l'activité du nœud sinusal (Fig. 1.15), contrôlée par les innervations sympathique (cardio-accélératrices) et parasympathique (cardio-modératrices) du système nerveux autonome (cf. Annexe A). Le rythme cardiaque comme sa variabilité, évolue conjointement avec la maturation des systèmes sympathique et parasympathique, tous deux débutant leur développement au cours de la période fœtale pour se poursuivre après la naissance [286].

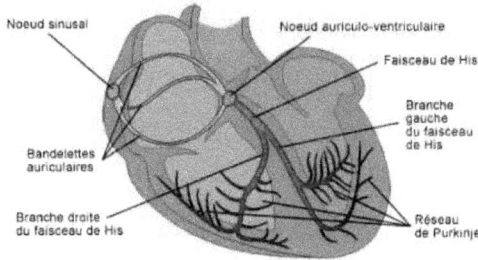

FIGURE 1.15 – Schéma du cœur.

Le rythme cardiaque fœtal comprend une fréquence de base susceptible de subir des variations rapides de plus ou moins longues durées, ainsi que des ralentissements ou des accélérations. La fréquence de base résulte de l'action combinée des activités des systèmes sympathique et parasympathique sur une fréquence intrinsèque, correspondant à la fréquence spontanée du noeud sinusal. Au cours de la grossesse, cette fréquence sinusale évolue en trois phases [287] :

– Une première phase, s'étendant jusqu'à la quinzième semaine de gestation, au cours de laquelle seule l'activité sinusale intrinsèque semble véritablement exister. Tout au long de cette phase, le rythme cardiaque va en ralentissant.

– Une deuxième phase s'étend jusqu'au terme et est caractérisée par l'apparition des influences nerveuses et vagales dominant une activité sympathique plus faible. Ces influences croissent avec l'âge gestationnel, mais n'influencent guère la fréquence intrinsèque qui, elle, varie peu au cours de cette phase. Cependant, le tonus vagal augmente avec la maturité fœtale, la fréquence cardiaque fœtale moyenne diminue progressivement [288].

– Enfin une troisième phase qui débute à la naissance et se caractérise par une diminution du rythme cardiaque intrinsèque. Dans la première heure de vie, le rythme cardiaque du nouveau-né subit une accélération transitoire, au-dessus des valeurs fœtales [286]. La diminution du rythme cardiaque au delà du premier mois de vie résulte d'un accroissement de l'activité parasympathique avec l'âge, dominant alors le contrôle autonome du rythme cardiaque [284]. La fréquence cardiaque du nouveau-né tend ensuite à se stabiliser autour de 90 à 160 battements par minute (bpm), tout en restant conditionnée par les états de vigilance du nourrisson et son âge (Tab. 1.8). Ainsi, en période d'éveil calme, la fréquence cardiaque se situe entre 110 et 120 bpm, tandis qu'elle peut atteindre 180 à 200 bpm dans le cas d'un éveil agité avec pleurs et cris. Cette même fréquence cardiaque peut ralentir jusqu'à 90 bpm lors d'apnées respiratoires.

TABLE 1.8 – Fréquence cardiaque en fonction de l'âge.

Age	Fréquence cardiaque (bpm)
Prématuré	150 ± 20
1 mois	130 (85-175)
6 mois	120 (90-170)
1 an	115 (75-155)

Le contrôle cardio-vasculaire chez le nourrisson au cours du sommeil présente des différences distinctes suivant les états de sommeil. Le rythme cardiaque des nouveau-nés à terme se différencie selon les phases de sommeil entre le cinquième et le sixième mois [289], avec une augmentation de 3 à 6 battements par minute du rythme cardiaque de base pour les phases de sommeil agité, comparable au rythme cardiaque de l'adulte dans les mêmes conditions. Quel que soit l'âge, le rythme cardiaque du nouveau-né à terme est significativement plus élevé en période de sommeil agité, comparé au sommeil calme [290, 291, 284]. Comme la fréquence cardiaque, le contrôle de la pression artérielle dépend également des états de sommeil du nourrisson, avec une pression artérielle plus élevée au cours du sommeil agité qu'au cours du sommeil calme, que les nouveau-nés soient prématurés ou à terme.

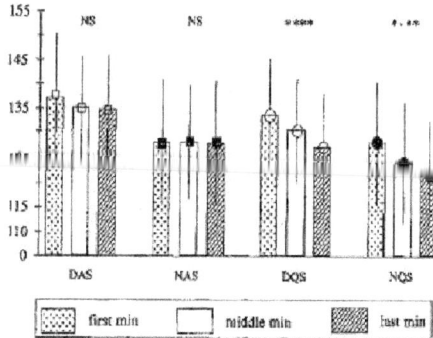

FIGURE 1.16 – Rythme cardiaque du nourrisson de jour et de nuit. DAS≡ sommeil agité de jour, NAS≡ sommeil agité de nuit, DQS≡ sommeil calme de jour et NQS≡ sommeil agité de nuit. D'après [291].

De manière plus générale, des enregistrements polygraphiques réalisés de jour et de nuit sur un échantillon de 35 nourrissons normaux âgés de 2 mois, ont montré une différence significative du rythme cardiaque entre les deux stades de sommeil d'une part, ainsi qu'une différence, pour un même stade de sommeil, entre le jour et la nuit. Le rythme cardiaque s'avère ainsi plus élevé en sommeil agité qu'en sommeil calme, et plus élevé le jour que la nuit (Fig. 1.16) [291], mettant ainsi en évidence la rythmicité circadienne du rythme cardiaque et de sa variabilité. Les enregistrements montrent également que, d'une part, le rythme cardiaque est plus élevé au début d'un cycle de sommeil, et d'autre part, qu'au cours d'un même stade de sommeil, le rythme cardiaque va en diminuant, cette tendance étant plus marquée en sommeil calme qu'en sommeil agité, au cours duquel le rythme cardiaque moyen reste globalement constant du début à la fin, et ceci de jour comme de nuit [291]. En comparaison, les études menées sur des nourrissons prématurés ont montré que les effets des états de sommeil sur le contrôle du rythme cardiaque se faisaient sentir plus tardivement [30]. Proche du terme théorique, soit entre 39 et 41 semaines d'âge gestationnel, les nouveau-nés prématurés présentent une fréquence cardiaque plus rapide que celle des nouveau-nés à termes. Chez ces nouveau-nés, aucune différence de fréquence cardiaque entre sommeil agité et sommeil calme n'est observable [292].

Enfin, le rythme cardiaque des nouveau-nés à termes est également influencé par le rythme respiratoire et les mouvements corporels du nourrisson [293], ce qui n'est pas le cas des nouveau-nés prématurés [76]. Ainsi, la fréquence cardiaque augmente légèrement au cours de l'inspiration pour diminuer pendant l'expiration. Ce phénomène, appelé arythmie sinusale, est étroitement lié au tonus vagal (système parasympathique). L'arythmie sinusale est plus marquée en sommeil calme et l'amplitude des variations du rythme cardiaque liée à la respiration augmente avec l'âge. Une légère diminution du rythme cardiaque juste avant et au tout début des pauses respiratoires [294] a également été mis en évidence, ce qui tendrait à prouver la présence d'un mécanisme de contrôle central commun aux pauses respiratoires et à la décélération du rythme cardiaque qui les précède. Il est à noter que les nourrissons présentant des épisodes de respiration périodique ont un rythme cardiaque plus bas que les autres. Réciproquement, les nourrissons rescapés ou victimes du syndrome de mort subite présentent un rythme cardiaque plus élevé [295, 296].

D'un point de vue global, le rythme cardiaque est très différent d'un individu à l'autre, mais la corrélation entre rythme cardiaque et stades de sommeil est évidente, suggérant par là que le rythme cardiaque est une caractéristique individuelle.

La question de la variabilité du rythme cardiaque du nouveau-né et du nourrisson est d'une importance considérable, en particulier en ce qui concerne le syndrome de la mort subite, pour lequel un rôle possible du système nerveux autonome est mis en avant [298, 28, 299]. Le contrôle du rythme cardiaque, résultant de l'interaction entre les branches sympathique et parasympathique du système nerveux autonome, varie en fonction des stades de sommeil [21]. Ainsi, l'étude des variations du rythme cardiaque chez le nouveau-né permet d'apprécier l'évolution de la maturation du système nerveux autonome et des stades de sommeil [297]. Comme la fréquence cardiaque, la variabilité du rythme cardiaque se trouve plus élevée en sommeil agité qu'en sommeil calme, associée à une prédominance de l'activité sympathique (cardioaccélératrice) au cours du sommeil agité. La variation totale du rythme cardiaque sur un intervalle de temps donné inclut des bandes de fréquences caractéristiques (Fig. 1.17) :

– Une variabilité Haute Fréquence (de 0,15 à 0,40 Hz) ou variabilité à court terme sur une période allant de 3 à 8 battements cardiaques. Cette variabilité, induite par l'activité respiratoire et transmise par le système vagal du système nerveux autonome, reflète l'activité parasympathique sur le contrôle du rythme cardiaque. Ces variations s'exercent sur un tonus sympathique constant. Le système parasympathique est responsable des variations instantanées, battement par battement, et permet une réponse rapide aux différentes stimulations [286, 300, 301].

– Une variabilité Basse Fréquence (de 0,04 à 0,15 Hz) ou variabilité à long terme, de période correspondant de 30 à 100 battements cardiaques. Le système sympathique, à réponse lente aux stimulations (de 2 à 3 s de délai) est fortement impliquée dans la variabilité basse fréquence, mais l'activité parasympathique intervient également. Les origines de la variabilité Basse Fréquence restent peu précises, mais son lien avec la thermo-régulation, la variation de la pression artérielle due au baroréflexe et le système d'adaptation rénin-angiotensin sont souvent évoqués [302, 298].

Les paramètres de variabilité du rythme cardiaque sont hautement discriminants selon l'âge, entre les nouveau-nés prématurés et les nouveau-nés à termes. Tous les paramètres représentatifs de cette variabilité sont plus élevés chez les nouveau-nés prématurés (de 31 à 36 semaines d'âge conceptionnel) comparés aux nouveau-nés à termes (de 39 à 41 semaines d'âge conceptionnel). Dans le cadre d'un développement normal

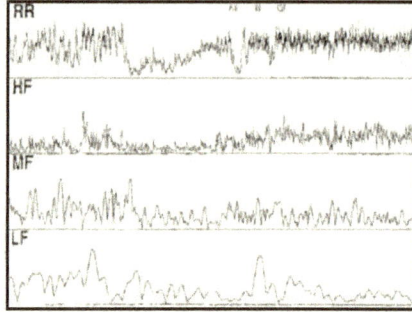

FIGURE 1.17 – Variabilité du rythme cardiaque du nourrisson. D'après [297]

du nouveau-né prématuré, l'analyse des signaux de variabilité du rythme cardiaque montre une prédominance significative de la variabilité cardiaque Basse Fréquence, indiquant donc un contrôle sympathique prépondérant en sommeil agité de 31 à 34 semaines d'âge gestationnel [290], tandis que la prédominance du contrôle parasympathique (variabilité Haute Fréquence) durant le sommeil calme s'établit un peu plus tard, entre la trente-cinquième et la trente-sixième semaine d'âge gestationnel [303, 44]. Par la suite, l'observation des nourrissons âgés de 1 semaine à 6 mois, montre que les variations Haute Fréquence sont plus élevées en sommeil calme qu'en sommeil agité [304, 305], l'opposé étant vrai pour les variations Basse Fréquence [305].

La variabilité Haute Fréquence étant un indicateur de l'activité vagale et la variabilité Basse Fréquence, celle d'une activité à la fois vagale et sympathique, l'ordre d'apparition en fonction de l'âge et des stades de sommeil (sommeil agité apparaît en premier), suggère une maturation plus précoce du tonus sympathique avec une croissance relativement constante comparée à celle du tonus parasympathique dont l'activité se manifeste plus tardivement avec une croissance par contre plus rapide.

Schématiquement, l'innervation des systèmes sympathique et parasympathique se développe tout au long de la grossesse, mais avec des évolutions temporelles sensiblement différentes. Ainsi, l'activité sympathique présente une accélération de sa maturation au cours du dernier trimestre de la grossesse, tandis que l'activité parasympathique débute beaucoup plus tôt, aux environs de la quinzième semaine de gestation, avec une évolution à peu près constante tout au long de la grossesse qui tend à se ralentir vers le dernier trimestre [306, 287]. Cette maturation physiologique asymétrique des systèmes de régulation autonomique cardiaque qui débute dès la vie fœtale se poursuit durant l'enfance [307, 286, 306]. Le fait que cette maturation puisse être perturbée, voire altérée par une naissance prématurée ou tout autre facteur de risque ayant un impact potentiel sur cette maturation, pose la question des conséquences de ce dysfonctionnement sur le devenir du nouveau-né. Cette asymétrie entre les vitesses de maturation des deux fonctions autonomiques pourrait expliquer la prédominance du tonus vagal (système parasympathique) à la naissance jusqu'aux premiers mois de vie [287]. En effet, après la naissance, le rythme cardiaque du nouveau-né à terme commence par augmenter avant de diminuer progressivement au cours des tous premiers mois de vie [284, 285]. Une telle diminution marque l'ascendance de l'activité parasympathique sur l'activité sympathique dans le contrôle autonome du rythme cardiaque à cet âge.

Dans le cas de naissances prématurées, quel que soit le terme, différentes études ont mis en évidence une déficience fonctionnelle significative des deux systèmes du système nerveux autonome, au moment du terme théorique de naissance de 37 semaines de gestation [308, 309]. À la vue des résultats, il semble donc que la durée de 37 semaines de développement fœtal soit une durée seuil essentielle, en deçà de laquelle le système nerveux autonome pourrait s'avérer défaillant dans ses fonctions de régulateur homéostasique et cardio-respiratoire. Le profil de maturation du système autonome pourrait donc se trouver affecté de manière significative par une naissance avant terme, facilitant par la suite, chez le nourrisson ex-prématuré, une réponse cardio-respiratoire inadaptée lors d'un stress interne ou environnemental, potentialisant le risque de mort subite. Cette dysfonction disparaît cependant dans les deux premières années de vie [309].

Malgré l'identification d'un certain nombre de facteurs de risques majeurs impliqués dans le syndrome de mort subite du nourrisson, les mécanismes sous-jacents par lesquels le nourrisson décède restent encore complexes à démêler. Cependant, les études prospectives sur des nourrissons dits « à risque » ou décédés de mort subite ont mis en évidence qu'une défaillance du contrôle cardio-vasculaire au cours du sommeil pourrait contribuer à accroître la vulnérabilité du nourrisson à ce syndrome [310, 311]. Ainsi, soumis aux trois principaux facteurs de risques que sont : (a) une vulnérabilité sous-jacente du nourrisson, (b) une période de développement à risque, (c) un stress externe, le nourrisson pourrait présenter une altération de son rythme cardiaque, le rendant ainsi plus vulnérable à ce syndrome. Pour preuve, les caractéristiques physiologiques détectées par monitorage chez les nourrissons décédés de mort subite dans les jours précédents ou juste avant le moment fatidique [310, 312, 313, 220], montraient une forte incidence des séquences de tachycardie-bradycardie avant que ne cessent les efforts respiratoires [314].

L'effondrement cardio-vasculaire est considéré comme un mécanisme potentiel de défaillance dans de rares cas de mort subite où la pression artérielle apparaît détériorée avant l'issue finale [315]. Des signes de dérégulation autonome apparaissent chez les nourrissons victimes de mort subite quelques jours, voire quelques semaines précédant l'évènement, incluant des successions de tachycardie [316], une augmentation du nombre d'éveils autonomes (sous-cortical), mais une diminution des éveils complets (cortical avec activité EEG) [29], une transpiration abondante (c'est-à-dire une activité sympathique excessive), et une réduction de la variation du rythme cardiaque induite par la respiration [317]. Une absence de pauses respiratoires brèves, qui sont le plus souvent la conséquence d'un effet momentané de la pression artérielle sur la respiration a également été observée [208, 318]. L'issue fatale est souvent accompagnée d'une hausse de la température corporelle [319] associée à une vaso-dilation qui rend la compensation de la chute de la pression artérielle plus difficile.

Le processus le plus communément avancé pour l'effondrement cardio-vasculaire est l'arythmie cardiaque dont le principal mécanisme serait le syndrome du QT long congénital (Fig. 1.18) [320, 321, 322].

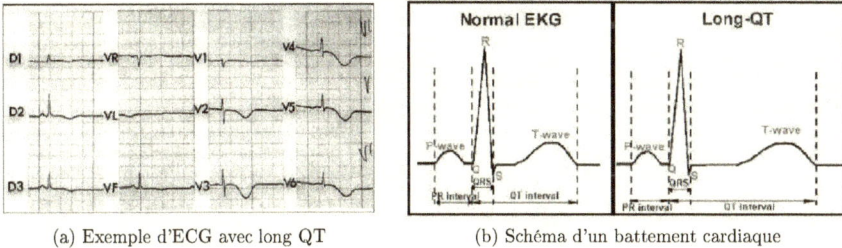

(a) Exemple d'ECG avec long QT   (b) Schéma d'un battement cardiaque

FIGURE 1.18 – Aspect électrocardiographique du syndrome du QT long congénital, associant une anomalie de la morphologie de l'onde et un allongement de l'intervalle QT corrigé. D'après [322]

Ce syndrome correspond à une anomalie électrocardiographique héréditaire prédisposant à la mort subite par fibrillation ventriculaire[18]. La prolongation et la variabilité de l'intervalle QT se développe à partir de mutations de gènes impliqués dans les canaux qui régulent les courants ioniques nécessaires à la repolarisation [1]. Les symptomes associés à ce syndrome sont du type palpitations, lipothymies, syncopes, voire mort subite révélatrice. L'électrocardiogramme correspondant montre des anomalies de la repolarisation associant un allongement de l'intervalle QT et une anomalie de la morphologie de l'onde pouvant se traduire par une prédisposition à la torsade de pointes et à la fibrillation ventriculaire (Fig. 1.19) [323, 324].

Le cœur est structurellement sain et l'électrocardiographie, ou le cas échéant, l'examen autopsique, ne retrouvent pas d'anomalie. Certains nouveau-nés atteints de ce syndrome et ayant un intervalle QT particulièrement allongé, peuvent présenter une bradycardie associée à des troubles de la conduction atrioventriculaire et une cardiomyopathie dilatée, dont le taux de mortalité est élevé. Le syndrome du QT long congénital peut donc

---

18. fibrillation ventriculaire

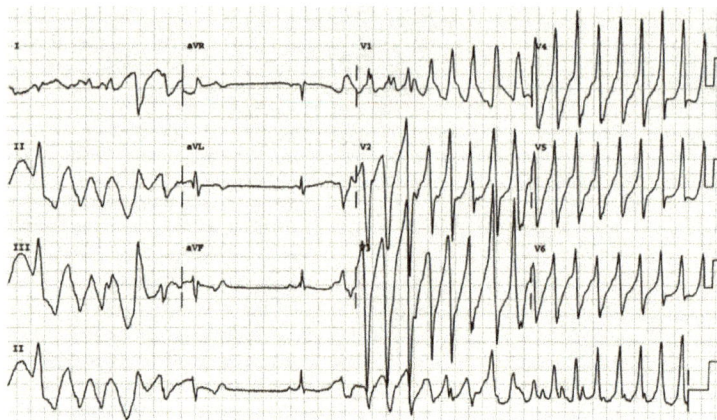

FIGURE 1.19 – Torsades de points compliquant un syndrome du QT long congénital.

être responsable d'une mort subite par arythmie ventriculaire polymorphe (10 gènes identifiés) en l'absence de cardiopathie structurelle et pouvant faire retenir, en l'absence de diagnostique approprié, celui de syndrome de mort subite. Les gènes du syndrome du QT long congénital sont donc considérés comme des candidats pour le syndrome de mort subite, en particulier le gène SCN_5A impliqué dans une forme particulière de l'allongement de l'intervalle QT (LQT_3) où les arythmies et la mort subite surviennent préférentiellement au cours du repos et du sommeil [325]. A ce jour, les principaux gènes du syndrome du QT long congénital pourraient être responsables de 10% à 12% des morts subites de nourrissons [326].

Outre la défaillance cardio-vasculaire causée par une arythmie cardiaque, les différents facteurs de risques par ailleurs mis en évidence dans le syndrome de mort subite du nourrisson peuvent également influer sur le contrôle du rythme cardiaque et de sa variabilité, et conduire à une mort subite par une succession funeste d'évènements. Ainsi les nourrissons exposés au tabagisme maternel présentent une altération du contrôle du rythme cardiaque et de la pression artérielle, comparés à des nourrissons non exposés [327, 328, 329]. Un petit poids de naissance implique également des conséquences cardio-vasculaires qui se traduisent par un intervalle RR plus court et une variabilité du rythme cardiaque plus faible que nécessaire comparés à des nouveau-nés de même âge gestationnel [330]. Chez les nouveau-nés prématurés, le contrôle cardio-vasculaire est immature contrairement aux nouveau-nés à terme, ce contrôle étant également inversement proportionnel à l'âge gestationnel à la naissance [331, 332]. Les études sur la maturation du système nerveux autonome [309, 333] ont mis en évidence un retard de développement de l'activité du système parasympathique chez les nouveau-nés prématurés. Comparés aux nouveau-nés à terme, ces prématurés ont également un rythme cardiaque plus élevé et une variabilité du rythme cardiaque plus faible en âge équivalent par rapport au terme [334], ainsi qu'une pression sanguine plus basse en sommeil calme comme en sommeil agité au cours des six premiers mois de vie [335]. Enfin, les réponses réflexes des baro-récepteurs durant le sommeil calme sont faiblement développées chez les nouveau-nés prématurés arrivés à l'âge théorique du terme [332], ainsi qu'entre 2 et 4 semaines et entre 2 et 3 mois [336], comparés aux nouveau-nés à terme. Il semble donc évident que pour effectuer un contrôle cardio-vasculaire efficace, le système nerveux autonome a besoin d'être mature, ce qui pourrait en partie expliquer pourquoi les nouveau-nés prématurés sont prédisposés à des risques d'instabilité cardio-vasculaire au cours du sommeil [44] et au syndrome de mort subite [41, 42].

Les six premiers mois de vie d'un nourrisson correspondent entre autres choses, à une période de maturation significative du contrôle cardio-vasculaire. Les études réalisées par Harper *et al.* [27] et Schechtman et al. [28] suggèrent qu'après l'âge d'un mois, les influences parasympathiques sur le contrôle cardiaque autonome continuent leur maturation. Le contrôle cardio-vasculaire dépendrait donc de l'âge post-natal, avec des changements maturationnels critiques survenant au cours d'une période durant laquelle le risque de mort subite est le plus élevé. Par conséquent, cela suppose qu'un nourrisson présentant une vulnérabilité sous-jacente pourrait être particulièrement sensible à ce syndrome durant cette période de développement à risque.

Finalement, les facteurs de risques relevant d'un stress extérieur tel qu'une privation de sommeil, le couchage sur le ventre, le visage recouvert, un coup de chaleur ou une infection induisent des modifications du contrôle du système nerveux autonome caractérisées par une diminution de l'activité parasympathique et/ ou une augmentation de l'activité sympathique [53, 54, 55]. Ainsi, la position ventrale de couchage altère considérablement le contrôle cardio-vasculaire chez les nouveau-nés prématurés comme chez les nouveau-nés à terme. Par rapport à la position dorsale de couchage, le rythme cardiaque en position ventrale augmente durant le sommeil chez les nouveau-nés prématurés et à termes [285, 199, 200]. Les études portant sur la variabilité du rythme cardiaque ont montré qu'entre 1 et 3 mois d'âge postnatal, l'ensemble de la variabilité du rythme cardiaque diminue en position ventrale au cours du sommeil [200, 277], suggérant par là un contrôle autonome amoindri en position ventrale de couchage. Cette diminution du contrôle parasympathique causée par une augmentation de la température de la surface de la peau pourrait influencer le changement de la variabilité cardiaque [200].

Au final, la détérioration du contrôle cardio-vasculaire autonome serait non seulement associée à une position ventrale de couchage mais également aux autres facteurs de risques connus, qu'ils soient conséquent à une vulnérabilité propre au nourrisson ou liés à une période de développement à risque dans la maturation du contrôle cardio-vasculaire du nourrisson. Toutefois, certains facteurs ayant une action protectrice sur le contrôle cardio-vasculaire du nourrisson ont été identifiés. Ainsi, les nouveau-nés allaités auraient un rythme cardiaque sensiblement plus lent que ceux alimentés au moyen de formules lactées [337]. Les tétines auraient pour conséquence d'augmenter le réflexe d'éveil et de modifier la régulation cardiaque par le système nerveux autonome [338]. Ces facteurs potentiels de protection contre le syndrome de mort subite, tels que l'allaitement ou l'utilisation de la tétine, sont tous associés à une augmentation du contrôle cardio-vasculaire auquel s'ajoute une augmentation des réflexes d'éveil, ce qui pourrait expliquer le risque plus faible de mort subite qui leur est associé.

Bien que certaines découvertes suggèrent que le syndrome de mort subite du nourrisson résulte d'une « défaillance cardio-vasculaire », les mécanismes de restauration spontanée de l'effondrement cardio-vasculaire dépendent souvent des efforts respiratoires, fréquemment exagérés, tel que l'halètement. La capacité du système autonome à interagir avec les processus respiratoires est critique pour la récupération. Ainsi, les déficiences des mécanismes respiratoires, ou les interactions entre la respiration et les processus cardio-vasculaires, doivent être pris en considération quelque soit le mécanisme dont la défaillance sera fatale. Enfin, la nature intégrée des fonctions vitales nécessite de considérer les systèmes régulateurs dans leur ensemble affectant chaque processus vital.

1.4.7   Thermorégulation du nourrisson au cours du sommeil

Lorsqu'il dort, l'être humain échange de la chaleur avec l'environnement par conduction, par radiation, par convection et par évaporation. Ces échanges de chaleur sont proportionnels à la différence de température entre la température corporelle du sujet et celle de son environnement. Dans le cadre du sommeil du nourrisson, notamment lorsque les pyjamas sont chauds, l'échange de chaleur est réduit selon un facteur calculé en fonction de l'effet isolant du vêtement. L'échange de chaleur dépend ici de la différence de température entre le corps et le micro-climat établi à l'intérieur du lit ou du vêtement du nourrisson [339]. La température moyenne de la peau est souvent établie à partir de facteurs pondératifs propres à chaque région corporelle du nouveau-né [340].

L'être humain étant capable de maintenir sa température corporelle constante indépendamment du milieu extérieur, les échanges de chaleur doivent se faire à une cadence telle que la température interne reste presque constante : le gain de chaleur doit être compensé par une perte de chaleur de telle sorte qu'il n'y ait pas de stockage de chaleur. Les processus de thermo-régulation sont efficaces seulement jusqu'à un point de décompensation, c'est-à-dire jusqu'aux limites inférieures et supérieures au-delà desquelles la température corporelle ne peut être maintenue longtemps. Cet échange de chaleur étant plus grand et plus rapide chez le nouveau-né, il existe un risque accru d'un échauffement ou d'un refroidissement du corps. Ceci est la conséquence de paramètres morphologiques et physiologiques désavantageux relatifs au rapport — surface de la peau sur volume corporel — important chez le nourrisson, des coefficients de perte de chaleur par convection plus grand dus aux nombreuses courbures de la surface du corps, la faible isolation thermique de la peau et la faible production de chaleur métabolique lorsqu'ils sont exprimés par unité de surface corporelle. Enfin, les nouveau-nés ne peuvent pas maintenir une réponse thermo-régulatrice sur une longue période lors d'une exposition prolongée au froid ou à la chaleur.

Durant une exposition au froid, le débit sanguin périphérique diminue, réduisant ainsi le transfert de chaleur de l'intérieur du corps vers la peau. Chez les nouveau-nés, la position recroquevillée réduit la surface corporelle exposée à l'environnement et, par conséquent, la perte de chaleur par la peau par convection et radiation, lorsqu'on compare à la position allongée du corps généralement observée à température neutre [341]. L'augmentation de l'activité corporelle est considérée comme une réponse thermique comportementale à l'exposition au froid [342, 343] et peut également être perçue comme une réaction d'inconfort [344]. Dans des conditions de chaleur, le débit sanguin périphérique augmente, permettant une dissipation de la chaleur corporelle avant de provoquer de la transpiration. Chez les nouveau-nés, une position allongée augmente le refroidissement du corps.

Les réponses thermo-régulatrices sont initiées par les structures hypothalamiques activées par des entrées thermiques venant des thermo-récepteurs cutanés et internes. L'aire préoptique de l'hypothalamus antérieur (Annexe 2) contient une forte densité de thermo-récepteurs qui contrôlent les réponses thermiques comportementales autonomes et les mécanismes du sommeil. Le contrôle central opère comme un système thermostatique impliquant une température cible et un comparateur qui ajuste un signal d'erreur proportionnel à la déviation de la température corporelle par rapport à cette valeur cible. Cette température cible n'est pas maintenue constante, mais fluctue en fonction de facteurs endogènes tels que l'âge, le niveau de vigilance, la privation de sommeil, l'adaptation thermique, la fièvre, etc. Les nouveau-nés de petit poids de naissance sont capables de produire de la chaleur métabolique à une température cible plus basse que les nourrissons de même âge et de poids normal [345]. Une rapide décroissance de cette température cible peut expliquer la rapidité d'adaptation au stress de froid observée durant les trois premiers jours de vie d'un nouveau-né. Cependant, la valeur de la température cible permettant l'augmentation de la production de chaleur ne semble pas varier entre la première semaine et le troisième mois chez les nourrissons nés à terme [342].

Les observations faisant état de capacités thermo-régulatrices différentes selon le stade de sommeil et d'un sommeil altéré quand l'environnement n'est pas thermiquement neutre justifient le lien entre le sommeil et la thermo-régulation. Les réponses thermo-régulatrices du nouveau-né sont pleinement opérationnelles durant le sommeil agité, au moins dans le domaine de température environnemental utilisé lors des études sur le sujet [346]. Ces réponses thermiques ne persistent pas uniquement durant le sommeil agité, mais sont parfois plus importantes que celles enregistrées durant le sommeil calme, un stade de sommeil caractérisé par une utilisation énergétique moindre. En dépit de la plus grande production de chaleur pendant le sommeil agité, le niveau de la température interne ne diffère pas de celle enregistrée durant le sommeil calme [342, 278], ce qui pourrait être expliqué par une isolation corporelle plus basse en sommeil agité, puisqu'une augmentation du flux sanguin à la surface de la peau accroît la perte de chaleur corporelle vers l'environnement.

Peu de choses sont connues sur les réponses thermo-régulatrices du nouveau-né relatives aux stades de sommeil, puisque, en pratique, un nouveau-né est plus souvent sujet au froid qu'à la chaleur. Day [347] fut le premier à décrire la vaso-dilation périphérique de la peau et l'augmentation des pertes hydriques corporelles en début de sommeil chez des enfants âgés de 5 mois à 4 ans exposés à un environnement chaud. Une chute de la température rectale était également plus marquée lorque la température corporelle était élevée durant la période de veille. Day n'a pu expliquer cette observation comme une relaxation passive, mais a plutôt suggéré que la période de début de sommeil était associée à un seuil plus faible pour les réponses par perte de chaleur comparé à la période de veille. Toutes ces observations impliquent que les processus homéothermiques chez les nouveau-nés sont maintenus en sommeil calme et en sommeil agité, qui sont des stades de sommeil bien protégés. Ceci peut être important au regard de la durée et du rôle du sommeil agité durant la maturation du réseau neuronal [339].

Comme chez l'adulte, une exposition au froid dérange plus la continuité et la structure du sommeil qu'une exposition à la chaleur : le réveil définitif se produit plus tôt [348]. Dans un environnement froid, les épisodes de sommeil calme sont moins fréquents [348], et leurs durées diminuent [343]. Ainsi, la durée totale du sommeil calme diminue lors d'une exposition au froid [343, 348], augmentant de manière concomittante la durée du sommeil agité [343, 348], mais ceci seulement durant les trois premières semaines de vie [342]. Durant le sommeil agité, il existe de fortes variations inter-individuelles dans la stratégie de régulation de la température corporelle [278]. Dépendantes du nouveau-né, les réponses thermiques pourraient être décrites par une augmentation des frissonnements ou de la fréquence des mouvements corporels. La plupart des études ont rapporté que l'activité corporelle augmentait durant l'exposition au froid [342, 343], mais souvent uniquement pendant le sommeil agité [278]. Ce dernier résultat suggère qu'il n'y a aucune influence inhibitrice centrale sur les muscles. La position du corps est l'autre élément de la réponse thermo-régulatrice comportementale. Dans des environnements froids, le nouveau-né et le prématuré adoptent une position recroquevillée, réduisant ainsi les pertes de chaleur à la surface de la peau [341].

Durant l'acclimatation au froid, l'organisation du sommeil n'est pas détériorée, bien que les réponses thermiques d'adaptation au froid apparaissent, soulignées par une production accrue de chaleur métabolique dès le début de l'exposition. Ainsi les mécanismes protecteurs qui surgissent durant l'adaptation thermique pour maintenir la température corporelle, n'interagissent pas avec les processus de sommeil [339]. Dans le cadre d'un environnement thermique modérément chaud, la structure du sommeil n'est pas modifiée par des températures élevées [278]. Les mouvements corporels apparaissent moins fréquents, mais une large variabilité inter-individuelle est observée. Certains nouveau-nés — généralement plus vieux et plus lourd — deviennent agités tandis que d'autres restent parfaitement tranquilles.

Le syndrome de mort subite reste la plus grande cause de mort infantile de la période néonatale comprise entre 1 mois et 1 an. L'apparition de ce syndrome durant le premier mois de vie augmente pour atteindre un pic de survenue entre 2 et 4 mois, avant de diminuer. Comme l'ont suggéré Harper et ses collègues [349], les mécanismes sous-jacents à ce syndrome semblent trouver leur origine dans des dommages neuraux survenant durant la période prénatale, et pourraient altérer le contrôle des fonctions cardio-vasculaire et respiratoire liées aux stades de sommeil au cours d'une difficulté homéostatique. A la naissance, les facteurs de risques environnementaux à l'origine de ces difficultés ont été identifiés : tabagisme maternelle, obstruction des voies aériennes, coup de chaleur. Les études épidémiologiques sur l'impact des saisons et de la position de couchage aussi bien que les observations cliniques suggèrent que la thermo-régulation pourrait être impliquée dans ces décès de nourrissons. Entre 2 et 4 mois, l'équilibre thermique, qui est décalé en faveur d'une conservation de la chaleur, pourrait augmenter la vulnérabilité du nourrisson.

Durant le début des années 90, de nombreuses études [350] ont fait remarquer une augmentation marquée de la survenue de morts subites durant l'hiver. Le facteur saisonnier dans le taux de morts subites pourrait être dû à un coup de chaleur, induit par une isolation thermique plus grande provenant de la literie et/ou des vêtements ainsi que d'une pièce surchauffée. Certaines observations cliniques ont rapporté que les nourrissons décédés présentaient une température rectale élevée, ou un stress de chaleur dû aux pyjamas puisque des couvertures humides dues à une transpiration abondante ont été retrouvées [351]. Les victimes de mort subite sont retrouvées plus chaudement couvertes que les nouveau-nés de références, et les domiciles des victimes avaient le plus souvent un système de chauffage actif durant la nuit [57]. Pour ces raisons, l'isolation thermique et/ou un environnement thermique chaud ont été identifiés comme facteurs de risque dans le syndrome de mort subite du nourrisson. Des études variées ont également suggéré que la position ventrale de couchage augmentait le risque d'un stress de chaleur en réduisant les pertes de chaleur corporelle, spécialement dans un environnement chauffé.

Les mécanismes par lesquels le déséquilibre thermique pourrait conduire au décès restent flous. Le stress thermique pourrait conduire à la mort par une interruption des mécanismes de contrôle centraux impliqués dans la commande respiratoire, le réflexe de clôture laryngée et/ou la détérioration des mécanismes d'éveil. Durant le sommeil, les challenges homéostatiques pourraient nécessiter un éveil protecteur, qui ne surviendrait pas chez certains nourrissons dont la maturation nerveuse pourrait être retardée, et conduire à une défaillance du contrôle de la fonction cardio-respiratoire quand le nourrisson se trouve dans des conditions de stress thermique en sommeil agité.

1.5 Autres mécanismes potentiels

Malgré la diminution significative du nombre de nourrissons décédés du syndrome de mort subite à la suite des campagnes de prévention de ce syndrome, préconisant notamment le couchage sur le dos, un certain nombre de décès restent encore inexpliqués. La question clé de la recherche sur le syndrome de mort subite du nourrisson réside dans la connaissance de l'enchaînement des évènements conduisant au décès. Bien que de multiples théories aient été avancées concernant le mécanisme menant au décès, l'hypothèse d'une défaillance du contrôle cardio-respiratoire a dominé les recherches. Dans une revue de 1982, Shannon et Kelley ont statué que « le décès soudain sans cause apparente implique la cessation de la régulation autonome de l'activité cardio-vasculaire ou respiratoire, ou les deux » [352]. Au cours des années qui suivirent, toutes les hypothèses sur ce syndrome évoquaient essentiellement des défaillances des mécanismes respiratoires ou autonomes [18, 17, 353, 354, 355, 356, 357, 358, 349, 312, 1, 359] ainsi que des mécanismes d'éveil [55, 354].

Un des éléments essentiels à la compréhension des mécanismes impliqués dans le syndrome de mort subite réside dans le fait que les défaillances « cardio-vasculaire » et « respiratoire » ne s'excluent pas mutuellement, mais que les mécanismes respiratoires interagissent sur le système cardio-vasculaire. Par conséquent, une chute de la pression artérielle engendre immédiatement une augmentation des efforts ventilatoires pour restaurer l'intégrité vasculaire (en plus de la tachycardie et de l'augmentation du tonus musculaire). Une augmentation transitoire de la pression artérielle, d'autre part, supprime le tonus musculaire respiratoire [208], précipitant sans doute l'apnée centrale dans le cas d'une atonie musculaire diaphragmatique et des voies aériennes supérieures [209], ou d'un évènement obstructif si la suppression se fait principalement sur les voies aériennes supérieures. Ce syndrome semble donc résulter d'une combinaison de circonstances cardio-vasculaire ou respiratoire exceptionnelles, survenant chez un nourrisson vulnérable au cours d'une période particulière de développement [359]. La défaillance cardio-vasculaire peut résulter d'une arythmie ou de tout autre processus autonome, plus spécialement un choc, se traduisant par une hypotension avec une difficulté à perfuser les organes vitaux. La défaillance ventilatoire résulte d'un blocage des voies aériennes externes ou d'une obstruction des voies aériennes supérieures, une perte de la commande respiratoire, ou un halètement inefficace à récupérer d'un épisode hypoxique ou hypoxémique. Finalement, le syndrome de mort subite semble impliquer des mécanismes de défenses défaillants, dont le sommeil, d'une certaine manière, masque la vulnérabilité sous-jacente [1].

TABLE 1.9 – Mécanismes potentiels de défaillance du contrôle cardio-vasculaire et respiratoire dépendants des stades de sommeil, seuls ou en association, dans le syndrome de mort subite du nourrisson. D'après [1]

Dynamique Cardio-vasculaire	Mécanismes Respiratoires	Capacités D'éveil
Bradycardie	Obstruction des voies aériennes supérieures	Détérioration de la modulation des réflexes cardio-respiratoires liée aux stades de sommeil
Hypotension (épisode semblable à un choc)	Défaillance du contrôle moteur de la tête en position de couchage ventral	Incapacité à s'éveiller en réponse à une difficulté menaçant la survie
Arythmie centrale	Apnée obstructive	
Influence posturale opposée au contrôle de la pression artérielle	Apnée centrale	
	Halètements inefficaces	

Selon l'analyse des résultats des diverses recherches concernant le syndrome de la mort subite, le décès résulterait de la présence concomitante de trois facteurs de risques [16] (une vulnérabilité prénatale, une période critique dans le développement et l'intégration du contrôle cardio-respiratoire central, des facteurs de stress postnataux), et de trois mécanismes potentiels (une défaillance respiratoire, une défaillance du système nerveux autonome — qui gère les fonctions spontanées de l'organisme telles que la thermo-régulation et le rythme cardiaque — et les mécanismes d'éveil (Tab. 1.9). De subtils indices de risque apparaissent très tôt au cours des jours suivant la naissance de ces nourrissons susceptibles de succomber au syndrome de mort subite. Ces indices se manifestent sous forme de distorsion dans l'organisation du sommeil, d'épisodes de tachycardie, d'une diminution de l'influence de la respiration sur la modulation du rythme cardiaque, d'une baisse des pauses respiratoires momentanées, d'une augmentation de l'incidence des apnées obstructives, et d'une diminution globale de la mobilité [69, 158].

Actuellement, aucune nouvelle piste concernant les causes probables du syndrome de mort subite du nourrisson n'est sur le point d'émerger. Cependant, la compréhension des bases neurophysiologiques des mécanismes cardio-respiratoires et d'éveils centraux, c'est-à-dire au niveau moléculaire, cellulaire et neurochimique, et la façon dont les facteurs de risques sont reliés à ces mécanismes neurophysiologiques ont avancé de manière considérable [213, 353, 360, 361, 362, 363, 364].

Les observations cliniques réalisées chez des nourrissons décédés, c'est-à-dire l'analyse des enregistrements de leurs rythmes respiratoire et cardiaque, ainsi que les études physiologiques des modèles « animal », apportent des arguments irréfutables en faveur d'un cheminement respiratoire dans la majorité des décès attribuables au syndrome de mort subite du nourrisson (Fig. 1.20)). Afin de tenter d'expliquer ce cheminement respiratoire, il est possible d'essayer de décomposer la succession d'évènements selon cinq stades.

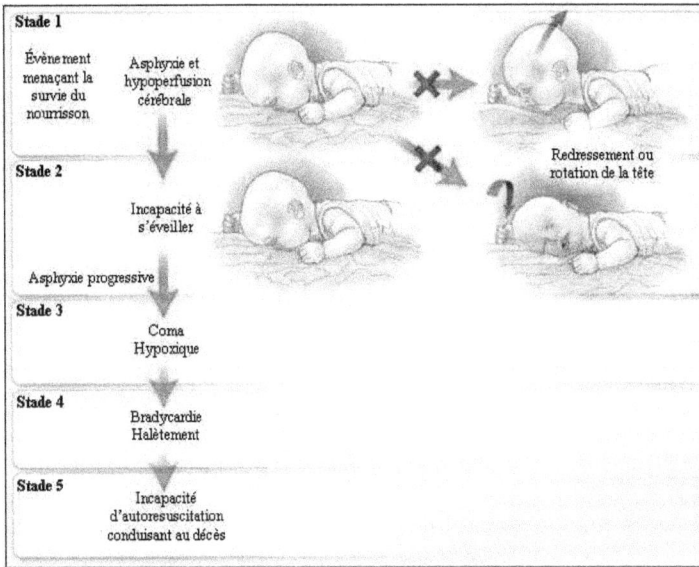

FIGURE 1.20 – Décomposition du cheminement respiratoire supposé dans le syndrome de mort subite du nourrisson. Le décès résulterait de la défaillance d'un ou de plusieurs mécanismes face un évènement menaçant la survie du nourrisson, vulnérable durant son sommeil au cours d'une période de développement à risque. Les interactions génétiques et environnementales complexes influencent le cheminement.

1. Stade 1 : un évènement apparemment menaçant pour la vie du nourrisson, communément appelé « malaise grave » (qui peut arriver à n'importe quel nourrisson au cours du sommeil), cause une asphyxie sévère, une hypoperfusion cérébrale, ou les deux. Ces malaises graves incluent la ré-inhalation des gaz exhalés lorsque

le nourrisson dort à plat ventre [365], ou le visage recouvert lorsque le nourrisson dort sur le dos [167], le réflexe d'apnée originaire du chémo-réflexe laryngé [366], et l'apnée obstructive due à une régurgitation gastrique. Les chémoréflexes laryngés consistent en un réflexe d'apnée et d'une déglutition en réponse à l'activation des récepteurs de la lumen laryngée par de l'eau ou des contenus gastriques ; il survient très tôt dans la petite enfance et disparaît ensuite [366].

2. Stade 2 : le nourrisson vulnérable ne se réveille pas et ne tourne pas sa tête en réponse à l'asphyxie (combinaison d'hypoxie et d'hypercapnie), ce qui se traduit par une ré-inhalation ou une incapacité à récupérer de l'apnée.

3. Stade 3 : une asphyxie progressive se met alors en place, conduisant à une perte de conscience et de réflexes, appelée coma hypoxique, une étape supposée survenir si l'on se réfère aux extrapolations réalisées à partir des études faites sur les animaux, et qui indique un développement rapide du coma lorsque le niveau critique de la pression partielle de l'oxygène artériel est atteint (approximativement 10 mmHg) ou quand l'hypoperfusion résulte en une hypoxie cérébrale extrême [367].

4. Stade 4 : une bradycardie et un souffle court hypoxique extrêmes s'en suivent, des changements qui apparaissent très clairement sur les enregistrements de l'évènement final des nourrissons suivis à domicile au moment du décès (Fig. 1.21) [368, 369].

5. Stade 5 : chez le nourrisson vulnérable, la capacité de réssuscitation est détériorée — une seconde défense défaillante — causée par un halètement inefficace, résultant en une apnée ininterrompue et la mort [368, 369].

Les enregistrements cardio-respiratoires de ces nourrissons dans la durée indiquent que le syndrome de mort subite n'est pas toujours consécutif à un désordre soudain ; le décès semble au contraire être précédé d'un enchaînement dangereux de tachycardie, bradycardie ou d'apnées épisodiques, des heures voire des jours avant l'évènement létal [369, 220]. Ces données suggèrent une défaillance primaire des mécanismes autonomes. Ainsi, l'un des cheminements possibles pourrait impliquer des réponses autonomes compensatrices inadaptées faces à une difficulté hypotensive résultant d'une arythmie cardiaque, d'une séquence « similaire à un choc », ou d'une perturbation de la respiration avec hypotension secondaire. Dans le cas d'une hypoxie et d'une ischémie sévère, la respiration normale manque et est remplacée par le halètement [20]. Celui-ci augmente le volume d'air dans les poumons avant d'être suivi par un transport d'oxygène vers le cœur, une augmentation du débit cardiaque, et se termine par une perfusion cérébrale et une réoxygénation. Les signaux enregistrés chez les nourrissons décédés de mort subite indiquant que leur halètement était inefficace, avec une respiration de large amplitude, des halètements anormaux, et une incapacité à augmenter leur rythme cardiaque [369]. L'incidence d'un malaise grave profond en fait un facteur particulièrement important dans le risque de survenue d'un syndrome de mort subite (12% de mort subite chez les nourrissons avec malaise grave contre 3% chez les nourrissons de références) [370].

Le réflexe d'éveil du sommeil, commandé par des niveaux anormaux de dioxyde de carbone et d'oxygène, est essentiel à l'initiation des réponses protectrices des voies aériennes ; en effet, la rotation de la tête et la recherche d'un air frais sont critiques pour la survie à une hypercapnie mais non environnement direct [371]. L'éveil implique une activation progressive des structures cérébrales sous-corticales à corticales spécifiques et consiste en composants ascendants et descendants qui transmettent les éveils corticaux et sous-corticaux, respectivement, avec des boucles de rétro-actions entre eux. Les éveils corticaux impliquent les neurones noradrénergique, sérotonergique, (5-Hydroxytryptamine), dopaminergique, cholinergique et histaminergique du tronc cérébral, du cerveau antérieur, et de l'hypothalamus, qui excitent le cortex cérébral et causent l'activation corticale [372]. L'éveil sous-cortical, d'un autre côté, est transmis principalement par les voies du tronc cérébral qui augmentent le rythme cardiaque, la pression sanguine, la respiration et le tonus postural sans modifier l'activité corticale [205]. Lors d'une étude prospective sur des nourrissons décédés de mort subite, ces derniers présentaient des épisodes d'éveils corticaux plus fréquents et plus longs mais moins d'épisodes d'éveils sous corticaux que les nourrissons de contrôle, indiquant une défaillance des mécanismes d'éveil [29, 158, 30].

Enfin, bien que le rôle d'une thermo-régulation anormale soit controversée dans le cas de ce syndrome [358], l'incidence de ce mécanisme semble toutefois non négligeable si l'on considère l'augmentation des risques associée à une abondance de couverture et une température ambiante trop élevée au moment du décès [355]. Le visage étant une source importante d'évacuation de la chaleur chez les nourrissons [355, 220], les nourrissons décédés

(a) Auto-réssuscitation réussie

(b) Halètement efficace

(c) Echec d'une auto-réssuscitation

(d) Halètements inefficaces

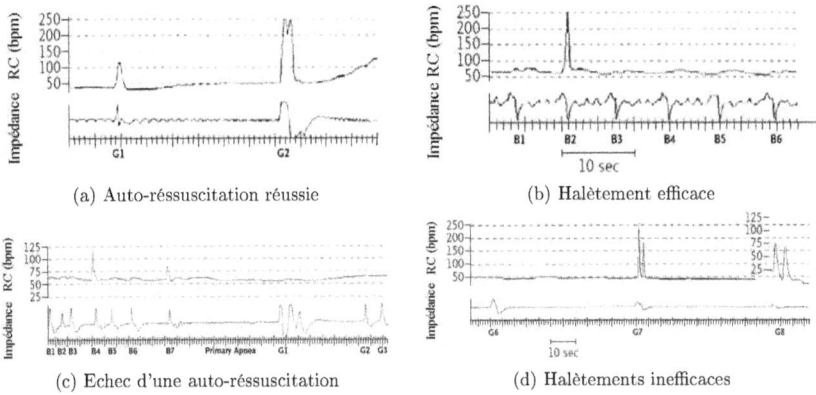

FIGURE 1.21 – Enregistrements cardio-respiratoires de nourrissons. Les figures (a) et (b) correspondent à une autoréssuscitation réussie et les figures (c) et (d) présentent un halètement inefficace lors de l'enregistrement cardio-respiratoire d'un nourrisson qui décède soudainement au cours d'une surveillance à domicile. Le cas de la figure (a) débute par un halètement ($G1$) qui est suivi d'une augmentation graduelle du rythme cardiaque. Le second halètement ($G2$) induit une augmentation du rythme cardiaque à plus de 100 battements par minute. Après une interruption de 6 minutes et 40 secondes, des respirations eupnéïques sont notées (b). Chaque respiration ample ($B1 - B6$) est précédée et suivie de respirations plus faibles. Les respirations les plus larges pourraient correspondre à des soupirs. Dans le cas des figures (c) et (d), des respirations hyperpnéïques ($B1 - B7$) sont suivies de 35 secondes d'une apnée primaire (hypoxique) (c). Des halètements ($G1 - G3$) suivent cette apnée. $G1$ désigne un halètement triple, c'est-à-dire un complexe anormal. La fin des halètements ($G6 - G8$) survient au bout de 10 minutes après le début de l'apnée primaire, avec une amplitude décroissante et une configuration altérée (d) qui signe le décès. D'après [1].

de mort subite pourraient avoir succombé à un stress du à la chaleur, causant une inhibition respiratoire létal ou une bradycardie sans nécéssairement élever la température corporelle.

Le rôle biologique des facteurs de risque exposés dans le modèle « triple risque » du syndrome de mort subite [16] devient compréhensible à la lumière des cheminements possibles mentionnés ci-dessus, puisque la plupart de ces facteurs de risques peuvent déclencher une asphyxie ou tout autre stress homéostasique, et exacerber ainsi une vulnérabilité sous-jacente. Une augmentation des risques au cours des six premiers mois de vie reflète probablement la convergence de systèmes homéostatiques immatures [373, 154, 374]. Les nourrissons prématurés sont également plus à risque que les nourrissons nés à terme, puisqu'ils semblent avoir des éveils moins nombreux et plus courts et des comportements cardio-respiratoires immatures [154, 374]. La position ventrale de couchage augmente la probabilité de re-inhalation d'un air vicié, d'une obstruction des voies aériennes, et une d'hyperthermie. Le développement des mécanismes moteurs pourrait également accroître le risque d'une position ventrale de couchage. En effet, au cours des premiers mois, les nourrissons n'ont pas encore complètement intégrés l'efficacité de la stratégie protectrice qui consiste à soulever la tête et à la retourner afin d'échapper à une asphyxie [358, 375]. Par conséquent, un retard de développement des voies neurales qui supportent l'apprentissage du réflexe moteur pourrait augmenter le risque associé à cette position de couchage sur le ventre. Ajoutons à cela que cette position est associée à une détérioration du réflexe d'éveil, un tonus vasomoteur réduit et des chémoréflexes laryngés et des réflexes barorécepteurs diminués [199, 58, 376]. Enfin, les nourrissons exposés au tabagisme maternel durant la gestation, montrent une réduction dans la fréquence des éveils du sommeil [55].

1.6 Conclusion

La compréhension actuelle de la pathogenèse du syndrome de mort subite du nourrisson reflète la juxtaposition simultanée d'évènements multiples et variés qui, pris individuellement, sont loin d'être aussi menaçants pour la survie du nourrisson que le résultat de leur combinaison. Les preuves actuelles suggèrent que le processus conduisant au décès pourrait se developper à partir d'une convergence de différentes causes de stress au niveau des voies aériennes telles qu'une obstruction des voies aériennes externes ou supérieures, une extrême flexion de la tête compromettant la structure de ces voies aériennes. Il pourrait alors en résulter une asphyxie progressive chez un nourrisson potentiellement vulnérable, présentant un système cardiorespiratoire et/ou un système de réflexe d'éveil (dernière défense de l'organisme face à un évènement potentiellement fatal) défectueux au cours d'une période critique du développement, moment où les mécanismes de défense, encore immatures, ne sont pas complètement intégrés. L'évènement fatal paraît survenir au cours d'une période de sommeil agité dont l'une des principales caractéristiques est d'imposer une paralysie des muscles nécessaires pour restaurer la perméabilité des voies aériennes ou pour activer une réaction réflexe ou motrice pour récupérer d'une profonde chute de la pression artérielle.

Des preuves neurophysiologiques suggèrent également que de multiples mécanismes neuraux contribuent au syndrome de mort subite du nourrisson. L'activation des processus neuraux devant permettre de surmonter ces évènements transitoires, potentiellement dangereux, par une compensation réflexe, apparaît détériorée dans ce syndrome. De subtiles signes physiologiques apparaissant très tôt au cours de la période néonatale, ainsi que les découvertes réalisées lors des autopsies de nourrissons décédés de mort subite, montrent une altération des systèmes neurotransmetteurs impliqués dans le contrôle des fonctions respiratoire, cardiovasculaire et thermo-régulatrice. Les systèmes cardiovasculaire et respiratoire agissant de concert au maintien des fonctions vitales, il est donc indispensable de considérer l'interdépendance existant entre ces fonctions plutôt que de tenter de les étudier séparément. Le syndrome de mort subite du nourrisson reste un problème majeur dont la résolution ne peut se faire qu'en alliant les efforts des différentes disciplines concernées.

Bibliographie

[1] KINNEY HC., BRADLEY T., THACH The sudden infant death syndrome. *The New England Journal of Medicine*, **361**, 795-805, 2009.

[2] WILLINGER M., HOFFMAN HJ., HARTFORD RB. Infant sleep position and risk for sudden infant death syndrome : report of meeting held January 13 and 14, 1994, National Institutes of Health, Bethesda. *Pediatrics*, **93** (5), 814-819, 1994.

[3] DWYER T., PONSONBY AL. Sudden Infant death syndrome and prone sleeping position. *Annals of Epidemiology*, **19** (4), 245-249, 2009.

[4] MITCHELL EA., BRUNT JM., EVERARD C. Reduction in mortality from sudden infant death syndrome in New Zealand. *Archives of Diseases in Childhood*, **70**, 291-294, 1994.

[5] BEAL SM. Sudden infant death syndrome in South Australia 1968-97. Part I : changes over time. *Journal of Paediatric Child Health*, **36**, 540-547, 2000.

[6] MOON RY., HORNE RS., HAUCK FR. Sudden infant death syndrome. *Lancet*, **370**, 1578-1587, 2007.

[7] HOYERT DL. Moratlity associated with birth defects : influence of successive disease classification revisions. *Birth Defects Reseserach Part A : Clinical and Molecular Teratology*, **67**, 651-655, 2003.

[8] BECKWITH JB. Discussion of the terminology and definition of the sudden infant death syndrome. *In : Bergman AB, Beckwith JB., Ray CG., eds. Proceedings of the Second International Conference on Causes of Sudden Death in Infants. Seattle : University of Washington Press*, 14-22, 1970.

[9] SHAPIRO-MENDOZA CK., TOMASHEK KM., DAVIS TW., BLANDING SL. Importance of the infant death scene investigation for accurate and reliable reporting of SIDS. *Archives of Diseases in Childhood*, **91**, 373, 2006.

[10] COMMITTEE ON CHILD ABUSE AND NEGLECT American Academy of Pediatrics : Distinguishing sudden infant death syndrom from Child abuse fatalities. *Pediatrics*, **107**, 437-441, 2001.

[11] WILLINGER M, JAMES LS., CATZ C. Defining the sudden infant death syndrome (SIDS) : deliberations of an expert panel convened by the National Institute of Child Health and Human development. *Pediatric Pathology*, **11**, 677-684, 1991.

[12] KROUS HF., BECKWITH JB., BYARD RW., & AL. Sudden infant death syndrome and unclassified sudden infant deaths : a definitional and diagnostic approach. *Pediatrics*, **114**, 234-238, 2004.

[13] HAUCK FR., TANABE KO. International trends in sudden infant death syndrome : stabilization of rates requires further action. *Pediatrics*, **122**, 660-666, 2008.

[14] AOUBA A., PÉQUIGNOT F., BOVET M. & AL. Mort subite du nourrisson : situation en 2005 et tendances évolutives depuis 1975. *Bulletin Epidémiologique Hebdomadaire*, **3-4**, 18-21, 2008.

[15] LANDI K., GUTIERREZ C., SAMPSON B., HARRUFF R., RUBIO I., BALBELA B., & AL. Investigation of the sudden death of infants : a multicenter analysis. *Pediatric and developmental Pathology*, **8**, 630-638, 2005.

[16] FILIANO JJ., KINNEY HC. A perspective on neuropathologic findings in victims of the sudden infant death syndrome : the triple risk model. *Biology of the Neonate*, **65** (3-4), 194-197, 1994.

[17] GUNTHEROTH WG., SPIERS PS. The triple risk model hypotheses in sudden infant death syndrome. *Pediatrics*, **110** (5), e64, 2002.

[18] VEGE A., OLE ROGNUM T. Sudden infant death syndrome, infection and inflammatory responses. *FEMS Immunology and Medical Microbiology*, **42** (1), 3-10, 2004.

[19] PANIGRAPHY A, FILIANO J., SLEEPER LA., MANDELL F., VALDES-DAPENA M., KROUS HF., & AL. Decreased serotonergic receptor bionding in rhombic lip-derived regions of the medulla oblongata in the sudden infant death syndrome. *Journal of Neuropathology and Experimental Neurology*, **59** (5), 377-384, 2000.

[20] PATERSON DS., TRACHTENBERG FL., THOMPSON EG., BELLIVEAU RA., BEGGS AH., DARNALL BA., & AL. Multiple serotonergic brainstem abnormalities in sudden infant death syndrome. *Journal of the American Medical Association*, **296**, 2124-2132, 2006.

[21] KINNEY HC., FILIANO J., SLEEPER LA., MANDELL F., VALDES-DAPENA M., WHITE WF. Decreased muscarinic receptor bindin in the arcuate nucleus in sudden infant death syndrome. *Science*, **269** (5229), 1446-1450, 1995.

[22] PANIGRAPHY A., FILIANO J., SLEEPER LA., MANDELL F., VALDES-DAPENA M., KROUS HF., & AL. Decreased kainate receptor binding in the arcuate nucleus of the sudden infant death syndrome. *Journal of Neuropathology and Experimental Neurology*, **56** (11), 1253-1261, 1997.

[23] MATTURI L., OTTAVIANI G., LAVEZZI AM. Maternal smoking and sudden infant death syndrome : epidemiological study related to pathology. *Virchows Archives*, **449**, 697-706, 2006.

[24] SCHECHTMAN VL., RAETZ SL., HARPER RK., GARFINKEL A., WILSON AJ., SOUTHALL DP., & AL. Dynamic analysis of cardiac R-R intervals in normal infants and in infants who subsequently succumbed to the sudden infant death syndrome. *Pediatric Research*, **31** (6), 606-612, 1992.

[25] FRANCO P., VERHEULPEN D., VALENTE F., KELMANSON I., DE BROCA A., SCAILLET S., & AL. Autonomic responses to sighs in healthy infants and victims of sudden infant death. *Sleep Medicine* , **4**, 569-577, 2003.

[26] FRANCO P., SZLIWOWSKI H., DRAMAIX M., KAHN A. Polysommnographic study of the autonomic nervous system in potential victims of sudden infant death syndrome *Clinical Autonomic Research*, **8** (5), 243-249, 1998.

[27] HARPER R, LEAKE B., HODGMAN J, HOPPENBROUWERS T. Developmental patterns of heart rate and heart rate variability during sleep and waking in normal infants and infants at risk for sudden infant death syndrome. *Sleep*, **5** (1), 28-38, 1982.

[28] SCHECHTMAN VL., HARPER RM., KLUGE KA., WILSON AJ., HOFFMAN HJ., SOUTHALL DP. Heart rate variation in normal infants and victims of the sudden infants death syndrome. *Early Human Development*, **19** (3), 167-181, 1989.

[29] KATO I., FRANCO P., GROSWASSER J., SCAILLET S., KELMANSON I., TOGARI H. & AL. Incomplete arousal processes in infants who were victims of sudden death. *American Journal of Respiratory and Critical Care Medicine*, **168** (11), 1298-1303, 2003.

[30] KAHN A., GROSSWASSER J., REBUFFAT E., SOTTIAUX M., BLUM D., FOERSTER M., & AL. Sleep and cardio-respiratory characteristics of infants victims of sudden infant death : a prospective case-control study. *Sleep*, **15** (4), 287-292, 1992.

[31] LUTHERER LO., LUTHERER BC., DORMER KJ., JANSSEN HF., BARNES CD. Bilateral lesions of the fastigial nucleus prevent the recovery of blood pressure following hypotension induced by hemorrhage or administration of endotoxin. *Brain Research*, **269** (2), 251-257, 1983.

[32] AUDERO E., COPPI E., MLINAR B., ROSSETTI T., CAPRIOLI A., BANCHAABOUCHI MA., & AL. Sporadic autonomic dysregulation and death associated with excessive serotonin autoinhibition. *Science*, **321** (130), 130-133, 2008.

[33] PATERSON DS., DARNALL R. 5-HT2A receptors are concentrated in regions of the human medulla involved in respiratory and autonomic control. *Autonomic Neuroscience : Basic and Clinical*, **147** (1-2), 48-55, 2009.

[34] ANDERSON HR. Passive smoking and sudden infant death syndrome : review of the epidemilogical evidence. *Thorax*, **52**(11), 1003-1009, 1997.

[35] BLAIR PS., FLEMING PJ., BENSLEY D., & AL. Smoking and the sudden infant death syndrome : results from 1993-5 cas-control study for confidential inquiry into stillbirths and death infancy. *BMJ*, **313**(7051), 195-198, 1996.

[36] MITCHELL EA., FORD RPK ;, STEWART AW., TAYLOR BJ., BECROFT DMO., THOMPSON JMD., & AL. Smoking and the sudden infant death syndrome. *Pediatrics*, **91**(5), 893-896, 1993.

[37] SCHELLSCHEIDT J., OYEN N., JORCH G. Interactions between maternal smoking and other perinatal risk factors for SIDS. *Acta Paediatrica*, **86**(8), 857-863, 1997.

[38] FLEMING PN., BACON C., BENSLEY D., SMITH I., TAYLOR E., BERRY J. Environment of infants during sleep and risk of sudden infant death syndrome : results of 1993-1995 case-control study for condidential inquiry into stillbirths and deaths in infants. *BMJ*, **313**, 191-195, 1996.

[39] SCRAGG R., MITCHELL EA., TAYLOR BJ., STEWART AW., FORD RPK., THOMPSON JMD., & AL. Bed sharing, smoking and alcohol in the sudden infant death syndrome. *BMJ*, **307**, 1312-1318, 1993.

[40] HOFFMAN HJ., DAMUS K., HILLMAN L., KRONGRAD E. Risk factor for SIDS. Results of the National Institute of Child Health and Human Development SIDS Cooperative Epidemiological Study. *Annals of the New York Academy of Sciences*, **533**, 13-30, 1988.

[41] MALLOY MH., HOFFMAN HJ. Prematurity sudden infant death syndrome, and age of death. *Pediatrics*, **96**, 464-471, 1995.

[42] HALLORAN DR., ALEXANDER GR. Preterm delivery and age of SIDS death. *Annals of Epidemiology*, **16**(8), 600-606, 2006.

[43] BLAIR PS., SIDEBOTHAM P., BERRY PJ., EVANS M., FLEMING PJ. Major epidemiological changes in sudden infant death syndrome : a 20-year population-based study in the UK. *Lancet*, **36** (980), 314-319, 2006.

[44] GAULTIER C. Cardiorespiratory adaptation during sleep in infants and children. *Pediatric Pulmonology*, **19** (2), 105-117, 1995.

[45] CARPENTER RG., IRGENS LM., BLAIR PS., FLEMING PJ., HUBER J., JORCH G., & AL. Sudden unexplained infant death in 20 regions in Europe : case control study. *Lancet*, **363** (9404), 185-191, 2004.

[46] GLOTZBACH SF., ARIAGNO RL., HARPER RM. Sleep and the sudden infant death syndrome. *Philadelphia : W.B Saunders Company*, 1995.

[47] RIVKEES SA. Developing circadian rhythmicity in infants. *Pediatrics*, **112** (2), 373-381, 2003.

[48] BLAIR PS., MITCHELL EA., HECKSTALL-SMITH EMA., FLEMING PJ. Head covering a major modifiable risk factor for sudden infant deaht syndrome : a systematic review. *Archives of Diseases in Childhood*, **93** (9), 778-083 2010.

[49] HAUCK FR., HERMAN SM., DONOVAN M., & AL. Sleep environment and the risk of sudden infant death syndrome in an urban population in Chicagi Infant Mortality Study. *Pediatrics*, **111** (5 part 2), 1207-1214, 2003.

[50] KEMP JS., UNGER B., WILKINS D., & AL. Unsafe sleep pratices and an analysis of bed sharing among infants dying suddenly and unexpectedly : results of four-year, population-based, death-scene investigation study of sudden infant death syndrome and related death. *Pediatrics*, **106** (3), E41, 2000.

[51] LEACH CE., BLAIR PS., FLEMING PJ., SMITH IJ., PLATT MW., BERRY PJ., & AL. Epidemiology and SIDS and explained sudden infant deaths. *Pediatrics*, **104** (4), 43-53, 1999.

[52] FRANCO P., SZLIWOWSKI H., DRAMAIX M., KAHN A. Influence of ambient temperature on sleep characteritics and autonomic nervous control in healthy infants. *Sleep*, **23** (3), 401-407, 2000.

[53] FRANCO P., LIPSHUT W., VALENTE F., ADAMS M., GROSSWASSER J., KAHN A. Cardiac autonomic characteristics in infants sleeping with their head covered by bedclothes. *Journal of Sleep Research*, **12** (2), 125-132, 2003.

[54] FRANCO P., SERET N., VAN HEES J., LANQUART JPJ., GROSSWASSER J., KAHN A. Cardiac changes during sleep in sleep-deprived infants. *Sleep*, **26** (7), 845-848, 2003.

[55] HORNE RS., OSBORNE A., VITKOVIC J., LACEY B., ANDREW S., CHAU B., & AL. Arousal from sleep in infants is impaired following an infection. *Early Human Development*, **66** (2), 89-100, 2002.

[56] HORNE RS., FERENS D., WATTS AM., & AL. Maternal tobacco smoking impairs arousal in healthy term infants sleeping supine. *Archives of Diseases in Childhood : Fetal and Neonatal Edition*, **87**, F100-F105, 2002.

[57] FLEMING PJ., GILBERT R., AZAZ Y., BERRY PJ., RUDD PT., STEWART A.,& AL. Interaction between bedding and sleeping position in the sudden infant death syndrome : a population based case-control study. *BMJ*, **301** (6743), 85-89, 1990.

[58] CHONG A., MURPHY N., MATTHEWS T. Effect of prone sleeping on circulatory control in infants. *Archives of Diseases in Childhood*, **82**, 253-256, 2000.

[59] VENNEMANN MM., BAJANOWSKI T., BRINKMANN B., JORCH G., YUCSESAN K., SAUERLAND C., & AL. Does breastfeeding reduce the risk of sudden infant death syndrome ? *Pediatrics*, **123** (3), e406-410, 2009.

[60] HORNE R., FRANCO P., ADAMSON T., GROSSWASSER J., KAHN A. Influences of maternal cigarette smoking on infant arousability. *Early Human Development*, **79** (1), 49-58, 2004.

[61] FLEMING PJ., BLAIR PS., POLLARD K., PLATT MW., SMITH I., & AL. Pacifier use and sudden infant death syndrome : result from the CESDI/ SUDI case control study. *Archives of Diseases in Childhood*, **81**, 112-116, 1999.

[62] BYARD RW. Hazardous infant and early childhood sleeping environments and death scene examination. *Journal of Clinical Forensic Medicine*, **3** (3), 115-122, 1996.

[63] PASQUALE-STYLES MA., TACKITT PL., SCHMIDT CJ. Infant death scene investigation and the assessment of potential risk factors for asphyxia : a review of 209 sudden unexpected infant deaths. *Journal of Forensic Sciences*, **52** (4), 924-929, 2007.

[64] MOORE BM., FERNBACH KL., FINKELSTEIN MJ., CAROLAN PL. Impact of changes in infant death classification on the diagnosis of sudden infant death syndrome. *Clinical Pediatrics*, **47** (8), 770-776, 2008.

[65] MCKENNA JJ, BALL HL., GETTLER LT. Mother-infant cosleeping, breasfeeding and sudden infant death syndrome : what biological anthropology has discovered about normal infant sleep and pediatric medicine. *American Journal of Physiological Anthropology*, **suppl. 45**, 133-161, 2007.

[66] CENTERS FOR DISEASE CONTROL AND PREVENTION. Sudden Indant Death Syndrome (SIDS) : Risk Factors. *Centers for Disease Control and Prevention* Http ://www.cdc.gov/sids/riskfactors.htm.

[67] BYARD RW., KROUS HF. Sudden infant death syndrome : overview and update. *Pediatric Developmental Pathology*, **6** (2), 112-127, 2003.

[68] CHALLAMEL MJ. Sleep state development in near-miss sudden death infants *Harper RM Hoffman eds. SIDS : Risk factors and basic mechanisms. New York : Spectrum*, 1988.

[69] HARPER RM., LEAKE B., HOFFMAN H, & AL. Periodicity of sleep states is altered in infants at risk for sudden infant death syndrome. *Science*, **213** (4511), 1030-1032, 1981.

[70] GUILLEMINAULT C., COONS S. Sleep states and maturation sleep : a comparative study between full-term normal controls and near-miss SIDS infants. *Tildon JT. Roeder LM., Steinschneider A. eds. Sudden infant death syndrome. New York : Academic Press*, 401-411, 1983.

[71] CURZI-DASCALOVA L Physiological correlates of sleep development in premature and full-term neonates. *Neurophysiologie Clinique*, **22** (2), 151-166, 1992.

[72] CURZI-DASCALOVA L. Développement du sommeil et des fonctions sous contrôle du système nerveux autonome chez le nouveau-né prématuré et à terme. *Archives Pédiatriques*, **2** (3), 255-262, 1995.

[73] MIRMIRAN M. The function of fetal/neonatal rapid eye movement sleep. *Behavioural Brain Research*, **69** (1-2), 13-22, 1995.

[74] PRECHTL HF. The organization of behavioral states and their dysfunction. *Seminars in Perinatology*, **16** (4), 258-263, 1992.

[75] MONOD N., PAJOT N. Le sommeil du nouveau-né et du prématuré. Analyse des études polygraphiques (mouvements occulaires, respiration et EEG) chez le nouveau-né à terme. *Biology of the Neonate*, **8**, 281-307, 1965.

[76] DREYFUS-BRISAC C. Sleep ontogenesis in early human prematurity from 24 to 27 weeks of conceptional age. *Developmental Psychobiology*, **1** (3), 162-169, 1968.

[77] PRECHTL HF. The behavioral states of the newborn infant : a review. *Brain Research*, **76** (2), 185-212, 1974.

[78] HOPPENBROUWERS T., HARPER RM., HODGMAN JE. & AL. Polygraphic studies in normal infants during the first si months of life. II. Respiratory rate and variability as a function of state. *Pediatrics Research*, **12** (2), 120-125, 1978.

[79] ANDERS TF., KEENER M. Developmental course of night-time sleep-wake patterns in full-term and premature infants during the first year of life. *Sleep*, **8** (3), 173-192, 1985.

[80] RECHTSCHAFFEN A., KALES A. A manual of standardized terminology, techniques, and scoring systme for sleep stages of human subjects. *Los Angeles : BIS/BRI, University of California*, 1968.

[81] DAUVILLIERS Y., BILLAIRD M. Normal aspects of sleep. *EMC-Neurologie*, **1**, 458-480, 2004.

[82] LAMBLIN MD., ANDRÉ M. Electroencephalogram of the full-term newborn. Normal features and hypoxic-ischemic encephalopathy. *Clinical Neurophysiology*, **41** (1), 1-18, 2011.

[83] MONOD N., CURZI-DASCALOVA L. Les états transitionnels de sommeil chez le nouveau-né à terme. *Revue d'Electroencéphalographie et de Neurophysiologie*, **3** (1), 87-96, 1973.

[84] PRECHTL HF., LENARD HG. A study of eye movements in sleeping newborn infants. *Brain Research*, **5** (4), 477-493, 1967.

[85] MINARD K., FREUDIGMAN K., THOMAN E. Sleep rhythmicity in infants : index of stress or maturation. *Behavioural Processes*, **47**, 189-203, 1999.

[86] THIRION M., CHALLAMEL MJ. Le sommeil, le rêve et l'enfant. *Bibliothèque de la famille. Albin Michel*, 2002.

[87] CHALLAMEL MJ., LAHLOU S. Sleep and smiling in neonate : a new approach. *Koella WP. Ruther E. Schulz H. eds. Sleep 84. Stuttgart New York : Gustav Fischer Verlag*, 290-292, 1985.

[88] DE WEERD AW., VAN DEN BOSSCHE R. The development of sleel during the first months of life. *Sleep Medicine Reviews*, **7** (2), 179-191,2003.

[89] CURZI-DASCALOVA L. EEG de veille et de sommeil du nourrisson normale avant 6 mois. *Revue d'Electroencéphalographie et de Neurophysiologie Clinique*, **7**, 316-326, 1977.

[90] ELLINGSON RJ., PETERS JF. Development of EEG and daytime sleep patterns in normal full term infants during the first 3 months of life : longitudinal observations. *Electroencephalography and Clinical Neurophysiology*, **49** (1-2), 112-124, 1980.

[91] HOPPENBROUWERS T., HODGMAN J., ARAKAWA K., GEIDEL SA., STERMAN MB. Sleep and waking states in infancy : normative studies. *Sleep*, **11** (4), 387-401, 1988.

[92] NAVELET Y., BENOIT O., BOUARD G. Nocturnal sleep organization during the first months of life. *Electroencephalography and Clinical Neurophysiology*, **54** (1), 71-78, 1982.

[93] COONS S., GUILLEMINAULT C. Development of sleep-wake patterns and non-rapid eye movement sleep stages during the first six months of life in normal infants. *Pediatrics*, **69**, 793-798, 1982.

[94] COONS S. Development of sleep and wakefullness during the first 6 months of life. *In : Guilleminault C. ed. Sleep and its disorders in children. New York : Raven press*, 17-27, 1987.

[95] GUILLEMINAULT C., SOUQUET M. Sleep states and related pathology. *In : Korobkin R. and Guilleminault C., eds. Advances in perinatal neurology. New York : SP Medical and Scientific books*, 225-247, 1979.

[96] NIJHUIS JG., PRECHTL HF., MARTIN CB., BOTS RC. Are there behaviorals states in human fetus? *Early Human Development*, **6** (2), 177-195, 1982.

[97] DE VRIES JI., VISSER GH., PRECHTL HF. The emergence of fœtal behavior. I. Quantitative aspect. *Early Human Development*, **7** (4), 301-322, 1982.

[98] BOTS RS., NIJHUIS JG., MARTIN CB., PRECHTL HF. Human fœtal eye movements detection in utero by ultrasonography. *Early Human Development*, **5** (1), 87-94, 1981.

[99] CHALLAMEL MJ. Progrès en pédiatrie. Mort subite du nourrisson. *Doin : Paris*, 51-68, 1989.

[100] MULDER EJ., VISSER GH., BEKEDAM DJ., PRECHTL HF. Emergence of behavioral states in fetuses of type-I-diabetic women. *Early Human development*, **15** ('), 231-251, 1987.

[101] VISSER GHA., POELMANN-WEESJES G., COHEN TMN., BEKEDAM DJ. Fetal behavior at 30 to 32 weeks of gestation. *Pediatric Research*, **22** (6), 655-658, 1987.

[102] MIRMIRAN M., KOK JH., BOER K., WOLF H. Perinatal development of human circadian rhythms : role of the fœtal biological clock. *Neuroscience and Biobehavioral Review*, **16** (3), 371-378, 1992.

[103] SERON-FERRE M., TORRES-FARFAN C., FORCELLEDO ML., VALENZUELA GJ. The development of circadian rhythmes in the fetus and neonate. *Seminars in Perinatology*, **25** (6), 363-370, 2001.

[104] ARDUINI D., RIZZO G., PARLATI E., DELLACOUA S., ROMANINI C., MANCUSO S. Loss of circadian rhythms of behaviour in a totally adrenalectomized pregnant woman. *Gynecology and Obstetric Investigation*, **23** (4), 226-229, 1987.

[105] CHALLAMEL MJ., REVOL M., BREMOND A., FARGIER P. Electroencephalogrmme fœtal au cours du travail. Modifications physiologiques au cours des états de vigilance. *Revue Française de Gynécologie*, **70**, 235-239, 1975.

[106] DREYFUS-BRISAC C. The electroencephalogram of the premature infant. *World Neurology*, **3**, 5-15, 1962.

[107] DREYFUS-BRISAC C. The electroencephalogram of the premature infant and full-term newborn : normal and abnormal development of waking and sleeping patterns. *In : P. Kellaway and I. Petersén (Eds.), Neurological and electroencephalographic correlative studies in infancy. Grune and Stratton, New York*, 186-207, 1964.

[108] DREYFUS-BRISAC C., FLESCHER J., PLASSART E. L'électro-encéphalogramme : critère d'âge conceptionnel du nouveau-né à terme et prématuré. *Biol Neonate (Basel)*, **4**, 154-173, 1962.

[109] CURZI-DASCALOVA L., PEIRANO P., SILVESTRI L., KORN G. Organisation du sommeil des nouveau-nés prématurés normaux. Etudes polygraphiques, *Revue d'Electro-encéphalographie et de Neurophysiologie Clinique*, **15** (3), 237-242, 1985.

[110] PARMELEE AH., WENNER WH., AKIYAMA Y., SCHULTZ M., STERN E. Sleep states in premature infants. *Developmental Medicine & Childhood Neurology*, **9** (1), 70-77, 1967.

[111] VECCHIERINIE M., ANDRÉ M., ALLEST A. Normal EEG of premature infants born between 24 and 30 weeks gestational age : Terminology, definitions and maturation aspects. *Clinical Neurophysiology*, **37**, 311-323, 2007.

[112] CURZI-DASCALOVA L., PEIRANO P., MORE-KAHN F. Development of sleep states in normal premature and full-term newborns. *Developmental Psychobiology*, **21** (5), 431-444, 1988.

[113] CURZI-DASCALOVA L., FIGUEROA JM., EISELT M., CHRISTOVA E., VIRASSAMY A., D'ALLEST AM & AL. Sleep state organization in premature infants of less than 35 week's gestational age. *Pediatric Research*, **34** (5), 624-628, 1993.

[114] PARMELEE A., SCHULTE F., AKIYAMA Y., WENNER W., SCHULTZ M., STERN E. Maturation of EEG activity during sleep in premature infants. *Electroencephalography and Clinical Neurophysiology*, **24**, 319-329, 1968

[115] SCHER M. Automated EEG-sleep analyses and neonatal neurointensive care. *Sleep Medicine*, **5** (6), 533-540, 2004.

[116] COONS S., GUILLEMINAULT C. Development of consolidated sleep and wakeful periods in relation to the day/night cycle in infancy. *Developmental Medicine & Childhood Neurology*, **26** (2), 169-176, 1984.

[117] SALZALURO P. Sleep patterns in infants under continuous feeding from birth. *Electroencephalography and Clinical Neurophysiology*, **49** (3-4), 330-336, 1980.

[118] MARKS GA., SHAFFERY JP., OKSENBERG A., SPECIALE SG., ROFFWARG HP. A functional role for REM sleep in brain maturation. *Behavioural Brain Research*, **69** (1-2), 1-11, 1995.

[119] GRAVEN SN., BROWNE JV. The critical role of sleep un fetal and early neonatal brain development. *Newborn and Infant nursing review*, **8** (4), 173-179, 2008

[120] THEORELL K., PRECHTL HF., BLAIR AW., LIND J. Behavioral state cycle of normal newborn infants. *Developmental Medicine & Childhood Neurology*, **15** (5), 597-605, 1973.

[121] BORBÈLY AA. A two model process of sleep regulation. *Human Neurobiology*, **1**, 185-204, 1982.

[122] BORBÈLY AA., ACHERMANN P. Sleep homeostasis and models of sleep regulation. *Journal of Biological Rhythms*, **14** (6), 557-568, 1999.

[123] PACE-SCHOTT EF., HOBSON JA. The neurobiology of sleep : genetics, cellular physiology and subcortical networks. *Nature Reviews Neuroscience*, **3**, 591-605, 2002.

[124] LUNSHOF S., BOER K., VAN HOFFEN G., WOLF H., MIRMIRAN M. The diurnal rhythm in fetal heart rate in a twin pregnancy with discordant anencephaly : comparison with three normal twin pregnancy. *Early Human Development*, **48**, 47-57, 1997.

[125] MC GRAW K., HOFFMANN R., HARKER C., HERMAN JH. The development of circadian rhythms in a human infant. *Sleep*, **22** (3), 303-310, 1999.

[126] STERN E., PARMELEE AH., AKIYAMA Y., SCHULTZ MA., WENNER WH. Sleep cycle characteristics in infants. *Pediatrics*, **43**, 65-70, 1969.

[127] SAMSON-DOLLFUS D., VANHULLE C., MICHAÉLIS L. Rest-activity cycle in normal newborns. *Journal of Sleep Research*, **3** (Suppl1), 228, 1994.

[128] PARMELEE AH., WENNER W., SCHULZ H. Infant sleep patterns from birth to 16 weeks of age. *Journal of Pediatrics*, **65**, 576,582, 1964.

[129] LOUIS J. Maturation du sommeil pendant les deux premières années de vie : aspects quantitatifs, structurel et circadien. *Neurophysiologie Clinique*, **28** (6), 477-491, 1998.

[130] THOMAS DA., POOLE K., MCARDLE EK., GOODENOUGH PC., THOMPSON J., BEARDSMORE CS., & AL. The effect of sleep deprivation on sleep states, breathing events, peripheral chemoresponsiveness and arousal propensity in healthy 3 months old infants. *European Respiratory Journal*, **9** (5), 932-938, 1996.

[131] PEIRANO F., ALGARIN C., UAUY R. Sleep-wake states and their regulatory mechanisms throughout early human development. *Journal of Pediatrics*, **143** (4), 70-79, 2003.

[132] MIRMIRAN M., LUNSHOF S. Perinatal development of human circadian rhythms. *Progress in Brain Research*, **111**, 217-226, 1996.

[133] LUNSHOF S., BOER K., WOLF H., VAN HOFFEN G ;, BAYRANM N., MIRMIRAN M. Fetal and maternal diurnal rhythms during the third trimester of normal pregnancy : outcomes of computerized analysis of continuous 24-hr fetal heart rate recordings. *American Journal of Obstetric and Gyncology*, **178**, 247-254, 1998.

[134] PETERSEN SA., ANDERSON AS., LODEMORE M., RAWSON D., WAILOO MP. Sleeping position and rectal temperature. *Archives of Diseases in Childhood*, **66**, 976-979, 1991.

[135] SADEH A. Sleep and melatonin in infants : preliminary study. *Sleep*, **20** (3), 185-191, 1997.

[136] SITKA U., WEINERT D., BERLE K., RUMLER W., SCHUH J. Investigations of the rhythmic function of heart rate, blood pressure and temperature in neonates. *European Journal of Pediatrics*, **153** (2), 117-122, 1994.

[137] LOHR B., SIEGMUND R. Ultradian and circadian rhythms of sleep-wake and food-intake behabior during early infancy. *Chronobiology International*, **16** (2), 129-148, 1999.

[138] ROFFWARG HP., MUZIO JN., DEMENT WC. Ontogenetic development of the human sleep-dream cycle. *Science*, **152** (3722), 604-619, 1966.

[139] OKSENBERG A., SHAFFERY JP ;, MARKS GA., SPECIALE SG., MIHAILOFF G., ROFFWARG HP. Rapide eye movement sleep deprivation in kittens amplifies LGN cell-size disparity induced by monocular deprivation. *Developmental Brain Research*, **97**, 51-61, 1996.

[140] VAN SOMEREN EJ., MIRMIRAN M., BOS NP., LAMUR A., KUMAR A., MOLENAAR PC. Quantitative analysis of eye movements during REM-sleep in developing rats. *Developmental Psychobiology*, **23** (1), 55-61, 1990.

[141] WIESEL TN., HUBEL DH. Single-cell responses in striate cortex of kittens deprived of vision in one eye. *Journal of Neurophysiology*, **26**, 1003-1017, 1963.

[142] HUBEL DH., WIESEL TN. The period of susceptibility to the physiological effects of unilateral eye closure in kittens. *Journal of Physiology*, **206**, 419-436, 1970.

[143] DENENBERG VH., THOMAN EB. Evidence for a function role for active (REM) sleep in infancy. *Sleep*, **4** (2), 185-191, 1981.

[144] MIRMIRAN M., CORNER M. Neuronal discharge patterns in the occipital cortex of developing rats during active and quiet sleep. *Developmental Brain Research*, **3** (1), 37-48, 1982.

[145] LOUIS J., ZHANG JX., REVOL M., DEBILLY G., CHALLAMEL MJ. Ontogenesis of nocturnal organization of sleep spindles : a longitudinal study during the first 6 months of life. *Electroencephalography and Clinical Neurophysiology*, **83** (5), 289-296, 1992.

[146] FAGIOLI I., SALZARULO P. Sleep states development in the first year of life assessed through 24 h recordings. *Early Human Development*, **6** (2), 215-228, 1982.

[147] LOUIS J., CANNARD C., BASTUJI H., CHALLAMEL MJ. Sleep ontogenesis revisited : a longitudinal 24 hours home polygraphic study on 15 normal infants during the first two years of life. *Sleep*, **20** (5), 323-333, 1997.

[148] MIRMIRAN M., SCHOLTENSJ., DE POLL NEV., UYLINGS HBM., DER GUGTEN JV., BOER GJ. Effects of experimental suppression of active (REM) sleep during early development upon adult brain and behavior in the rat. *Brain Research*, **283** (2-3), 277-286, 1983.

[149] MIRMIRAN M. The importance of fetal/neonatal REM sleep. *European Journal of Obstetrics ; Gynecology and Reproductive Biology*, **21** (5-6), 283-291, 1986.

[150] MIRMIRAN M., VAN SOMERAN E. The importance of REM sleep for brain maturation. *Journal of Sleep Research*, **2** (4), 188-192, 1993.

[151] MIRMIRAN M., VAN DE POLL NE., CORNER MA., VAN OYEN HG., BOUR HL. Suppression of active sleep by chronic treatment with chlorimipramine during early postnatal development : effects upon adult sleep and behavior in the rat. *Brain Research*, **204** (1), 129-146, 1981.

[152] MIRMIRAN M., FEENSTRA MG., DIJCKS FA., BOS NP., VAN HAAREN F. Functional deprivation of noradrenaline neurotransmission : effects of clonidine on brain development. *Progress in Brain Research*, **73**, 159-172, 1988.

[153] KINNEY H., FILIANO JJ., HARPER RM. The neuropathology of the sudden infant death syndrome. A review. *Journal of Neuropathology and Experimental Neurology*, **51** (2), 115-126, 1992.

[154] SCHECHTMAN VL ;, HARPER RK., HARPER RM. Aberrant temporal patterning of slow-wave sleep in siblings of SIDS victims. *Electroencephalography and clinical Neurophysiology*, **94** (2), 95-102, 1995.

[155] SCHER MS., JONES BL., STEPPE DA., CORK DL., SELTMAN HJ., BANKS DL. Functional brain maturation in neonates as measured by EEG-sleep analyses. *Clinical Neurophysiology*, **114** (5), 875-882, 2003.

[156] FAGIOLI I., SALZARULO P. Prior spontaneous nocturnal waking duration and EEG during quiet sleep in infants : an automatic analysis approach. *Behavioural Brain Research*, **91** (1-2), 23-28, 1998.

[157] JANJARASJITT S., SCHER MS., LOPARO KA. Nonlinear dynamical analysis of the neonatal EEG time series : The relationship between neurodevelopment and complexity. *Clinical Neurophysiology*, **119**, 822-836, 2008.

[158] SCHECHTMAN VL., HARPER RM., WILSON AJ., SOUTHALL DP. Sleep state organization in normal infants and victims of the sudden infant death syndrome. *Pediatrics*, **89** (5), 865-870, 1992.

[159] OPPENHEIM RW. Ontogenetic adaptations and retrogressive processes in the development of nervous system and behavior. *In : Connolly K., Prechtl H., editors. Maturation and behavior development. London : William Heinnemann Publishers Spastic Society Publications*, 73-109, 1981.

[160] FREUDIGMAN KA., THOMAN EB. Infant sleep during the first postnatal day : an opportunity for assessment of vulnerability. *Pediatrics*, **92** (3), 373-379, 1993.

[161] ROLOFF D., ALDRICH M. Sleep disorders and airway obstruction in newborns and infants in sleep apnea. *Otolaryngologic Clinics of North America*, **23** (4), 639-650, 1990.

[162] COLEMAN J. Disordered breathing during sleep in newborns, infants, and children. Symptoms, diagnosis, and treatment. *Otolaryngologic Clinics of North America*, **32** (2), 211-222, 1999.

[163] ABU-SHAWEESH JM. Maturation of respiratory reflex responses in the fetus and neonate. *Seminars in Neonatology*, **9**, 169-180, 2004.

[164] RIGATTO H., DESAI U., LEAHY A., KALAPESI Z., CATES D. The effects of 2% CO_2, 100% O_2, theophylline, and 15% O_2 on "respiratory driven" and "effective" timing in preterm infants. *Early Human Development*, **5** (1), 63-70, 1981.

[165] REIS FJ ;, CATES DB., LANDRIAULT LV., RIGATTO H. Diaphragmatic activity and ventilation in preterm infants. I. The effects of sleep state. *Biology of the Neonate*, **65** (1), 16-24, 1994.

[166] KAHN A., GROSSWASSER J., SOTTIAUX M., FRANCO P., DRAMAIX M. Prone and supine body position and sleep charasteristics in infants. *Pediatrics*, **91** (6), 1112-1115, 1993.

[167] SKADBERG BT., MARKESTAD T. Behaviour and physiological responses during prone and supine lseep in early infancy. *Archives of Diseases in Childhood*, **76** (4), 320-324, 1997.

[168] HORNE RSC., PARSLOW PM., HARDING R. Respiratory control and arousal in sleeping infants. *Paediatric Respiratory Review*, **5**, 190-198, 2004.

[169] CURZI-DASCALOVA L., CHALLAMEL MJ., Neurophysiological basis of sleep developement. *New York : Marcel Dekker*,2000.

[170] READ DJ., HENDERSON-SMART DJ. Regulation of breathing in the newborn during different behavioral states. *Annals Review of Physiology*, **46**, 675-685, 1984.

[171] BRADY JP., CERUTI E. Chemoreceptor reflexes in the newborn infant : effects of varying degrees of hypoxia on heart rate and ventilation in a warm environnement. *Journal of Physiology*, **184** (3), 631-645, 1966.

[172] CROSS KW., TIZARD J., TRYTHALL D. The gaseous metabolism of the newborn infant breathing 16% oxygen. *Acta Paediatrica*, **47** (3), 217-237, 1958.

[173] BISSONNETTE JM. Mechanisms regulating hypoxic respiratory depression during fetal and post-natal life. *American Journal of Physiology*, **278** (6), R1391-R1400, 2000.

[174] CERUTI E. Chemoreceptor reflexes in the newborn infant : effect of cooling on the response to hypoxia. *Pediatrics*, **37** (4), 556-564, 1966.

[175] BRUCE EN. Control of breathing in the newborn. *Annals of Biomedical Engineering*, **9** (5-6), 425-437, 1981.

[176] FUNG M-L., WANG W., DARNALL RA., ST JOHN WM. Characterization of ventilatory responses to hypoxia in neonatal rats. *Respiration Physiology*, **103** (1), 57-66, 1996.

[177] HARDING R., JAKUBOWSKA A., McCRABB GJ. Arousal and cardio-respiratory responses to airflow obstruction in sleeping lambs : effects of sleep state, age, repeated obstruction. SLEEP, **20** (9), 693-701, 1997.

[178] PARSLOW OM., HARDING R., CRANAGE S., ADAMSON T., HORNE R. Ventilatory responses preceding hypoxia-induced arousal in infants : effects of sleep-state. *Respiratory Physiology & Neurobiology*, **136** (2-3), 235-247, 2003.

[179] COHEN G., HENDERSON-SMART DJ. Reproductibility of the response of the human newborn to CO_2 measured by rebreathing and steady state methods. *Journal of Physiology*, **476** (2), 355-363, 1994.

[180] COHEN G., XU ., HENDERSON-SMART D. Ventilatory response of the sleeping newborn to CO_2 during normoxic rebreathing. *Journal of Applied Physiology*, **71** (1), 168-174, 1991.

[181] FENCL V., MILLER TB., PAPPENHEIMER JR. Studies on the respiratory response to disturbances of acid-base balance, with deductions concerning the ionic composition of cerebral interstitial fluid. *American Journal of Physiology*, **210** (3), 459-472, 1966.

[182] DEMPSEY JA., FORSTER HV. Mediation of ventilatory adaptations. *Physiological Review*, **62**(1), 262-346, 1982.

[183] NATTIE A. Central chemosensitivity sleep, and wakefulness. *Respiration Physiology*, **129** (1-2), 257-268, 2001.

[184] FRANTZ III ID., ADLER SM., THACH DT., TAEUSCH JR HW. Maturational effects on respiratory responses to carbon dioxide in premature infants. *Journal of Applied Physiology*, **41** (1), 41-45, 1976.

[185] KRAUSS AN., KLAIN DB., WALDMAN S., AULD PAM. Ventilatory response to carbon dioxide in newborn infants. *Pediatric Research*, **9** (1), 46-50, 1975.

[186] NOBLE LM., CARLO WA., MILLER MJ., DIFIORE JM. MARTIN RJ. Transient changes in expiratory time during hypercapnia in premature infants. *Journal of Applied Physiology*, **62** (3), 1010-1013, 1987.

[187] GERHARDT T., BANCALARI E. Apnea of prematurity. 1. Lung function and regulation of breathing. *Pediatrics*, **74** (1), 58-62, 1984.

[188] HARDING R. JOHNSON P., McCLELLAND ME. Respiratory function of the larynx in developing sheep and the influence of sleep state. *Respiration Physiology*, **40** (2), 165-179, 1980.

[189] MORTOLA JP. Breathing pattern in the newborns. *Journal of Applied Physiology*, **56** (6), 1533-1540, 1984.

[190] HENDERSON-SMART DJ., READ DJ. Reduced lung volume during behavioral active sleep in the newborn. *Journal of Applied Physiology*, **46** (6), 1081-1085, 1979.

[191] BEARDSMORE CS. MACFADYEN UM., MOOSAVI SS., WIMPRESS SP., THOMPSONJ., SIMPSON H. Measurement of lung volumes during active and quiet sleep in infants. *Pediatric Pulmonology*, **7** (2), 71-77, 1989.

[192] HADDAD GG., EPSTEIN RA., EPSTEIN MAF., LESITNER HL., MARINO PA., MELLINS RB. Maturation of ventilation and ventilatory pattern in normal sleeping infants. *Journal of Applied Physiology*, **46** (5), 998-1002, 1979.

[193] GAULTIER CI. Breathing and sleep during growth : physiology and pathology. *Bulletin Européen de Physiologie Respiratoire*, **21**, 55-112, 1985.

[194] ADAMSON TM. CRANAGE S., MALONEY JE., WILKINSON MH., WILSON FE., YU VYH. The maturation of respiratory patterns in normal full term infants during the first six post-natal months. II. Sleep states and apnoea. *Journal of Paediatrics and Child Health*, **17** (4), 257-261, 1981.

[195] CURZI-DASCALOVA L., CHRISTOVA-GUERGUIVA E. Respiratory pauses in normal prematurely born infants. A comparison with full-term newborns. *Biology of the Neonate*, **44** (6), 325-332, 1983.

[196] MATIZ A., ROMAN EA. Apnea. *Pediatrics in Review*, **24** (1), 32-34, 2003.

[197] BARRINGTON KJ., FINER NN., WILKINSON MH. Progressive shortening of periodic breathing cycle duration in normal infants. *Pediatric Research*, **21** (3), 247-251, 1987.

[198] HARPER RM., KINNEY HC. Potential mechanisms of failure in the sudden infant death syndrome. *Current Pediatric Reviews*, **6** (1), 39-47, 2010.

[199] HORNE R., FERENS D., WATTS A., VITKOVIC J, LACEY B., ANDREW S., & AL. The prone sleeping position impairs arousability in term infants. *Journal of Pediatrics*, **138** (6), 811-816, 2001.

[200] GALLAND BC., HAYMAN RM., TAYLOR B., BOLTON DPG., SAYERS RM., WILLIAMS SM. Factors affecting heart rate variability and heart rate responses to tilting in infants aged 1 and 3 months. *Pediatric Research*, **48** (3), 360-368, 2000.

[201] GROSSWASSER J., SIMON T., SCAILLET S., FRANCO P., KAHN A. Reduced arousals following obstructive apnoeas in infants sleeping position. *Pediatric Research*, **49**(3), 402-406. 2001.

[202] MYERS MM., FIFER WP., SCHAEFFER L., & AL. Effects of sleeping position and time after feeding on the organization of sleep/wake states in prematurely born infants. *Sleep*, **21** (4), 343-349, 1998.

[203] KAHN A., GROSSWASSER J., SOTTIAUX M., & AL. Prenatal exposure to cigarettes in infants with obstructive apneas. *Pediatrics*, **93** (5), 778-783, 1994.

[204] UEDA Y., STICK SM., HALL G., SLY PD. Control of breathing in infants born to smoking mothers. *Journal of Pediatrics*, **135** (2 Pt 1), 226-232, 1999.

[205] LIJOWSKA AS., REED NW., CHIODINI BA., THACH BT. Sequential arousal and airway-defensive behavior of infants in asphyxial sleep environments. *Journal of Applied Physiology*, **83** (1), 219-228, 1997.

[206] HARPER RM., SAUERLAND EK. The role of the tongue in sleep apnea. *In : Guilleminault C., Dement WC., editors. Sleep Apnea Syndromes. New York : Alan R. Liss*, 219-234, 1978.

[207] REMMERS JE., DEGROOT WJ., SAUERLAND EK., ANCH AM. Pathogenesis of upper airway occlusion during sleep. *Journal of Applied Physiology*, **44** (6), 931-938, 1978.

[208] TRELEASE RB., SIECK GC., MARKS JD., HARPER RM. Respiratory inhibition induced be transient hypertension during sleep in unrestrained cats. *Experimental Neurology*, **90** (1), 173-186, 1985.

[209] MARKS JD., HARPER RM. Differential inhibition of the diaphragm and posterior cricoarytenoid muscles induced by transient hypertension across sleep states in intact cats. *Experimental Neurology*, **95** (3), 730-742, 1987.

[210] TONKIN SL., GUNN TR., BENNET L., VOGEL SA ; GUNN AJ. A review of the anatomy of the upper airway in early infancy and its possible relevance to SIDS. *Early Human Development*, **66** (2), 107-121, 2002.

[211] TONKIN SL., VOGEL SA., BENNET L., GUNN AJ. Apparently life threatening events in infant car safety seats. *BMJ*, **333**, 1205-1206, 2006.

[212] AMERICAN THORACIC SOCIETY Idiopathic congenital central hypoventilation syndrome : diagnosis and management. *American Journal of Respiratory and Critical Care Medicine*, **160** (1), 368-373, 1999.

[213] GUYENET PG., BAYLISS DA., STORNETTA RL., FORTUNA MG., ABBOTT SBG., DEPUY SD. Retrotrapezoid nucleus, respiratory chemosensitivity and breathing automaticity. *Respiratory Physiology & Neurobiology*, **168** (1-2), 59-68, 2009.

[214] DUBREUIL V., RAMANANTSOA N., TROCHET D., & AL. A human mutation in Phox2b causes lack of CO_2 chemosensitivity, fatal central apnea, and specific loss of parafacial neurons. *Proceedings of the National Academy of Sciences of the United States of America*, **105** (3), 1067-1072, 2000.

[215] SPENGLER CM., GOZAL D, SHEA SA. Chemoreceptive mechanisms elucidated by studies of congenital central hypoventilation syndrome. *Respiration Physiology*, **129** (1-2), 247-255, 2001.

[216] WEESE-MAYER DE., BERRY-KRAVIS EM., CECCHERINI I., RAND CM. Congenital Central Hypoventilation Syndrome (CCHS) and sudden infant death syndrome (SIDS) : kindred disorders of autonomic regulation. *Respiratory Physiology & Neurobiology*, **164** (1-2), 38-48,2008.

[217] WEESE-MAYER DE., ACKERMAN MJ., MARAZITA ML., BERRY-KRAVIS EM. Sudden infant death syndrome : review of implicated genetic factors. *American Journal of Medical Genetics. Part A*, **143A** (8), 771-788, 2007.

[218] NI H., SCHECHTMAN VL ;, ZHANG J., GLOZBACH SF., HARPER RM. Respiratory responses to preoptic/anterior hypothalamic warming during sleep in kittens. *Reproduction, Fertility and Development*, **8** (1), 79-86, 1996.

[219] RICHARD CA., RECTOR DM., HARPER RK., HARPER RM. Optical imaging of the ventral medullary surface across sleep-wake states. *American Journal of Physiology*, **277** (4 Pt 2), R1239-1245, 1999.

[220] POETS CF., MENY RG., CHOBANIAN MR., BONOFIGLO RE. Gasping and other cardio-respiratory patterns during sudden infant deaths. *Pediatric Research*, **45** (3), 350-354, 1999.

[221] TRYBA AK., PENA F., RAMIREZ JM. Gasping activity in vitro : a rhythm dependent on 5-HT2A receptors. *Journal of Neurosciences*, **26** (10), 2623-2634, 2006.

[222] TOPPIN VA., HARRIS MB., KOBER AM., LEITER JC., ST-JOHN WM. Persistence of eupnea and gasping following blockade of both serotonin type 1 and 2 receptors in the in-situ juvenile rat preparation. *Journal of Applied Physiology*, **103** (1), 220-227, 2007.

[223] PHILLIPSON EA., SULLIVAN CE. Arousal : the forgotten response to respiratory stimuli. *American Review of Respiratory Disease*, **118** (5), 807-809, 1978.

[224] KAHN A., SAWAGUCHI T., SAWAGUCHI A., & AL. Sudden infant deaths : from epidemiology to physiology. *Forensic Science International*, **130**, S8-S20, 2002.

[225] FRANCO P., KATO I., RICHARDSON HL., YANG JSC., MONTEMITRO E., HORNE RSC. Arousal from sleep mechanisms in infants. *Sleep Medicine*, **11** (7), 603-614, 2010.

[226] COONS S., GUILLEMINAULT C. Motility and arousal in near miss sudden infant death syndrome. *Journal of Pediatrics*, **107** (5), 728-732, 1985.

[227] FRANCO P., PARDOU A., HASSID S., LURQUIN P., GROSSWASSER J., KAHN A. Auditory arousal thresholds are higher when infants sleep in prone position. *Journal of Pediatrics*, **132** (2), 240-243, 1998.

[228] MCNAMARA F. ISSA FG., SULLIVAN CE. Arousal pattern following central and obstructive breathing abnormalities in infants and children. *Journal of Applied Physiology*, **81** (6), 2651-2657, 1996.

[229] BONNET M., CARLEY D., CARSKADON M., & AL. EEG arousals : scoring rules and examples : a preliminary report from the SLeep Disorders Atlas Task Force of the American SLeep Disorders Association. *Sleep*, **15** (2), 173-184, 1992.

[230] HALASZ P. Arousals without awaking - dynamic aspect of sleep. *Physiology & Behavior*, **54** (4), 795-802, 1993.

[231] JONES B. The sleep-wake-cycle : basic mechanisms. *Journal of Rheumatology* **19** (Suppl), 49-51, 1989.

[232] MCNAMARA F., WULBRAND H., THACH BT. Characteristics of the infant arousal response. *Journal of Applied Physiology*, **85** (6), 2314-1321, 1998.

[233] CURZI-DASCALOVA L. Développement du sommeil et des fonctions sous contrôle du système nerveux autonome chez le nouveau-né prémature et à terme. *Archives de Pédiatrie*, **2** (3), 255-262, 1995.

[234] INTERNATIONAL PAEDIATRIC WORK GROUP ON AROUSALS The scoring of arousals in healthy term infants (between the ages of 1 and 6 months). *Journal of Sleep Research*, **14** (1), 37-41, 2005.

[235] DI NISI J., MUZET A., EHRHART J., LIBERT JP. Comparison of cardio-vascular responses to noise during waking and sleeping in humans. *Sleep*, **13** (2), 108-120, 1990.

[236] NEWMAN NM., TRINDER JA., PHILLIPS KA., JORDAN K., CRUICKSHANK J. Arousal deficit : mechanism of the sudden infant death syndrome ? *Australian Paediatric Journal*, **25** (4), 196-201, 1989.

[237] PARSLOW PM., HARDING R., ADAMSON TM., HORNE RS. Of sleep state and postnatal age on arousal responses induced by mild hypoxia in infants. *Sleep*, **27** (1), 105-109, 2004.

[238] VERBEEK M., RICHARDSON H., PARSLOW P., WALKER A., HARDING R., HORNE R. Arousal and ventilatory responses to mild hypoxia in sleeping preterm infants. *Journal of Sleep Research*, **17** (3), 344-353, 2008.

[239] BERRY RB., GLEESON K. Respiratory arousal from sleep : mechanisms and signifiance. *Sleep*, **20** (8), 654-675, 1997.

[240] WARD SL., BAUTISTA DB., KEENS TG. Hypoxic arousal responses in normal infants (Abstract). *Pediatrics*, **85** (5 Pt1), 860-864, 1992..

[241] HEDEMARK LL., KRONENBERG RS. Ventilatory and heart rate responses to hypoxia and hypercapnia during sleep in adults. *Journal of Applied Physiology*, **53**, (2), 307-312, 1982.

[242] RAMET J., EGRETEAU L. CURZI-DASCALOVA L., ESCOURROU P., DEHAN M., GAULTIER C. Cardiac, respiratory, and arousal responses to an esophageal acid infusion test in near-terme infants during active sleep. *Journal of Pediatric, Gastroenterology and Nutrition*, **15** (2), 135-140, 1992.

[243] KAHN A., REBUFFAT E., SOTTIAUX M., DUFFOUR D., CADRANEL S., REITERER F. Arousals induced by proximal esophageal reflux in infants. *Sleep*, **14** (1), 39-42, 1991.

[244] WINKELMAN JW. The evoked heart rate response to periodic leg movements of sleep. *Sleep*, **22** (5), 575-580, 1999.

[245] OBERLANDER TF., GRUNAU RE., PITFIELD S., WHITFIELD MF., SAUL JP. The developmental character of cardiac autonomic responses to an acute noxious event in 4- and 8-months-old healthy infants. *Pediatric Research*, **45** (4 Pt 1), 519-525, 1999.

[246] KARACAN I., WOLFF SM., WILLIAMS RL ;, HURSCH CJ., WEBB WB. The effects of fever on sleep and dream patterns. *Psychosomatics*, **9** (6), 331-339, 1968.

[247] ZOTTER H., SAUSENG W., KUTSCHERA J., MUELLER W., KERBL R. Bladder voiding in sleeping infants is consistently accompanied by cortical arousal. *Journal of Sleep Research*, **15** (1), 75-79, 2006.

[248] DAVIES RJ ;, BENNETT LS., STRADLING JR., What is an arousal and how should it be quantified ? *Sleep Medicine Reviews*, **1** (2), 87-95, 1997.

[249] WULBRAND H., VON ZEZSCHWITZ G., BENTELE KH. Submental and diaphragmatic muscle activity during and at resolution of mixed and obstructive apneas and cardio-respiratory arousal in preterm infants. *Pediatric Research*, **38** (3), 298-305, 1995.

[250] MOREIRA GA., TUFIK S., NERY LE., & AL. Acoustic arousal responses in children with obstructive sleep apnea. *Pediatric Pulmonology*, **40** (4), 300-305, 2005.

[251] HARRINGTON C., KIRJAVAINEN T., TENG A., SULLIVAN CE. Altered autonomic function and reduced arousability in apparent life-threatening event infants with obstructive sleep apnea. *American Journal of Respiratory and Critical Care Medicine*, **165** (8), 1048-1054, 2002.

[252] PARSLOW RM., HARDING R., CRANAGE SM., ADAMSON TM., HORNE RS. Arousal responses to somatosensory and mild hypoxic stimuli are depressed during quiet sleep in healthy infants. *Sleep*, **26** (6), 739-744, 2003.

[253] RICHARDSON H., WALKER A., HORNE R. Stimulus type does not affect infant arousal response patterns. *Journal of Sleep Research*, **19** (1 Pt 1), 111-115, 2010.

[254] FRANCO P., SCAILLET S., VALENTE F., CHABANSKI S., GROSSWASSER J., KAHN A. Ambient temperature is associated with changes in infants'arousability from sleep. *Sleep*, **24** (3), 325-329, 2001.

[255] NAVELET Y., PAYAN C., GUILHAUME A., BENOIT O. Nocturnal sleep organization in infants "at risk" for sudden infant death syndrome. *Pediatric Research*, **18** (7), 654-657, 1984.

[256] VECCHIERINI-BLINEAU MF., NOGUES B., LOUVET S., DESFONTAINES O. Maturation of generalized motility, spontaneous during sleep, from birth at term to the age of 6 months. *Neurophysiologi Clinique*, **24** (2), 141-154, 1994.

[257] THACH BT., SCHEFFT G, PICKENS DL., MENON AP. Influence of negative pressure reflex on response to airway occlusion in sleeping infants. *Journal of Applied Physiology*, **67** (2), 749-755, 1989.

[258] GALLAND BC., REEVES G., TAYLOR BJ., BOLTON DP. Sleep position, autonomic function and arousal. *Archives of Diseases in Childhood : Fetal & Neonatal Edition*, **78** (3), F189-F194, 1998.

[259] MCNAMARA F., WULBRAND H., THACH BT., Habituation of the infant arousal response. *Sleep*, **22** (3), 320-326, 1999.

[260] DURAND E., LOFASO F., DAUGER S., VARDON G., GAULTIER C., GALLEGO J. Intermittent hypoxia induces transient arousal delay in newborn mice. *Journal of Applied Physiology*, **96** (3), 1216-1222, 2004.

[261] MONTEMITRO E., FRANCO P., SCAILLET S., & AL. Maturation of spontaneous arousals in healthy infants. *Sleep*, **31** (1), 47-54, 2008.

[262] KAHN A., PICARD E., BLUM D. Auditory arousal thresholds of normal and near-miss SIDS infants. *Developmental Medicine and Child Neurology*, **28** (3), 299-302, 1986.

[263] McGRAW M. The neuromuscular maturation of the human infant. *New York : Hafner*, 1976.

[264] HOFFMAN HJ., HILLMAN LS. Epidemiology of the sudden infant death syndrome : maternal, neonatal, and postnatal risk factors. *Clinics in perinatology*, **19** (4) 717-737, 1992.

[265] ZOTTER H., GROSSAUER K., REITERER F., PICHLER G., MUELLER W., URLESBERGER B. Is bladder voiding in sleeping preterm infants accompanied by arousals ? *Sleep Medicine*, **9** (2) 137-141, 2008.

[266] HORNE RS., BANDOPADHAYAY P., VITKOVIC., CRANAGE S., ADAMSON M. Effects of age and sleeping position on arousal from sleep in preterm infants. *Sleep*, **25** (7), 746-750, 2002.

[267] SAWNANI H., JACKSON T., MURPHY T., BECKERMAN R., SIMAKAJORNBOON N. The effect of maternal smoking on respiratory and arousal patterns in preterm infants during sleep. *American Journal of Respiratory and Critical Care Medicine*, **169** (6), 733-738, 2004.

[268] TIROSH E., LIBON D., BADER D. The effect of maternal smoking during pregnancy on sleep respiratory and arousal patterns in neonates. *Journal of Perinatology*, **16** (6), 435-438, 1996.

[269] FRANCO P., GROSSWASSER J., HASSID S., LANQUART JP., SCAILLET S., KAHN A. Prenatal exposure to cigarette smoking is associated with a decrease in arousal in infants. *Journal of Pediatrics*, **135** (1), 34-38, 1999.

[270] LEWIS KW., BOSQUE EM. Deficient hypoxia awakening response in infants of smoking mothers : possible relationship to sudden infant death syndrome. *Journal of Pediatrics*, **127** (5), 691-699, 1995.

[271] JOHANSSON A., HALLING A., HERMANSSON G. Indoor and outdoor smoking : impact on children's health. *European Journal of Public health*, **13** (1), 61-66, 2003.

[272] RICHARDSON HL., WALKER AM., HORNE RSC.. Maternal smoking impairs arousal patterns in sleeping infants. *Sleep*, **32** (4), 515-521, 2009.

[273] LAMBERS DS., CLARK KE., The maternal and fetal physiologic effects of nicotine. *Seminars in Perinatology*, **20** (2), 115-126, 1996.

[274] COHEN G., HAN ZY., GAILHE R., & AL. Beta 2 nicotinic acetylcholine receptor subunit modulates protective responses to stress : a receptor basis sleep-disordered breathing after nicotine exposure. *Proceeding of the National Academy of Sciences of the United States of America*, **99** (20), 13272-13277, 2002.

[275] OLIFF H., GALLARDO KA. The effect of nicotine on developing brain catecholamine systems. *Frontiers in Bioscience*, 4, D883-897, 1999.

[276] STEPHAN-BLANCHARD E., TELLIEZ F ;, LEKE A., DJEDDI D., BACH V., LIBERT JP., CHARDON K. The influence of in utero exposure to smoking on sleep patterns in preterm neonates. *Sleep*, **31** (12), 1683-1689, 2008.

[277] FRANCO P., GROSSWASSER J., SOTTIAUX M., BROADFIELD E., KAHN A. Decreased cardiac responses to auditory stimulation during prone sleep. *Pediatrics*, **97**i (2), 174-178, 1996.

[278] BACH V., BOUFERRACHE B., KREMP O., MAINGOURD Y., LIPERT JP. Regulation of sleep and body temperature in responses to exposure to cool and warm environments in neonates. *Pediatrics*, **93** (5), 789-796, 1994.

[279] FRANCO P., SCAILLET S., WERMENBOL V., VALENTE F., GROSSWASSER J., KAHN A. The influence of a pacifier on infant's arousals from sleep. *Journal of Pediatrics*, **136** (6), 775-779, 2000.

[280] ELIAS MF., NICOLSON NA., BORA C., JOHNSTON J. Sleep/Wake patterns of breast-fed infants in the first 2 years of life. *Pediatrics*, **77** (3), 322-329, 1986.

[281] McCULLOCH K., BROUILLETTE RT., GUZZETTA AJ., HUNT CE. Arousal responses in near-miss sudden infant death syndrome and in normal infants. *Journal of Pediatrics*, **101** (6), 911-917, 1982.

[282] SOMERS VK., DYKEN ME., MARK AL., ABBOUD FM. Sympathetic-nerve activity during sleep in normal subject. *The New England Journal of Medicine*, **328** (5), 303-307, 1993.

[283] TRINDER J., KLEINMAN J., CARRINGTON M., SMITH S., BREEN S., TAN N. & AL. Autonomic activity during sleep as a function of time and sleep stage. *Journal of Sleep Research*, **10** (4), 253-264, 2001

[284] HARPER R., HOPPENBROUWERS T., STERMAN M., McGINTY D., HODGMAN J. Polygraphic studies of normal infants during the first six months of life. I. Heart rate and variability as a function of state. *Pediatric Research*, **10** (11), 945-948, 1976.

[285] YIALLOUROU SR., WALKER AM., HORNE RSC. Effects of sleeping position on development of infant cardio-vascular control. *Archives of Disease in Childhood*, **93** (10), 868-872, 2008.

[286] FOURNIÉ A., BOOG G. Foetal heart rate study. *EMC-Gynécologie Obstétrique*, **1**, 22-50, 2004.

[287] WALKER AM Physiological control of the fetal cardio-vascular system. *In : Beard RW., Nathanielsz PW., editors. Fetal Physiology and medecine. New York : Marcel Dekker*, 287-316, 1984.

[288] SCHIFFERLI PY., CALDEYRO-BRACIA R. Effects of atropine and beta-adrenergic drugs on the heart rate of the human fetus. *In : Boreus LO., editor. Fetal pharmacology. New-York : Raven Press*, 259-279, 1973

[289] HORNE RSC., WITCOMBE NB., YIALLOUROU SR., SCAILLET S., THIRIEZ G. Cardiovascular control during sleep in infants : Implication for Sudden Infant Death Syndrome. *Sleep Medicine*, **11** (7), 615-621, 2010.

[290] CURZI-DASCALOVA L., SPASSOV L., EISELT M., & AL. Development of cardio-respiratory control and sleep in newborns. *In : Cosmi AV., Renzo GC., eds. Current progress in Perinatal Medicine. London : The Parthenon Publishing Group Ltd, London.*, 303-308, 1994.

[291] NOGUES B., VECCHIERINI-BLINEAU MF., LOUVET S., DESFONTAINES O. Heart rate changes during sleep in normal two-month-old infants. *Neurophysiologie Clinique*, **26** (6), 414-422, 1996.

[292] EISELT M., CURZI-DASCALOVA L., CLAIRAMBAULT J., KAUFFMANN F., MEDIGUE C., PEIRANO P. Heart rate in low risk prematurely born infant reaching normal term. A comparison with full-term newborns. *Early Human Development*, **32** (2-3), 183-195, 1993.

[293] ERKINJUNTTI M., KERO P. Heart rate response related to body movements in healthy and neurologically damaged infants during sleep. *Early Human Development*, **12** (1), 31-37, 1985.

[294] CURZI-DASCALOVA L., CHRISTOVA E., PEIRANO P., SINGH BB., GAULTIER C., VICENTE G. Relationships between respiratory pauses and heart rate during sleep in normal premature and full-term newborns. *Journal of Developmental Physiology*, **11** (6), 230-233, 1989.

[295] HARPER RM., LEAKE B., HOPPENBROUWERS T., STERMAN MB., McGINTY DJ., HODGMAN J. Polygraphic studies of normal infants and infants at risk for sudden infant death syndrome : heart rate variability as a function of state. *Pediatric Research*, **12** (7), 778-785, 1978a.

[296] LEISTNER HL., HADDAD GG., EPSTEIN RA., LAI TL., EPSTEIN MF., MELLINS RB. Heart rate and heart variability during sleep in aborted sudden infant death syndrome. *Journal of Pediatrics*, **97** (1), 51-55, 1980.

[297] CLAIRAMBAULT J., CURZI-DASCALOVA L., KAUFFAMNN F., MÉDIGUE C., LEFFLER C. Heart rate variability in normal sleeping full-term and preterm neonates. *Early Human Development*, **28** (2), 169-183, 1992.

[298] ROTHER M., ZWIENER U., EISELT M., WITTE H., ZWACKA G., FRENZEL J. Differentiation of healthy newborns and newborns-at-risk by spectral analysis of heart rate fluctuations and respiratory movements. *Early Human Development*, **15** (6), 349-363, 1987.

[299] SCHECHTMAN VL., HARPER RM., KLUGE KA., WILSON AJ., SOUTHALL DP. Correlations between cardio-respiratory measures in normal infants and victims of sudden infant death syndrome. *Sleep*, **13** (4), 304-317, 1990.

[300] HIRSCH JA., BISHOP B. Respiratory arrhythmia in humans : how breathing pattern modulates heart rate. *American Journal of Physiology*, **241** (4), H620-H629, 1981.

[301] KATONA PG., FRASZ A., EYBERT J. Maturation of cardiac control in full-term and preterm infants during sleep. *Early Human Develoment*, **4** (2), 145-159, 1980.

[302] ROSENBLUETH A., SIMEONE FA. The interrelations of vagal and accelerator effects on cardiac rate. *American Journal of Physiology*, **110** (1), 42-55, 1934.

[303] SCHER MS. Ontogeny of EEG-sleep from neonatal through infancy periods. *Sleep Medicine*, **9** (6), 615-636, 2008.

[304] HARPER RM., WALTER DO., LEAKE B., HOFFMANN HJ., SIECK GC., STERMAN MB., HOPPENBROU-WERS T., HODGMAN J. Development of sinus arrhytmia during sleeping and waking states in normal infants. *Sleep*, **1** (1), 33-48, 1978.

[305] HARPER RM., SCHECHTMAN VL., KLUGE KA. Machine classification of infant sleep state using cardio-respiratpry measures. *Electroencephalography and Clinical Neurophysiology*, **67** (4), 379-387, 1987.

[306] WAKAI RT. Assessment of fetal neurodevelopment via fetal magnetocardiography. *Experimental Neurology*, **190**, 65-71, 2004.

[307] PATURAL H., TEYSSIER G., PICHOT V., BARTHELEMY J.-C Normal and change heart rate maturation of the neonate. *Archive de Pédiatrie*,15 (5), 614-616, 2008.

[308] PATURAL H., BARTHELEMY JC., PICHOT V., TEYSSIER G., GASPOZ JM., BARTHELEMY JC., PATURAL H. Birth prematurity determines prolonged autonomic nervous system immaturity. *Clinical Autonomic Research*, **14** (6), 391-395, 2004.

[309] DE ROGALSKI LANDROT I., ROCHE F. PICHOT V. & AL. Autonomic nervous system activity in premature and full-term infants from theoretical term to 7 years. *Autonomic Neurosciences*, **136** (1-2), 105-109, 2007.

[310] HARPER RM. Sudden infant death syndrome : a failure of compensatory cerebellar mechanisms *Pediatric Research*, **28** (1), 140-142, 2000.

[311] MATTHEWS T. Sudden infant death syndrome - a defect in circulatory control ? *Child : Care Health and Development*, **28** (1), 41-43, 2002.

[312] HARPER RM., BANDLER R. Finding the failure mechanism in sudden infant death syndrome. *Nature Medicine*, 4, 157-158, 1998.

[313] MENY RG., CARROLL JL., CARBONE MT., KELLY DH. Cardiorespiratory recordings from infants dying suddenly and unexpectedly at home. *Pediatrics*, **93** (1), 44-49, 1994.

[314] LUDBROOK J. Haemorrhage and shock. *In : Hainsworth R., Mark A., editors. Cardiovascular reflex control in health and disease*. London : Saunders, 463-490, 1993.

[315] LEDWIDGE M., FOX G., MATTHEWS T. Neurocardiogenic syncope : a model for SIDS. *Archives of Diseases in Childhood*, **78** (5), 481-483, 1998.

[316] SOUTHALL DP., STEVENS V., FRANKS CI., NEWCOMBE RG., SHINEBOURNE EA., WILSON AJ. Sinus tachycardia in term infants preceding sudden infant death. *European Journal of Pediatrics*, **147** (1), 74-78, 1988.

[317] SCHECHTMAN VL., HARPER RM., KLUGE KA., WILSON AJ., HOFFMAN HJ., SOUTHALL DP. Cardiac and respiratory patterns in normal infants and victims of the sudden infant death syndrome. *Sleep*, **11** (5), 413-424, 1988.

[318] FUKUMIZU M., KOHYAMA J. Central respiratory pauses, sighs, and gross body movements during sleep in children. *Physiology & Behavior*, **82** (4), 721-726, 2004.

[319] FLEMING PJ., LEVINE MR., AZAZ Y., WIGFIELD R., STEWART AJ. Interactions between thermoregulation and the control of respiration in infants : possible relationship to sudden infant death. *Acta Paediatrica Supplement*, **82** (Suppl 389), 57-59, 1993.

[320] SCHWARTZ PJ. The congenital long QT syndromes from genotype to phenotype : clinical implications. *Journal of Internal Medicine*, **259** (1), 39-47, 2006.

[321] FRANCO P., GROSWASSER J., SCAILLET S., & AL. QT interval prolongation in future SIDS victims : a polysomnographic study. *Sleep*, **31** (12), 1691-1699, 2008.

[322] BARUTEAU A.-E., BARUTEAU J., BARUTEAU R., SCHLEICH JM., ROUSSEY M., DAUBERT JC., MABO P. Long QT syndrome : an underestimeted cause of sudden infant death syndrome. *Archives de Pédiatries*, **16** (4), 373-380, 2009.

[323] RODEN DM. Clinical Practice. Long-QT syndrome. *New England Journal of Medicine*, **358** (2), 169-176, 2008

[324] SCHWARTZ PJ., STRAMBA-BADIALE M., SEGANTINI A., & AL. Prolongation of the QT interval and the sudden infant death syndrome. *New England Journal of Medicine*, **338**, 1709-1714, 1998.

[325] SCHWARTZ PJ., PRIORI SG., SPAZZOLINI C. & AL. Genotype-phenotype correlation in the long-QT syndrome : gene-specific triggers for life-threatening arrhythmias. *Circulation*, **103**, 89-95, 2001.

[326] SCHWARTZ PJ., CROTTI L. Can a message from the dead save lives ? *Journal of the American College of Cardiology*, **49** (2), 247-249, 2007.

[327] BROWNE CA., COLDITZ PB., DUNSTER KR. Infant autonomic function is altered by maternal smoking during pregnancy. *Early Human Development*, **59** (3), 209-218, 2000.

[328] THIRIEZ G., BOUHADDI M., MOUROT L., NOBILI F., FORTRAT JO., MENGET A. & AL. Heart rate variability in preterm infants and maternal smoking during pregnancy. *Clinical Autonomic Research*, **19** (3), 149-156, 2009.

[329] VISKARI-LAHDEOJA S., HYTINANTTI S., ANDERSSON S., KIRJAVAINEN T. Heart rate and blood pressure control in infants exposed to maternal cigarette smoking. *Acta Paediatrics*, **97** (11), 1535-1541, 2008.

[330] SPASSOV L., CURZI-DASCALOVA L., CLAIRAMBAULT J., KAUFFMANN F., EISELT M., MEDIGUE C., PEIRANO P. Heart rate and heart rate variability during sleep in small-for-gestational age newborns. *Pediatric Research*, **35** (4 Pt 1), 500-505, 1994.

[331] LAGERCRANTZ H., EDWARDS D., HENDERSON-SMART D., HERTZBERG T., JEFFREY H. Autonomic reflexes in preterm infants. *Acta Paediatrica Scandinavica*, **79** (8-9), 721-728, 1990.

[332] GOURNAY V., DROUIN E., ROZE JC. Development of baroreflex control of heart rate in preterm and full-term infants. *Archives of Diseases in Childhood : Fetal & Neonatal*, **86** (3), F151-F154, 2002.

[333] PATURAL H., PICHOT V., JAZIRI F., TEYSSIER G., GASPOZ JM ;, ROCHE F., BARTHELEMY JC. Autonomic cardiac control of very preterm newborns : a prolonged dysfunction. *Early Human Development*, **84** (10), 681-687, 2008.

[334] EISELT M., ZWIENER U., WITTE H., CURZI-DASCALOVA L. Influence of prematurity and extrauterine development on the sleep state dependant heart rate patterns. *Somnologie*, **6** (3), 116-123, 2002.

[335] WITCOMBE NB., YIALLOUROU SR., WALKER AM., HORNE RSC. Blood pressure and heart rate patterns during sleep are altered in preterm-born infants : implications for sudden infant death sydrome. *Pediatrics*, **122** (6), 1242-1248, 2008.

[336] WITCOMBE NB., YIALLOUROU SR., WALKER AM., HORNE RSC. Delayed blood pressure recovery after head-up tilting during sleep in preterm infants. *Journal of Sleep Research*, **19** (1 Pt 1), 93-102, 2010.

[337] BUTTE NF., SMITH EO., GARZA C. Heart rate of breast-fed and formula-fed infants. *Journal of Pedatric Gastroenterology and Nutrition*, **13** (4), 391-396, 1991.

[338] FRANCO P, CHABANSKI S., SCAILLET S., GROSSWASSER J., KAHN A. Pacifier use modifies infant's cardiac autonomic controls during sleep. *Early Human Development*, **77** (1-2), 99-108, 2004.

[339] BACH V., TELLIEZ F., LIBERT J-P. The interaction between sleep and thermoregulation in adults and neonates. *Sleep Medicine Reviews*, **6** (6), 481-492, 2002.

[340] KLEIN AD., SCAMMON RE. The regional growth in surface area of the human body in prenatal life. *Proceedings of the Society of Experimental Biology and Medicine*, **27**, 463-466, 1930.

[341] STOTHERS JK., WARNER RM. Thermal balance and sleep state in the newborn. *Early Human Development*, **9** (4), 313-322, 1984.

[342] AZAZ Y., FLEMING PJ., LEVINE MR., McCABE R., STEWART A., JOHNSON P. The relatioship between environmental temperature, metabolic rate, sleep state, and evaporative water loss in infants from birth to three months. *Pediatric Research*, **32** (4), 417-423, 1992.

[343] FLEMING PJ., LEVINE MR., AZAZ Y., JOHNSON P. The effect of sleep state on the metabolic response to cold stress in newborn infants. *In : CT Jones (Eds) Fetal and Neonatal Development. Perinatology Press, Ithaca, New York*, 635-639, 1988.

[344] TELLIEZ F., BACH V., DELANAUD S., BOUFERRACHE B., KRIM G., LIBERT JP. Skin derivative control of thermal environment in a closed incubator. *Medical & Biological Engineering & Computing*, **35** (5), 521-527, 1997.

[345] BRÜCK K. Which temperature does the premature infant prefer? *Pediatrics*, **41** (6), 1027-1030, 1968.

[346] BACH V., TELLIEZ F., KRIM G., LIPERT JP. Body temperature reigulation in the newborn infant : interaction with sleep and clinical implications. *Neurophysiologie Clinique*, **26** (6), 379-402, 1996.

[347] DAY R. Regulation of body temperature during sleep. *American Journal of Diseases in Children*, **61** (4), 734-746, 1941.

[348] BACH V., TELLIEZ F., ZOCCOLI G., LENZI P., LEKE A., LIPERT JP. Interindividual differences in the thermoregulatory response to cool exposure in sleeping neonates. *European Journal of Applied Physiology*, **81** (6), 455-462, 2000.

[349] HARPER RM., KINNEY CH., FLEMING PJ., THACH BT. Sleep influences on homeostatic functions : implications for sudden infant death syndrome. *Respiration Physiology*, **119** (2-3), 123-132, 2000.

[350] MURPHY MF., CAMPBELL MJ. Sudden infant death syndrome and environmental temperature : an analysis using vital statistics. *Journal of Epidemiology and Community Health*, **41** (1), 63-71, 1987.

[351] KAHN A., BLUM D., HENNART P., SELLENS C., SAMSON-DOLLFUS D., & AL. A critical comparison of the history of sudden-death infants and infants hospitalised for near-miss for SIDS. *European Journa of Pediatrics*, **143** (2), 103-107, 1984.

[352] SHANNON DC., KELLY DH. SIDS and near-SIDS (first of two parts). *New England Journal of Medicine*, **306** (16), 959-965, 1982.

[353] LEITER JC., BÖHM I. Mechanisms of pathogenesis in the sudden infant death syndrome. *Respiratory Physiology & Neurobiology*, **159** (2), 127-138, 2007.

[354] HUNT CE., BROUILLETTE RT. Sudden infant death syndrome : 1987 perspective. *Journal of Pediatrics*, **110** (5), 669-678, 1987.

[355] FLEMING PJ., AZAZ Y., WIGFIELD R. Development of thermoregulation in infancy : possible implication for SIDS. *Journal of Clinical Pathology*, **45** (11 Suppl), 17-19, 1992.

[356] SAHNI R., FIFER WP., MYERS MM. Identifying infants at risk for sudden infant death syndrome. *Current Opinion in Pediatrics*, **19** (2), 145-149, 2007.

[357] KINNEY HC., FILIANO JJ. Brain research in the sudden infant death syndrome. *Pediatrics*, **15** (4), 240-250, 1988.

[358] THACH B. Tragic and sudden death : potential and proven mechanisms causing sudden infant death syndrome. *EMBO Reports*, **9** (2), 114-118, 2008.

[359] KINNEY HC., RICHERSON GB., DYMECKI SM., DARNALL RA., NATTIE EE. The brainstem and sero-tonin in the sudden infant death syndrome. *Annual Review of Pathology*, **4**, 517-550, 2009.

[360] CECHETTO DF., SHOEMAKER JK., Functional neuroanatomy of autonomic regulation. *NeuroImage*, **47** (3), 795-803, 2009.

[361] SIEGEL JM. The neurobiology of sleep. *Seminars in Neurology*, **29** (4), 277-296, 2009.

[362] ULRICH-LAI YM., HERMAN JP. Neural regulation of endocrine and autonomic stress responses. *Nature Reviews Neuroscience*, **10**, 397-409, 2009.

[363] FULLER PM., GOOLEY JJ., SAPER CB. Neurobiology of the sleep-wake cycle : Sleep architecture, cir-cadian regulation, and regulatory feedback. *Journal of Biological Rhythms*, **21** (6), 482-493, 2006.

[364] DOI A., RAMIREZ JM. Neuromodulation and the orchestration of the respiratory rhythm. *Respiratory Physiology & Neurobiology*, **164** (1-2), 96-104, 2008.

[365] KEMP JS., THACH BT. Sudden death in infants sleeping in polystyrene-filled cushions. *New England Journal of Medicine*, **324**, 1858-1864, 1991.

[366] DOWNIN SE. LEE JC. Laryngeal chemosensitivity : a possible mechanism for sudden infant death syndrome. *Pediatrics*, **55** (5), 640-649, 1975.

[367] THACH BT., LIJWOSKA A. Arousals in infants. *Sleep*, **19** (10 Suppl), S271-273, 1996.

[368] POETS CF. Apparent life-threatening events and sudden infant death on a monitor. *Paediatric Respiratory Reviews*, **5** (Suppl A), S383-S386, 2004.

[369] SRIDHAR R., THACH BT., KELLY DH., HENSLEE JA. Characterization of successful and failed autoressuscitation in human infants, including those dying of SIDS. *Pediatric Pulmonology*, **36** (2), 113-122, 2003.

[370] PLATT MW., BLAIR PS., FLEMING PJ., & AL. A clinical comparison of SIDS and explained sudden infant deaths : how healthy and how normal ? *Archives of Diseases in Childhood*, **82** (2), 98-106, 2000.

[371] PATEL AL., HARRIS K., THACH BT. Inspired CO_2 and O_2 in sleeping infants rebreathing from bedding : relevance for sudden infant death syndrome. *Journal of Applied Physiology*, **91** (6), 2537-2545, 2001.

[372] SINTON CM., MCCARLEY RW. Neurophysiological mechanisms of sleep and wakefulness : a question of balance. *Seminars in Neurology*, **24** (3), 211-223, 2004.

[373] RAMANATHAN R., CORWIN MJ., HUNT CE., & AL. Cardiorespiratory events recorded on home monitors : a comparison of healthy infants with those at increased risk for SIDS. *Journal of American Medical Association*, **285** (17), 2199-2207, 2001.

[374] FIFER WP., MYERS MM., SAHNI R., & AL. Interaction between sleeping position and feeding on cardiorespiratory activity in preterm infants. *Developmental Psychobiology*, **47** (3), 288-296, 2005.

[375] THACH BT. Combination, complementarity and autonomic control : a role for cerebellum in learning movement coordination. *Novartis Foundation Symposium*, **218**, 219-228, 1998.

[376] GALLAND BC., TAYLOR BJ., BOLTON DP. Prone versus supine sleep position : a review of the physiological studies in SIDS research. *Journal of Paediatrics and Child Health*, **38** (4), 332-338, 2002.

Chapitre 2

Evaluation d'un système de surveillance cardio-respiratoire

2.1 Introduction

Devant les problèmes rencontrés lors du monitorage de routine des nourrissons à risque, que ce soit à domicile ou à l'hôpital, il est apparu souhaitable d'améliorer l'ensemble du système de monitorage, des capteurs qui font aujourd'hui appel à des électrodes collées sur la peau et qui ont tendance à induire des irritations cutanées au logiciel des moniteurs pour pallier aux 80 à 90% de fausses alarmes couramment rencontrées. Pour résorber ces deux problèmes, cette thèse a été engagée dans le cadre d'une collaboration entre le Service de Pédiatrie du CHU de Rouen, alors dirigé par Eric Mallet, et le groupe *Dynamiques BioMédicales* DyBioM du CORIA. Depuis 1992, le service de pédiatrie, sous l'impulsion d'Eric Mallet, tente de développer de nouveaux systèmes de monitorage plus fiables des nourrissons. Ainsi, un prototype de pyjama précablé a été proposé : il était conçu et réalisé en trois tailles fonctionnant par tranche de deux mois par les couturières d'une entreprise spécialisée dans les vêtement pour enfant [1] intégrant des électrodes métalliques bombées dont le contact avec la peau du nourrisson était assurée par un simple coussinet presseur [1]. Malheureusement, ce système s'est révélé peu fiable en raison de signaux très artéfactés : les artéfacts provenaient essentiellement de pertes de signal liés aux mouvements très fréquents du nourrisson.

Une deuxième tentative a abouti en 2007 à la fabrication d'un botillon instrumenté (FIG. 2.1) permettant le suivi du pouls par l'intermédiaire d'une sonde de pression partielle en oxygène, de l'actimétrie et de la position de l'enfant [2]. Si de bons résultats ont été obtenus avec des nourrissons de moins de deux mois, une fois encore, les mouvements répétés des nourrissons plus âgés ont fait obstacle à une fiabilité suffisante pour une utilisation de routine chez le nourrisson à risque. Toutefois, les prématurés, moins turbulents, peuvent être suivis avec ce dispositif. Précisons que ce système avait l'avantage de permettre la détection des apnées obstructives — toujours à craindre chez les nourrissons sujets aux reflux gastriques —, qui ne peuvent pas être détectées par des systèmes utilisant des électrodes collées sur la peau.

Le problème restant entier pour les nourrissons à terme, Eric Mallet a voulu tester une approche s'affranchissant des inconvénients associés à l'utilisation d'électrodes (défauts de contact, irritations cutanées, non détection des apnées centrales). Pour cela, il nous a proposé de tester le monitorage par capteurs acoustiques qui ont l'avantage — au moins en principe — de permettre le suivi simultané de la ventilation et de l'activité cardiaque. De plus, les apnées obstructives peuvent être détectées par l'absence de débit ventilatoire, mais elles ne peuvent être distinguées des apnées centrales. Notre travail consista donc en la mise en place d'un protocole de routine de suivi de nourrissons hospitalisés au service de pédiatrie : les enfants étaient alors équipés d'un double système de monitorage, l'un commercialisé et utilisé en routine — en plus du monitorage nécessaire aux soins à prodiguer à l'enfant — pour fournir les signaux qui ont servi de référence lors de l'analyse cardio-respiratoire, et l'autre, basé sur deux capteurs électro-acoustiques que nous avons mis en place.

---

1. Il s'agit de l'entreprise OZONA, alors basée à Yvetôt, et qui a été fermée depuis.

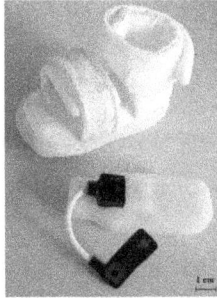

FIGURE 2.1 – Le botillon BBA qui constitue le support textile à la semelle électronique avec le capteur de SpO_2.

Notre programme de travail se présentait alors de la manière suivante :

1. Elaboration d'une double chaîne d'acquisition pour le suivi de nourrissons hospitalisés et monitorés (en routine) par un système dit « classique » et par un système acoustique.

2. Confrontation des signaux classiques (ECG, impédance thoracique) avec les signaux acoustiques.

3. Mise en place d'un logiciel de traitement automatisé des signaux acoustiques pour la détection des évènements (épisodes de tachycardie, bradycardie, apnées, etc.).

Dans ce chapitre seront détaillées les étapes 1 et 2. Les difficultés rencontrées lors de ces deux premières étapes et les résultats — insuffisamment bons — n'ont pas permis d'atteindre l'étape 3.

2.2   Techniques de surveillance cardio-respiratoire

Le syndrome de la mort subite du nourrisson étant d'origine pluri-factorielle, il n'existe pas, à l'heure actuelle, d'examens fiables permettant de prévenir un tel décès. Toutes les études ayant mis en évidence une défaillance du système cardio-respiratoire précédant le décès, un certain nombre d'actions préventives pourrait être mis en place par le biais d'un suivi de la respiration, de la fréquence cardiaque ainsi que de la saturation en oxygène. Cependant, étant donné l'impact psychologique d'une telle surveillance sur l'entourage du nourrisson, leur utilisation n'est utile et raisonnable que dans le cadre de certaines situations cliniques clairement définies [67]. Ainsi, seuls seront mis sous surveillance, les nourrissons présentant au moins l'une des caractéristiques suivantes :

1. Un évènement apparemment dangereux « ALTE » [2], correspondant à une modification sévère et inattendue du comportement respiratoire du nourrisson se traduisant par les symptômes suivants :
   - des apnées centrales ou obstructives ;
   - une modification de la couleur de la peau par rapport à sa couleur habituelle, du type pâleur (cyanosée) principalement et de rougeur occasionnellement (érythémateuse) ;
   - une modification de la tonicité musculaire ;
   - des suffocations ou des régurgitations.

2. Des troubles neurologiques ou métaboliques impliqués dans la commande centrale de la respiration ;

3. Un risque élevé d'apnées intermittentes, de bradycardie ou d'hypoxémie faisant suite à une naissance prématurée ;

---

2. Apparant Life Threatening Event.

4. Une bronchodysplasie[3] ;

5. Une trachéotomie associée à des symptômes d'une affection pulmonaire chronique ;

6. Une malformation cardiaque ;

7. Des convulsions ;

8. Un sommeil en position ventral sur indication thérapeutique.

Malgré de nombreuses études, aucun lien n'a encore été démontré entre une apnée à caractère anormalement long et le syndrome de mort subite du nourrisson. Il a seulement été montré que des pauses respiratoires apparaissaient naturellement durant le sommeil des nourrissons [3], avec toutefois un taux d'apnées plus important chez les nourrissons à risques. D'autre part, les systèmes de suveillance ne constituent en aucun cas un moyen de prévention totalement fiable puisque certains nourrissons sous surveillance décèdent malgrè leur utilisation. Aucune des multiples études n'a pu conclure à l'efficacité de la surveillance et mettre en évidence une réduction de l'incidence de mort subite chez les nourrissons surveillés par monitorage [4, 5]. Ainsi, selon l'Académie Américaine de Pédiatrie, le recours aux systèmes de surveillance doit répondre aux recommandations suivantes [6] :

1. Le recours aux systèmes de surveillance ne doit pas être systématiquement prescrit pour prévenir le syndrome de mort subite du nourrisson ;

2. En cas de prescription d'une surveillance cardio-respiratoire à domicile, l'appareil doit être équipé d'un enregistreur des séquences respiratoires ;

3. Les équipes médicales doivent clairement expliquer aux parents que la surveillance ne diminue en aucun cas le risque de mort subite, et ne doit être envisagée que comme moyen préventif et non thérapeutique ;

4. La surveillance cardio-respiratoire à domicile peut être validée pour les nourrissons présentant au moins l'une des caractéristiques énoncées précédemment ;

5. Les pédiatres doivent continuer à favoriser les pratiques reconnues comme efficaces et diminuant les risques d'accidents telles que la position dorsale de couchage, l'éviction du tabac aussi bien pendant la période prénatale que postnatale, une température ambiante adaptée, etc.

2.2.1   Fonctionnement des systèmes de surveillance cardio-respiratoire

Les dernières études concernant la mise en évidence des mécanismes sous-jacents conduisant au syndrome de la mort subite du nourrisson montrent que la majorité des nourrissons victimes ou rescapés de ce syndrome, présentaient des anomalies cardio-vasculaire et/ou respiratoire. Les systèmes de surveillance actuels sont développés pour la détection de ces anomalies grâce à un suivi cardio-respiratoire du nourrisson. Certains appareils de surveillance mesurent également la concentration fonctionnelle en oxygène (PaO_2). Un système de surveillance cardio-respiratoire est donc conçu pour suivre les fréquences cardiaque et respiratoire du nourrisson, et avertir lors de la survenue d'une anomalie de la fréquence cardiaque telle que la bradycardie, ou d'une anomalie de la fréquence respiratoire lors d'épisodes d'apnées prolongées ou de respiration intermittente. Le système doit être bien toléré par le nouveau-né (notamment les électrodes) ainsi que par les parents avec une utilisation aussi simple que possible et un taux de fausses alarmes minimum. Les principaux paramètres enregistrés par la plupart des systèmes de surveillance concernent :

– La respiration ;
– Le rythme cardiaque ;
– La saturation en oxygène.

---

3. La bronchodysplasie est le résultat de l'évolution de la dyspalsie broncho-pulmonaire survenant le plus souvent au cours de la petite enfance. Il s'agit d'une maladie chronique associée à une anomalie du développement des tissus pulmonaires. Elle se traduit par une nécrose des branches pulmonaires. Les lésions ont, par la suite, tendance à s'estomper dans 85 à 90% des cas. Elle survient essentiellement chez les prématurés de moins de 28 semaines d'âge pour 50% et chez les prématurés de plus de 34 semaines d'âge pour 2%, après traitement à base d'oxygène sous haute pression. Elle se rencontre également chez la plupart des individus ayant subi une ventilation mécanique.

De nombreux dispositifs de surveillance sont disponibles pour mesurer la respiration des nourrissons. Le choix de l'équipement reste un compromis entre la précision de la détection et le caractère invasif de l'appareil. Par conséquent, les dispositifs disponibles sont divisés en deux catégories : les détecteurs de flux appliqués sur le nez et/ou sur la bouche et les dispositifs qui détectent les variations d'amplitude de la cage thoracique et qui sont appliqués sur le thorax et/ou sur l'abdomen [7].

La mesure la plus performante du débit aérien se fait à l'aide d'un pneumotachographe. L'appareil consiste en un élément résistif inséré entre deux cylindres. Lorsque l'air traverse l'élément résistif, une chute de pression survient. Cette chute de pression est mesurée par un transducteur de pression différentielle attaché au pneumotachographe via les ports situés de chaque côté de l'élément résistif, celui-ci étant calibré pour une lecture en unité de flux. Il est impératif que la taille du pneumotachographe soit choisie de manière appropriée selon le débit standard du patient. Pour quantifier précisément le flux, l'air doit passer en totalité à travers le pneumotachographe. Ainsi, pour la respiration spontanée des nourrissons, le pneumotachograph doit être intégré au masque nasal et/ou buccal scellé autour du nez et/ou de sa bouche du nourrisson [8]. Une bonne adhésion peut être obtenue en appliquant une légère pression sur le masque. Pour parfaire l'étanchéité, une solution lubrifiante peut être utilisée pour éliminer les fuites éventuelles. Bien que le pneumotachographe soit l'appareil idéal pour mesurer les débits d'air, il ne peut être employé en continu, spécialement dans le cas du suivi de la respiration spontanée des nourrissons de part la nécessité de le maintenir en parfaite position pour éviter toute fuite non intentionnelle.

Le thermistor et le thermocouple sont des dispositifs sensibles à la température qui détectent l'augmentation en température tel que l'air chaud provenant du corps pendant l'expiration. L'inspiration d'air provenant de l'atmosphère plus froide, le détecteur de température distingue ainsi les deux phases du cycle ventilatoire. Bien qu'appliqués sur la surface du visage, ils sont généralement bien tolérés et peuvent donc être utilisés sur une longue période. Cependant, le thermistor comme le thermocouple sont seulement utiles en tant que dispositif qualitatif, pour informer de la présence ou de l'absence d'un débit d'air, comme cela survient au cours des apnées [9], et non comme une mesure quantitative du débit, puisque la mesure qui en résulte montre une faible corrélation avec les mesures de débits obtenus par plétysmographie [10] ou pneumotachographie [11]. Enfin, il peut être associé à une détection des mouvements de la cage thoracique afin de distinguer les apnées obstructives de la respiration normale.

L'anémomètre à fil chaud consiste en un fil contrôlé en température et placé au centre d'un cylindre. Son utilisation est similaire à celle d'un pneumotachographe. Le débit gazeux le long du fil chaud refroidit ce dernier, permettant une lecture en unité de débit.

Les moniteurs de dioxyde de carbone de fin d'expiration peuvent être utilisés comme détecteurs de débit d'air. Le niveau de CO_2 exhalé présente une corrélation faible avec l'amplitude du volume courant et, par conséquent, la pression partielle en CO_2 de fin d'expiration ne peut pas être utilisée comme un dispositif qualitatif de détection de la présence ou d'absence de flux [12].

En utilisant deux électrodes placées de chaque côté du thorax, au-dessus et au-dessous de l'insertion du diaphragme, l'impédance thoracique consiste en la mesure des altérations de l'impédance électrique à travers la cage thoracique survenant durant la respiration. Ce type de mesure est basé sur le fait que l'air possède une impédance plus élevée que les tissus. Etant donné qu'un faible courant traverse le corps, les électrodes détectent une augmentation de l'impédance lors du passage de l'air dans les poumons pendant l'effort inspiratoire. Bien que les mesures d'impédance soient faiblement corrélées à l'amplitude du volume courant [13], elles peuvent distinguer les apnées centrales de la respiration normale. Toutefois, l'air étant libre d'aller et venir à l'interieur de la cage thoracique durant une obstruction des voies aériennes, l'impédance ne permet pas de distinguer une apnée obstructive d'une respiration normale. Cette technique reste néanmoins largement utilisée pour le monitorage cardio-respiratoire des nouveau-nés.

La plétysmographie d'inductance respiratoire consiste en deux bandes placés autour de l'abdomen et de la cage thoracique (Fig. 2.2). Chaque bande élastique contient un cable flexible [14]. Les bandes sont étirables et présentent alors une variation de l'inductance correspondant à l'expansion de la paroi abdominale durant l'inspiration. Dans ce cas, les deux formes d'onde d'inductance sont distinctes, l'une représentant les mouvements de la cage thoracique, l'autre représentant les mouvements de l'abdomen.

Les bandes d'inductance sont utilisées avec un dispositif de déctection de flux dans de nombreux laboratoires du sommeil pour distinguer les apnées obstructives des apnées centrales. Cependant, en utilisant des procédures

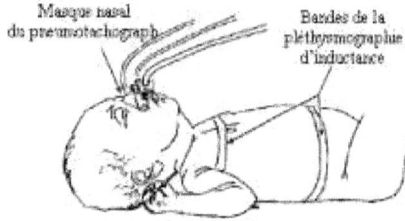

FIGURE 2.2 – Plétysmographe par mesure de l'impédance thoracique.

de calibration variées, la technologie d'inductance respiratoire permet désormais un calibrage de telle sorte que le détecteur de flux additionnel ne soit plus nécessaire pour faire la distinction entre les deux types d'apnées [15].

Une estimation précise du niveau d'oxygène sanguin représente un élément clé des soins néonataux. Un cathéter artériel permanent peut être utilisé dans les unités de soins intensifs pour obtenir les niveaux d'oxygène sanguin les plus précis. Cependant, il s'agit d'un procédé invasif et généralement limité au suivi intermittent des gaz du sang. Les niveaux en oxygène étant connus pour être variables chez les nouveau-nés prématurés, spécialement en réponse à de courtes pauses respiratoires, des méthodes continues non-invasives pour suivre ces niveaux d'oxygène sont nécessaires pour une bonne prise en charge.

L'oxymétrie impulsionnelle peut être utilisée durant l'hospitalisation pour documenter à la fois les épisodes hypoxiques, tels que ceux associés aux apnées [19], et se prémunir contre des niveaux hyperoxiques pouvant contribuer à la rétinopathie [20]. L'oxymètre impulsionnel consiste en un détecteur placé sur la main ou le pied du nouveau-né (fig 2.3).

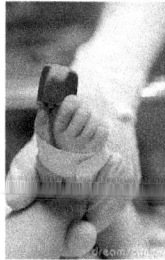

FIGURE 2.3 – Oxymètre.

Le détecteur émet de la lumière à deux longueurs d'ondes séparées : l'une à 660 nm (rouge), l'autre à 940 nm (infra-rouge). A chaque battement cardiaque, une impulsion de sang artériel oxygéné circule à travers le détecteur. L'hémoglobine oxygénée possède des propriétés d'absorption de la lumière rouge et infra-rouge différentes de celles de l'hémoglobine désoxygénée. Le côté opposé du détecteur contient un récepteur mesurant la quantité de lumière passant à travers le dispositif sans être absorbée et peut ainsi être utilisé pour évaluer la quantité d'hémoglobine saturée en oxygène. Les instruments sont simples d'utilisation, ne requièrent ni calibration ni augmentation artificielle de la température corporelle, et procurent des informations immédiates concernant l'oxygénation.

Lors de l'utilisation d'oxymètres, les mouvements corporels sont synonymes de fausses alertes ou de perte de signal, ce qui représente un obstacle majeur à l'utilisation fiable de cette technique. Les avancées récentes tant des algorithmes que des nouvelles générations de moniteurs ont conduit à une diminution de l'incidence du nombre de ces fausses alarmes [22]. Cependant, ces algorithmes récents sont sujets à une augmentation du nombre d'évènements manqués tels que la bradycardie et l'hypoxémie comparés aux moniteurs conventionels. Par ailleurs, l'incidence de fausses alarmes et d'évènements manqués est fortement variable d'un constructeur à l'autre [23]. Ces différences ne sont pas surprenantes puisque les différents fabricants utilisent des algorithmes différents, des variables de mesures de l'hémoglobine différentes (fractionnelle *versus* fonctionnelle) et différents calculs de moyenne temporelle des niveaux de saturation en oxygène. Les oximètres impulsionnels de nouvelle génération incluent un enregistrement des données sur des périodes de temps étendues, un résumé graphique global de la durée à chaque niveau de saturation permettant d'obtenir l'identification possible des épisodes spécifiques de désaturation.

La tension en oxygène transcutanée ($PtCO_2$) peut être mesurée au moyen d'une électrode séparée de la peau par une membrane semi-perméable. La précision d'une telle mesure repose sur la diffusion de l'oxygène à travers la peau, et nécessite donc un positionnement de l'électrode sur une surface corporelle ou l'épiderme est fin et le réseau capillaire dense (Fig. 2.4). Pour les nouveau-nés prématurés, l'abdomen et le thorax représentent les meilleurs emplacements de mesures. Même dans ces conditions, $PtCO_2$ ne sera pas bien corrélée avec la PaO_2 à moins de vasculariser le lit capillaire en chauffant la surface entre 43 et 44°C. Différentes études ont montré une relation linéaire entre la $PtCO_2$ et la PaO_2 avec une imprécision croissante pour les niveaux bas et haut de la PaO_2 [7].

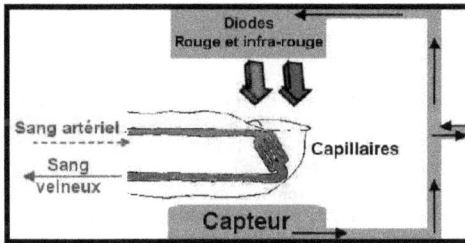

FIGURE 2.4 – Principe de la mesure de la saturation en oxygène.

Le suivi de la fréquence cardiaque est utilisé pour détecter les altérations instantanées du rythme cardiaque pouvant avoir ou non des répercussions sur des évènements respiratoires. Trois électrodes sont placées sur le nourrisson, l'emplacement usuel étant le bras droit, le bras gauche et la jambe droite ou l'abdomen. Le monitorage conventionnel de la fréquence cardiaque utilise la technologie de l'impédance et les enregistrements à vitesse lente. Il est basé sur l'utilisation d'algorithme de détection de l'onde R à partir du complexe QRS de l'électrocardiogramme pour le calcul de la fréquence cardiaque. Des diagnostiques plus définitifs des troubles du rythmes cardiaques tels que l'observation de l'onde P ou de la durée QRS nécessitent de recourir à un système de suivi par Holter [7].

2.2.2   Evaluation de la nécessité d'un suivi cardio-respiratoire

Avant de recourir à un monitorage du nouveau-né, il est nécessaire de définir quels sont les niveaux de risques par rapport aux valeurs dites « normales ». Se pose alors le problème de la définition des valeurs normales, chaque auteur utilisant une multitude de seuils de normalités et de descriptions pour définir les évènements cardio-respiratoires. Il est ainsi difficile de combiner les études en une base de données de taille adéquate pour établir les valeurs normales. Il est donc intéressant de donner une définition standard des évènements tels que l'apnée, la désaturation en oxygène et la bradycardie, pouvant susciter le recours à un monitorage.

Les évènements apnéiques font référence à des pauses dans la respiration, dont la durée est inférieure à 10 s [24], avec une durée qui varie fortement selon les études [25, 26]. Il est intéressant de noter cependant, que le milieu médical utilise souvent des seuils d'apnées plus long entre 15 et 20 s [373, 27]. D'autre part, certains auteurs prenent en considération des pauses respiratoires plus courtes, qu'ils classent comme apnée cliniquement significatives lorsqu'elles sont accompagnées de bradychardie et/ou de changement de couleur [24, 27]. Ces variations dans la définition des apnées proviennent du NIH *Consensus Statement* de 1986 indiquant qu'une pause respiratoire doit être considérée comme anormale si sa durée est supérieure ou égale à 20 s ou associée à une cyanose, une pâleur marquée, une hypotonie, ou une bradycardie [28]. Une fois identifiée, l'apnée peut être décomposée en trois types : une pause centrale sans effort inspiratoire (apnée centrale) ; un évènement obstructif avec un mouvement de la paroi thoracique mais sans débit correspondant (apnée obstructive) ; ou une combinaison des deux (apnée mixte) [29, 30]. La distinction du type d'apnée est nécessaire puisqu'il détermine le mode d'intervention clinique.

Comme pour l'apnée, les définitions de la bradycardie diffèrent également en fonction des intéréssés avec des variations à la fois en terme de seuil mais également en terme de durée. Les limites inférieures comprises entre 80 et 100 battements/minute ont été utilisées pour définir la bradycardie chez le nouveau-né prématuré avec [373] ou sans [9, 27, 30] critère de durée. L'étude sur l'évaluation du monitorage des nouveau-nés à domicile « CHIME » [4] utilisait de multiples seuils et durées pour définir la bradycardie comme par exemple une fréquence inférieure à 80 bpm pendant 15 s ou inférieure à 60 bpm pendant 5 s chez les nouveau-nés de moins de 44 semaines [373]. Plus tard, lorsque les nouveau-nés prématurés atteignent l'âge post-conceptionnel de 40 semaines, des critères d'âge supplémentaire ont été ajoutés. Ainsi, Cote et al. [31] définissent la bradycardie lorsque le nouveau-né présente un rythme cardiaque

– inférieur à 80 bpm pour le premier mois de vie,
– inférieur à 70 bpm pour le second et troisième mois de vie,
– inférieur à 60 bpm du quatrième au sixième mois de vie et
– inférieur à 50 bpm par la suite.

Etant donné la grande variété des définitions de la bradycardie, il est difficile de distinguer un seuil pour la bradycardie qui soit cliniquement significatif. Ainsi, l'utilisation de la technique Doppler chez des nouveau-nés prématurés a montré que l'apnée accompagnée d'une bradycardie de 80 à 120 bpm est associée à une décroissance de la vitesse du débit sanguin diastolique dans les artères cérébrales antérieures, avec de faibles changements de la vitesse du débit systolique, voire aucun changement. De plus, une apnée accompagnée d'une bradycardie (< 80 bpm) est associée à une décroissance à la fois des vitesses des débits diastolique et systolique. Ces changements dans la vitesse du flux sanguin étaient accompagnées de changements similaires de la pression artérielle sanguine [32].

Les niveaux d'oxygène dans le sang inférieurs ou égaux à 80 à 85 % sont communément considérés comme des seuils pour définir les épisodes de désaturation [19, 22]. Ces épisodes sont généralement associés à des apnées [33]. De plus, il est commun pour ceux-ci de survenir au cours de courtes pauses respiratoires, comme au cours d'épisodes de respiration périodique.

2.2.3 Le monitorage à domicile

Bien que l'utilisation du suivi de la fréquence cardiaque, de la saturation en oxygène ou des apnées soit impérative en milieu hospitalier, il n'en est pas de même dans le cas d'une utilisation à domicile, ceci à la fois en terme de besoin et de durée. Les études épidémiologiques n'ont pas permis de documenter l'impact du suivi cardio-respiratoire à domicile sur l'incidence du syndrome de mort subite du nourrisson [5]. En fait, les études n'ont montré aucune association claire entre les apnées et le syndrome de mort subite du nourrisson [40]. Ainsi, l'Académie Pédiatrique Américaine a décidé que la prévention du syndrome de mort subite du nourrisson n'est pas une indication acceptable pour le suivi à domicile [6]. Il a été montré que les nouveau-nés prématurés présentaient un risque d'apnée prolongée plus important comparé aux nouveau-nés à termes, ce risque devenant comparable chez les nouveau-nés à termes de 43 semaines d'âge post-conceptionnel [373]. Ainsi donc, si la décision d'un suivi à domicile est prise en raison de présence d'apnées de prématurité, il doit être dispensé de manière discontinue à partir de 43 semaines d'âge post-conceptionnel.

---

4. Collaborative Home Infant Monitoring Evaluation

Certains nouveau-nés doivent cependant bénéficier d'un suivi à domicile, les indications thérapeutiques pouvant varier largement. Ainsi sont soumis à un suivi

1. les nouveau-nés avec trachéotomies ou anomalies anatomiques les rendant vulnérables à une altération des voies aériennes,

2. des nouveau-nés présentant des évènements apparemment dangereux (ALTEs),

3. des nouveau-nés avec anomalies neurologiques pouvant affecter le contrôle respiratoire et

4. les nouveau-nés avec maladies pulmonaires chroniques nécessitant une supplémentation en O_2, une ventilation mécanique ou une pression d'air positive continue.

Selon les circonstances, le suivi à domicile peut permettre une prise en charge plus rapide du nourrisson en détresse respiratoire.

Une étude menée par Desmarez & al. [34] a mis en évidence que la multiplication des prescriptions de systèmes de surveillance des nouveau-nés à domicile perturbait fortement l'environnement familial avec un stress supplémentaire. Ces résultats confortent ainsi l'idée selon laquelle un monitorage à domicile ne doit pas être indiqué dans le but de prévenir la mort subite du nourrisson sans une prescription médicale clairement établie. Les principaux inconvénients des systèmes de surveillance sont l'apparition d'allergie et d'eczéma liée à l'utilisation régulière des électrodes collées à même la peau fine et délicate des nouveau-nés, ainsi que les nombreuses fausses alarmes du système causé par les mouvements du nourrisson.

2.2.4   Système de surveillance employé lors de l'étude

Le moniteur Philips IntellVu MP70 est conçu pour s'adapter à un large éventail de besoin de monitorage. Sur ce modèle, des configurations spécifiques sont disponibles pour les environnements d'anesthésie, de soins intensifs, de cardiologie, et de soins néonataux. Cet appareil est destiné au monitorage et à l'enregistrement des différents paramètres physiologiques chez les adultes, les enfants et les nouveau-nés dans les établissements de soins par des professionnels de santé qualifiés, ainsi qu'au déclenchement d'alarmes relatives à ces paramètres. Ce moniteur est équipé d'écrans à cristaux liquides (Fig. 2.5) et à angle de vision étendu, donnant une présentation haute résolution des courbes et des données. L'écran et l'unité centrale sont intégrés dans un seul bloc, auquel un écran externe asservi peut être connecté. L'interface utilisateur graphique en couleur est conçue pour un fonctionnement rapide. Des touches aux icônes intuitives accélèrent et facilitent les tâches de monitorage, qui peuvent être réalisées directement depuis l'écran. Les courbes et les valeurs numériques sont dotées de codes de couleurs. Le fonctionnement en écran tactile permet d'accéder à de nombreuses fonctions à l'aide de commandes simples. Les périphériques d'entrée pris en charge comprennent le dispositif « SpeedPoint » qui est conçu pour faciliter l'entrée des informations et la navigation à l'écran, et des accessoires informatiques PS/2 standards tels qu'une souris, un clavier et une boule de commande. Tous les périphériques d'entrée peuvent être utilisés séparément ou combinés. Toute souris ou boule de commande PS/2 spécifiée peut être utilisée pour saisir des données. Un clavier d'ordinateur peut être branché sur le port PS/2 [5] du moniteur et utilisé pour saisir des données. Un clavier virtuel s'affiche automatiquement à l'écran, si des données alphanumériques sont nécessaires, par exemple pour saisir les informations administratives du patient. Le serveur multi-mesures M3001A peut être connecté sans câble à l'arrière du MP70. Il transmet les courbes et valeurs numériques des paramètres mesurés à l'écran du moniteur et génère les alarmes physiologiques et techniques. Il mémorise également les données administratives du patient. Ce serveur fournit les données de mesure de l'électrocardiogramme, de la respiration, de la saturation en oxygène du sang artériel, de la pression artérielle, et, selon le choix du praticien, de la pression invasive ou de la température. Ceux sont les caractéristiques spécifiques de ce serveur qui en ont fait un candidat de choix pour l'étude de cette thèse.

Les données exploitées ont été enregistrées et transmises au moyen de capteurs positionnés sur les nouveaunés. Les valeurs d'alarme de l'appareil ont été réglées en fonction de l'âge de chaque petit patient selon les indications suivantes :

– Seuil bas de la fréquence cardiaque (bradycardie) < 80 bpm ;

– Seuil haut de la fréquence cardiaque (tachycardie) > 160 − 200 bpm ;

---

5. PS/2 : il s'agit d'un port de connexion de dimension réduite pour souris ou clavier.

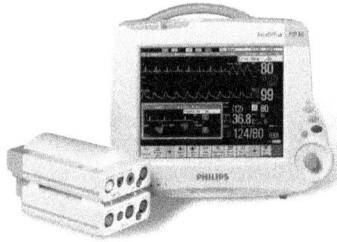

FIGURE 2.5 – Moniteur PHILIPS MP70 utilisé dans le cadre de cette thèse.

– Seuil d'apnées > 20 s.
Les électrodes sont positionnées sur le nourrisson selon le schéma de la figure 2.6.

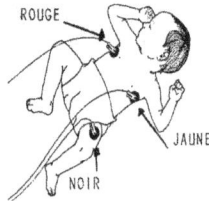

FIGURE 2.6 – Position des électrodes sur le nourrisson.

Les pinces du système de détection sont ensuite placées sur les électrodes. La détection des contractions cardiaques est confirmée par une diode verte représentant un cœur, tandis que la détection du rythme respiratoire est signalée par une diode verte représentant les poumons. L'alarme se déclenche lorsque les valeurs seuils sont dépassées ou lors de la survenue d'un problème technique tel qu'un problème de batterie ou une mauvaise connexion.

2.3 Suivis des nourrissons par le service de pédiatrie

Le service de pédiatrie a en charge le traitement des urgences pédiatriques. Entre autres, l'ensemble des symptômes pouvant conduire au pronostique d'un risque de mort subite est traité par ce service [35]. A ce titre, il participe à la prévention de la mort subite, notamment au moment de la campagne du milieu des années 1990 qui faisait suite au constat que la mort subite du nourrisson devenait la principale cause de décès infantiles en France avec 19% des décès et près de la moitié des décès postnéonataux (de 28 jours à 1 an) [38]. Il faut toutefois noter que les taux français de mort subite du nourrisson observés au milieu des années 1980 étaient surestimés : selon une enquête portant sur l'ensemble des décès de 1987 classés mort subite du nourrisson, 48% d'entre eux trouvaient une explication à l'autopsie, pratiquée après la certification [39]. L'hypothèse d'un rôle protecteur du couchage sur le dos a été avancée dès le début des années 1980, confirmée par un grand nombre de travaux menés entre 1970 et 1990. En France, l'Académie de médecine fut saisie par le professeur Sénécal dès 1983 sur l'effet néfaste de la position de sommeil sur le ventre, qui préconisait un retour du couchage sur le dos. Des groupes de travail sur la mort subite du nourrisson furent mis en place cette même année, confirmant, en 1986 par une enquête menée en Ille-et-Vilaine, le rôle néfaste du couchage ventral [40]. Eric Mallet mena pour la Haute-Normandie la campagne qui devait conduire à la réduction tant espérée du taux de mort subite [36].

Ainsi, le service de pédiatrie du CHU de Rouen est un centre de référence pour la prise en charge des morts subites — inexpliquées par définition — du nourrisson. Il est à l'origine d'un protocole d'intervention en cas d'un appel pour mort subite. L'ensemble des interventions est ainsi détaillé : intervention à domicile par le SAMU, transport du corps, prise en charge pour la réalisation d'examens complémentaires, information du service d'anatomopathologie en vue d'une autopsie et, finalement, prise de contact avec le responsable de la morgue où le corps sera déposé. Le service de pédiatrie organise par ailleurs la prise en charge de la nutrition entérale[6] à domicile prescrite à des enfants souffrant de mucoviscidose, maladie de Crohn[7], syndrome de Pierre Robin[8], syndrome de Franceschetti-Klein, sommeil en position ventrale sur recommandation médicale, ou encore des prématurés.

Le service a également en charge les nourrissons victimes de malaise dont les origines peuvent être très variées et parfois, inexpliquées. Ces malaises constituent l'une des principales raisons de la mise en place d'une surveillance cardio-respiratoire (40% de la mise en place de surveillance). La raison qui suit en importance est l'appartenance à une fratrie victime d'un syndrome de mort subite (25% des mises en place). Ces deux causes constituent 65% des mises en place de surveillance (TAB. 2.1). Si, sur vingt ans, le nombre de mise en place de surveillances cardio-respiratoires de nourrissons a été divisé par 5, c'est principalement en raison de la forte réduction de surveillance suite à un malaise, le nombre de prescriptions pour appartenance à une fratrie n'ayant été divisé que par 2. Cette décroissance du nombre de cas se retrouve de manière très large sur diverses régressions linéaires :

Surveillances cardio-respiratoires	$N_{\mathrm{cr}} = 11379.0 - \mathbf{5.6519}$ année	$(r = \mathbf{-0.92})$
Appartenance à une fratrie à risque	$n_{\mathrm{F}} = 29339.0 - 1.4541$ année	$(r = -0.61)$
Malaises	$n_{\mathrm{M}} = 8135.7 - \mathbf{4.0466}$ année	$(r = \mathbf{-0.95})$
Origines diverses	$n_{\mathrm{d}} = 269.2 - 0.1316$ année	$(r = -0.29)$
Surveillance en Seine-Maritime	$N_{\mathrm{SM}} = 9494.0 - \mathbf{4.7165}$ année	$(r = \mathbf{-0.90})$
Surveillance dans l'Eure	$N_{\mathrm{E}} = 1856.5 - 0.9215$ année	$(r = -0.80)$
Durée de surveillance	$\tau_{\mathrm{cr}} = 3906.7 - 1.8812$ année	$(r = -0.15)$
Syndrome de mort subite	$N_{\mathrm{MSN}} = 2467.5 - 1.2271$ année	$(r = -0.71)$

où r est le coefficient de régression. Sur les vingt années d'activités ici étudiées, le nombre de syndromes de morts subites a été divisé par 3,5. Ces très bons résultats résultent de la campagne de couchage menée notamment par Eric Mallet depuis de nombreuses années [35]. Ainsi, en 2010, les prescriptions d'une surveillance cardio-respiratoire à domicile pour appartenance à une fratrie à risque ne représentaient que pour 56% des mises en place, alors que les malaises n'en représentaient que 28%, les surveillances pour raisons diverses représentant les 16% restants.

Lorsqu'une surveillance cardio-respiratoire d'un nourrisson est décidée, elle l'est pour une durée moyenne d'un peu moins de cinq mois (143 jours), durée à peu près constante sur les vingt années d'activité ici répertoriées (TAB. 2.1). La durée de surveillance cardio-respiratoire est de trois à quatre mois pour les malaises graves, autour de six mois pour les nourrissons issus de fratrie à risque de mort subite, et pouvant aller jusqu'à quelques années pour certaines pathologies. C'est la pose quotidienne des électrodes sur cette durée conséquente qui entraîne fréquemment des problèmes cutanés. Si la surveillance cardio-respiratoire du nourrisson se décide sur des critères cliniques, elle se fait aussi sur des critères psychologiques pour les fratries au sein desquelles un syndrome de mort subite a été diagnostiquée, comme le confirme ce témoignage d'un grand-père de nourrisson — ayant perdu un enfant par syndrome de mort subite — et dont la surveillance cardio-respiratoire de son petit-fils est,

---

6. Méthode de substitution de l'alimentation orale par une sonde introduite dans le tube digestif par voie nasale ou par l'intermédiaire d'une stomie digestive.

7. La maladie de Crohn est une maladie inflammatoire chronique de l'ensemble du tube digestif, suspectée d'être de nature auto-immune.

8. Le syndrome de Pierre Robin est une malformation très rare associée à des troubles ayant pour origine le premier arc branchial de l'embryon. Ces troubles sont une hypoplasie (défaut de développement) avec rétroposition de la mandibule, une fissure palatine (communication entre la bouche et le nez), une ptose de la langue et des troubles respiratoires. Cet ensemble de malformations qui caractérise le syndrome s'accompagne parfois de malformations cardiaques.

TABLE 2.1 – Evolution des activités liées à la surveillance cardio-respiratoire des nourrissons du service de pédiatrie du CHU de Rouen. Le nombre N_{cr} de surveillances cardio-respiratoire mises en place à domicile, le nombre n_F pour cause de fratrie à risque, le nombre n_M pour cause de malaise, et le nombre n_d pour causes diverses sont reportés. La répartition entre la Seine-Maritime (N_{SM}) et l'Eure (N_E) est également reportée. La durée moyenne τ_{cr} de surveillance (définie par le rapport entre N_{cr} et le nombre total de jour/patient) est également donnée, ainsi que le nombre N_{MSN} de syndromes de mort-subite du nourrisson.

Année	N_{cr}	n_F	n_M	n_d	N_{SM}	ρ_{SM} (%)	N_E	ρ_E (%)	τ_{cr}	N_{MSN}
1991	119	38	72	9	88		31		129	35	50
1992	126	50	69	7	109		17		145	38	31
1993	106	38	62	6	85		21		183	31	40
1994	141	45	93	3	124		17		152	20	45
1995	114	46	66	2	92		22		170	11	46
1996	91	28	59	4	78		13		179	13	36
1997	93	29	53	9	78		15		180	8/4	24
1998	94	27	55	12	–		–		172	11	28
1999	80	13	51	6	65		15		190	6	24
2000	62	12	41	9	51	0.31	11	0.15	200	5	15
2001	52	12	32	8	39		13		198	10	13
2002	47	15	27	5	42		5		240	9	21
2003	54	13	33	8	47		7		195	9	8
2004	31	12	15	4	23	0.15	7	0.09	248	4	7
2005	42	9	23	8	32	0.20	10	0.14	187	4	5
2006	31	7	21	3	20	0.12	11	0.15	200	12	6
2007	57	42	10	5	46		11		142	3	12
2008	34	26	6	2	30		4		223	10	9
2009	40	22	13	5	26		13		158	7	5
2010	25	14	7	4	23		2		173	10	7
Moyenne	72 ± 36	25 ± 14	40 ± 25	6 ± 3	58 ± 32		13 ± 7		143 ± 73	13 ± 10	

visiblement, un soulagement [9]

> « La vie est trop courte, ma femme et moi comptons donner tout notre amour à notre petit fils Ruben, ~~pour qu'il ne manque de rien de bien~~ ~~aussi à dire une suite au décès d'Elodie, notre fille, qui aurait 19 ans~~ le 21 mai 2008, je demanderai à mon médecin traitant s'il n'existe pas de gêne possible pour notre petit fils Ruben. Bien sûr, je veux parler de la mort subite du nourrisson, puisque moi, en étant jeune et dès l'âge de 6 mois, j'ai fait une pleurésie pulmonaire et ma mère a perdu sa fille de mort subite (maladie bleue), donc ma sœur Patricia, à la naissance.[. . .]
>
> Depuis nous avons eu Nicolas et dès qu'il fut né, l'hôpital de Rouen nous a prêté un appareil, pour que notre fils soit en sécurité, c'est-à-dire qu'il fut branché avec un appareil munis d'électrodes, concernant les enfants victimes de mort subite, et cela pendant un an. Ce fut une précaution car Nicolas a fait plusieurs alertes. Il est vrai que cela est assez stressant car pendant un an, ce fut une galère car cet appareil se mettait souvent en alarme, mais la vie d'un enfant n'a pas de prix. Nicolas a maintenant 17 ans et va bien. [. . .]
>
> Ruben, notre petit-fils, rentre au CHU de Rouen demain, le 19 janvier 2009, en vue de faire des examens dans le service du Professeur Eric Mallet pour ne pas avoir un problème de mort subite du nourrisson, suite au décès de notre fille Elodie qui aurait 20 ans cette année [. . .].
>
> Ruben, notre petit-fils, a fait des examens au CHU de Rouen afin qu'une mort subite du nourrisson ne survienne pas, par principe de précaution. Ruben va bien à part un petit problème des yeux. On a placé sur

---

9. http://eric-bellet.over-blog.com/article-19366121.html. Le texte est ici reporté tel qu'il apparaît sur le blog.

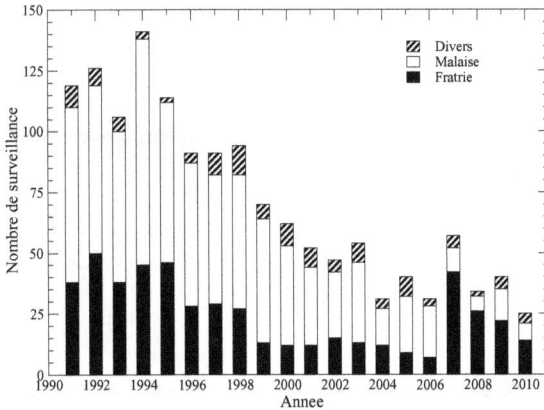

FIGURE 2.7 – Evolution des surveillances cardio-respiratoires à domicile prescrites par le service de pédiatrie du CHU de Rouen.

Ruben un Monitoring pour 24 heures en vue de contrôler son cœur et sa tension artérielle. »

Comme ce témoignage le révèle, si la famille est rassurée, un stress induit par les fausses alarmes s'installe durant la surveillance cardio-respiratoire.

A la mise en place du moniteur, une infirmière fait une démonstration aux parents de l'installation du matériel et les informe des consignes de couchage, des consignes d'environnement, des consignes alimentaires et fournit les instructions à suivre en cas d'alarme [37]. Une fois le moniteur mis en place, des rendez-vous sont programmés avec le pédiatre, le Dr. François Lecruit, responsable des suivis cardio-respiratoires à domicile. L'infirmière appelle régulièrement les parents pour vérifier le bon déroulement de la surveillance. Un bilan des alarmes est relevé mensuellement au domicile des parents et le temps d'utilisation du moniteur est vérifié. Le service de pédiatrie travaille avec deux types de moniteurs : le *SmartMonitor 2 professional serie* de RESPIRONICS et le *Neotrack 502* de GE-CORMETRICS. Ces deux moniteurs permettent l'enregistrement des alarmes par le stockage en mémoire des tracés au moment de l'alarme : ces tracés permettent à l'infirmière de vérifier si les alarmes sont fausses ou non. Comme nous l'avons mentionné, près de 90% des alarmes sont fausses : elles résultent le plus souvent d'un mauvais positionnement des électrodes ou de mouvement du nourrisson. Elles peuvent se traduire par une perte de signal. Actuellement, le suivi continu de la dynamique cardio-respiratoire n'est pas effectué et seules des fenêtres relativement courtes sont enregistrées lors des évènements (alarmes). Ceci ne permet pas un suivi dynamique suffisant pour une caractérisation fine de l'état général du système cardio-respiratoire.

Seules les « vraies » alarmes sont étudiées par le pédiatre. Typiquement, une alarme est déclenchée en cas de

1. tachycardie, c'est-à-dire si la fréquence cardiaque excède 240 bpm (FIG. 2.8a) ;
2. bradycardie si la fréquence cardiaque est inférieure à 70 bpm jusqu'à l'âge de trois mois, et 60 bpm au-delà (FIG. 2.8b) ;
3. apnée si une pause ventilatoire est d'une durée supérieure à 20 s ou 25 s au-delà de l'âge de 12 mois (FIG. 2.8c) ;
4. hypopnée si une pause ventilatoire est d'une durée supérieure à 10 s mais inférieure au seuil d'apnée.

A la suite d'une alarme, plusieurs cas de figure se présentent :

1. L'enfant réagit à l'alarme qui s'arrête seule ; il n'y a alors rien d'autre à faire ;

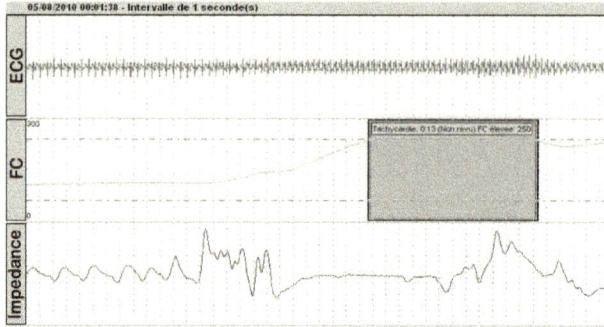

(a) Tachycardie ($f_c = 250 > 240$ bpm) accompagnée d'une hypopnée

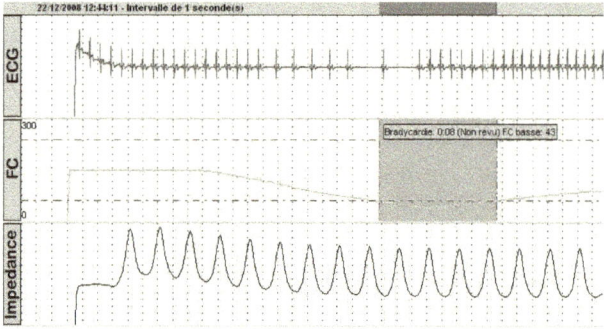

(b) Bradycardie ($f_c = 43 < 60$ bpm) par allongement de la période réfractaire

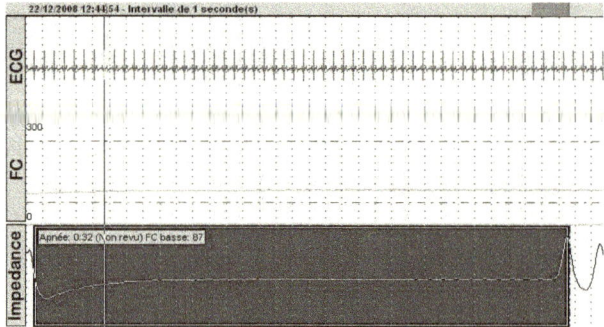

(c) Apnée (pause ventilatoire durant 32 s) ; $f_c = 87$ bpm

FIGURE 2.8 – Exemples d'alarmes (vraies) détectées sur un nourrisson durant une surveillance cardio-respiratoire à domicile. Sont reportés l'électrocardiogramme (ECG), la fréquence cardiaque f_c, et l'impédance thoracique dont les évolutions permettent le suivi cardio-respiratoire.

2. L'alarme se déclenche et l'enfant réagit correctement aux stimuli de ses parents : il n'y a rien d'autre à faire non plus ;

3. L'alarme se déclenche et l'enfant ne réagit ni à la sonnerie, ni aux stimuli des parents : le SAMU doit alors être appelé. Ce dernier indique aux parents les gestes de première urgence en attendant son arrivée. En effet, si le nourrisson a fait un malaise, il est conseillé de ne pas le transporter à l'hôpital dans un véhicule personnel tant qu'il n'a pas été vu par un médecin.

Comme nous pouvons l'imaginer, les alarmes (que ce soient les fausses ou les vraies) sont stressantes car il n'est pas toujours évident pour des parents de distinguer les fausses alarmes des vraies. De plus, dans le cas de fausses alarmes, les parents sont confrontés à la difficulté de devoir réveiller un bébé qui peut dormir profondément, ce qui peut être facilement pris comme une non-réaction aux stimuli. De là, découle le stress induit par toute surveillance cardio-respiratoire.

En cas de bradycardie ou d'apnées répétées, une consultation hospitalière est nécessaire pour faire un bilan plus détaillé ; une hospitalisation peut être éventuellement mise en place et/ou une modification du traitement thérapeutique peut être prescrite. A la mise en place de la surveillance cardio-respiratoire, il est conseillé d'utiliser le moniteur également pendant les siestes, surtout durant les premiers mois de surveillance. Il convient ensuite de diminuer progressivement son utilisation dans la journée, s'il n'y a pas d'alarme. Il faut ensuite préparer psychologiquement la famille à l'arrêt du monitorage si peu d'alarmes se révèlent être vraies, et si le nourrisson sort de la période à risque (de 2 à 12 mois).

2.4   Double système d'acquisition du protocole

L'objectif initial de cette thèse était d'améliorer les systèmes de surveillance actuels en remplaçant les électrodes par des capteurs sonores dont il était espéré qu'ils pourraient réduire les problèmes cutanés. La première étape consistait donc à mettre en place un double système d'acquisition, l'un basé sur des électrodes, l'autre sur des capteurs acoustiques.

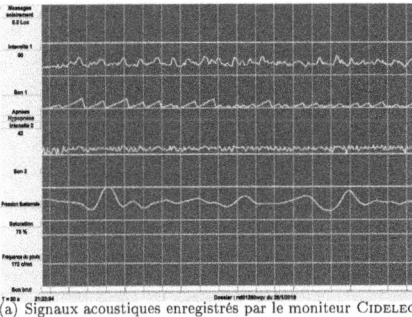

(a) Signaux acoustiques enregistrés par le moniteur CIDELEC   (b) Interface Recan de la société ALPHA : ECG et impédance thoracique sont enregistrés

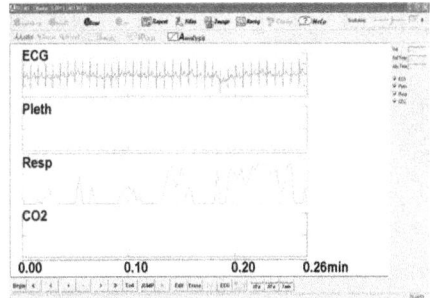

FIGURE 2.9 – Interfaces d'acquisition du double système utilisé dans le cadre de notre protocole.

Le double système d'acquisition que nous avons développé est composé d'un ordinateur fixe connecté aux deux systèmes mis en parallèle. Le moniteur « classique » PHILIPS MP70, utilisé en routine, exploite les signaux issus de trois électrodes collées sur la peau du nourrisson. Le système « acoustique » est constitué de deux capteurs acoustiques (microphones) et de trois boîtiers CID 102 [10], connectés à l'ordinateur. Un schéma du montage est donné FIG. 2.9. Les acquisitions sont gérées par, d'une part, le logiciel Recan de la société ALPHA

---

10. Boîtier d'acquisition CID102 fourni par la société CIDELEC SA, Saint-Gemmes sur Loire, France. Les boîtiers d'acquisition ont été spécialement adaptés à nos besoins par la société CIDELEC.

qui collecte l'ECG et l'impédance thoracique (FIG. 2.9a) tels que traités par le moniteur Philips MP 70 pour soins intensifs de la gamme IntelliVue et, d'autre part, un logiciel CIDELEC qui recueille les signaux acoustiques bruts (FIG. 2.9b). Précisons que le moniteur PHILIPS MP70 a été retenu car il est l'un des très rares sur le marché à permettre l'exportation des données, fonctionalité indispensable à une validation fine de la pertinence des signaux acoustiques. Un schéma de montage du double système d'acquisition est donné FIG. 2.10. Un chariot mobile fabriqué sur mesure (FIG. 2.11) a été conçu de manière à faciliter la connexion entre les deux systèmes d'acquisition et l'ordinateur.

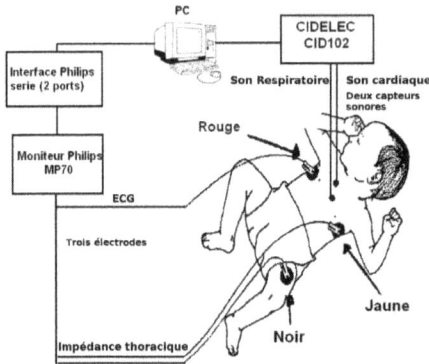

FIGURE 2.10 – Schéma du double système d'acquisition.

FIGURE 2.11 – Le chariot mobile du double système d'acquisition.

2.5 Suivi cardio-respiratoire de nourrissons hospitalisés

Après avoir mis en place les deux systèmes d'acquisition, sept enregistrements d'une trentaine de minutes ont été réalisés à partir du 8 Juin 2009 parallèlement à des surveillances de routine se déroulant au sein du du service de pédiatrie du CHU de Rouen. Ces premiers enregistrements étaient importants à réaliser pour vérifier le fonctionnement des capteurs acoustiques, chercher la position sur le nourrisson permettant une mesure optimale des signaux acoustiques pour le suivi de l'activité cardiaque et de la ventilation. Ces positions sont respectivement au dessus du cœur pour l'activité cardiaque et au niveau de la trachée, à la base du cou, en position susternale (en dessous de la pomme d'Adam) pour le suivi du débit ventilatoire. Par la suite, des enregistrements nocturnes (TAB. 2.5) ont été effectués à partir du 8 Décembre 2009. Chaque enregistrement nocturne nécessite une visite matinale à l'hôpital afin d'obtenir le consentement des parents du nourrisson pour l'enregistrement. Le soir, entre 19h30 et 23h, les capteurs et les électrodes sont mis en place avec l'aide d'une infirmière et le bon fonctionnement de la double acquisition est vérifié. Le matin, vers 7 heures, l'enregistrement est arrêté et les données sont récupérées.

Tous les nourrissons ont été monitorés après un épisode aigu : le plus souvent après un épisode de bronchiolite avec ou sans virus respiratoire syncytial (VRS), mais aussi après un reflux gastro-œsophagien (RGE), des vomissements, des malaises ou des alarmes durant une surveillance à domicile. Les données anthropomorphiques de chaque nourrisson sont reportées TAB. 2.2.

TABLE 2.2 – Population de nourrisons de notre protocole. Causes d'hospitalisation et pathologie associée.

	Maturité	Age	Sexe	Cause d'hospitalisation et pathologie
1	P	5	F	Hospitalisation pour refus alimentaire. Petit souffle systolique.
2	M	5	F	Hospitalisation pour grippe H_1N_1 accompagnée d'épisode de bronchiolite de forme sévère à virus respiratoire syncytial (VRS)
3	P	2	M	Né par césarienne, eutrophique, en raison d'un placenta præria hémoragique. Bronchiolite (5 semaines). Bronchiolite hypoxémiante avec pneumopathie du lobe supérieur droit et gastro-entérite à adénovirus. Arythmies cardiaques.
4	M	1	F	Née par césarienne pour anomalie du rythme cardiaque fœtal. Gastro-entérite (diarrhée et vomissements) à un mois.
5	M	1	F	Famille atopique et parents fumeurs. Bronchiolite à virus respiratoire syncytial (27 jours).
6	M	6	F	Reflux gastro-œsophagien sans œphagite évidente (7 semaines). Refus alimentaire suite à une anorexie sur virus. Refus alimentaire suite à une gastro-entérite aiguë avec déshydratation (8 mois). Mal-position cardio-tubérositaire avec ouverture de l'angle de His.
7	M	6	M	Episode de bronchiolite (VRS) positif de forme modérée et gastro-entérite aiguë (4 mois).
8	M	5	F	Bronchiolite à VRS négatif, compliquée d'une pneumopathie gauche (6 semaines). Apécités alvéolo-interstitielles bilatérales plus importantes au niveaux des apex. Bronchiolite oblitérante et pneumocytose (3,5 mois). Trouble de ventilation basale droite. Traitement par Solumedrol (méthylpredisolone) dont les effets indésirables peuvent être de la bradycardie ou de la bradycardie (réversible).
9	M	5	F	Vomissements (21 jours). Hyperthermie et malaise d'étiologie indéterminée (5 mois).
10	M	1	F	Malaise avec hypotonie et pâleur. Allongement du QT entre 0,35 et 0,4 s. Pas d'hématome sous dural en rapport avec le malaise.
11	M	3	F	Reflux gastro-œsophagien associé à une constipation (4 mois).
12	M	1	M	Eutrophe. Né par césarienne dans un contexte de placenta præria. Détresse respiratoire nécessitant une assistance ventilatoire non invasive (5 mois) puis CPAP. Suspicion d'infection maternofœtale, triple antiobiothérapie (10 jours). Bronchiolite. Nombreux épisodes d'apnées (obstructives et centrales, non significatives) et de bradycardie. Mise sous surveillance à domicile (9 alarmes de bradycardie).
13	M	1	F	Hospitalisation suite à un malaise. Holter normal malgré cinq alarmes de bradycardie et treize alarmes de tachycardie. Radiologie du poumon normal. Polysomnographie normale.
14	M	10	F	Hospitalisation pour épisodes d'hypotonie. EEG et Holter normaux. Deux alarmes de bradycardie et quatre alarmes de tachycardie.

2.6 Signaux classiques versus signaux acoustiques

2.6.1 Fiabilité du moniteur MP70

L'ECG et l'impédance thoracique sont exportés à partir du MP70 à l'aide du logiciel Recan de la société ALPHA. A l'aide d'un simulateur Clinical Dynamics SP500, deux évènements de bradycardie (FIG. 2.12a) et deux évènements de tachycardie (non montrés) sont envoyés au moniteur MP70. Les évènements sont facilement identifiés lorsque l'évolution de la fréquence cardiaque f_c est représentée (FIG. 2.12b). Le moniteur MP70 retrouve bien des alarmes. Le traitement de cette série synthétique nous permet de vérifier le bon transfert des alarmes du MP70 au logiciel Recan.

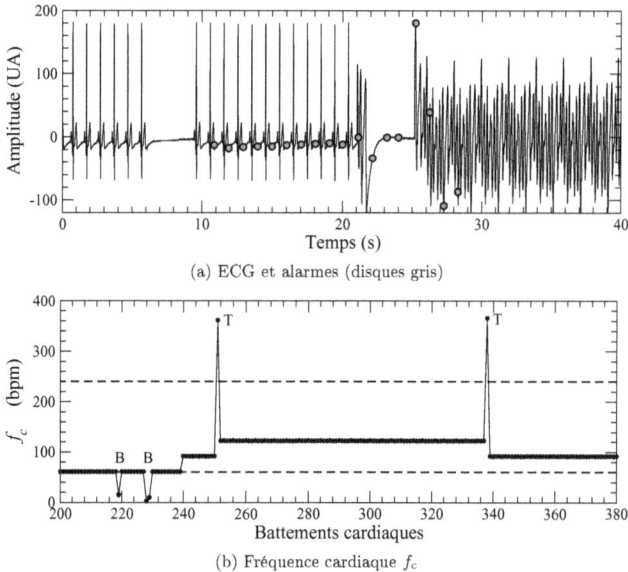

(a) ECG et alarmes (disques gris)

(b) Fréquence cardiaque f_c

FIGURE 2.12 – Alarmes de bradycardie et de tachycardie émises par le MP70 après simulation d'incidents cardiaques avec le simulateur SP 500.

Après ces exemples de « vraies » alarmes, il doit être mentionné l'existence de fausses alarmes. Durant l'enregistrement du nourrisson 01, deux alarmes de tachycardie sont détectées par le MP70 (FIG. 2.13a). Lorsque la fréquence cardiaque f_c est calculée, nous constatons qu'elle demeure entre 100 et 175 bpm (FIG. 2.13b). Il s'agit donc de fausses alarmes de bradycardie dont l'origine est restée incomprise. Sur les six nourrissons pour lesquels les alarmes ont été enregistrées, nous avons relevé 30 alarmes dont 70% étaient de vraies alarmes (TAB. 2.3). Notons que les fausses alarmes sont le plus souvent des alarmes de bradycardie (trop vite expliquées par une perte de signal). La plupart des alarmes rencontrées sont associées à de la tachycardie.

2.6.2 Extraction des intervalles RR à partir d'ECG

De manière à réaliser un suivi global de la dynamique cardio-respiratoire, les électrocardiogrammes sont traduits en intervalles RR à l'aide de deux algorithmes différents : l'un disponible sur le site PHYSIONET — en accès libre — et l'autre, le logiciel Recan (Real Time Cardiovascular Analysis), distribué par la Société

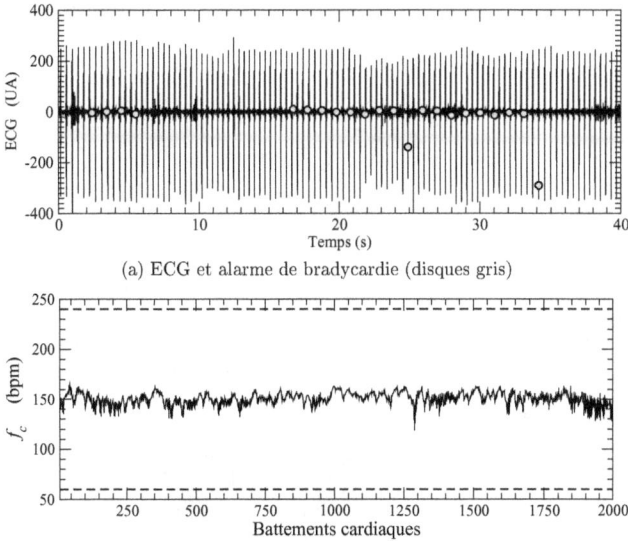

(a) ECG et alarme de bradycardie (disques gris)

(b) Evolution de la fréquence cardiaque f_c sur la fenêtre où les deux alarmes sont déclenchées par le MP70.

FIGURE 2.13 – Exemples de fausses alarmes de bradycardie déclenchées par le moniteur MP70.

Alpha-2 (France), spécialement dédié à la polygraphie cardio-respiratoire chez le nourrisson à risque de mort subite. Ce dernier algorithme a été choisi car spécialement dédié au moniteur Philips MP 70. Le recours à ces deux algorithmes a été rendu nécessaire suite au constat de biais de codage, que ce soit sur l'un ou l'autre de ces algorithmes. A titre d'exemple, l'électrocardiogramme du nourrisson 03 est codé en tachogramme — série temporelle des intervalles RR — comme cela est représenté FIG. 2.15. Sur les 20 premières secondes, la différence de codage apparaît clairement, notamment pour la première moitié où une forte modulation de la ligne de base de l'ECG est observée. Il est à noter que le logiciel RECAN détecte les ondes Q alors que le logiciel PHYSIONET détecte les ondes R. Cette différence peut être à l'origine de certaines des différences observées. Aucun des deux logiciels n'est complètement satisfaisant ; nous avons pourtant choisi de garder les battements codés par le logiciel PHYSIONET, le logiciel RECAN rejetant trop fréquemment des parties du signal sous justification d'artéfacts. Précisons qu'une nouvelle version du logiciel nous a été fournie et que cette nouvelle version présentait clairement un taux anormalement élevé d'artéfacts. Nous avons donc préféré garder le logiciel PHYSIONET auquel nous avons retiré tous les battements d'une durée supérieure à 1.5 s ($f_c < 40$ bpm), ce qui peut poser des problèmes de détection des épisodes de bradycardie.

La simple représentation des applications de premier retour sur les intervalles RR (RR_{n+1} tracés en fonction de RR_n) extraits de l'électrocardiogramme révèle la différence remarquée entre les deux algorithmes (Fig. 2.16) : deux segments de points apparaissent sur l'application correspondant au codage PHYSIONET (Fig. 2.16b), l'un en haut à gauche, et l'autre en bas à droite, alors qu'il n'y a pas ou peu d'équivalent sur l'application correspondant au codage RECAN. De manière à valider notre extraction des intervalles RR du signal acoustique, il apparaît important de, non seulement être capable de s'affranchir des « erreurs » d'extraction, mais encore de quantifier le taux d'erreurs relatif. A partir de l'électrocardiogramme enregistré sur le nourrisson 03, l'algorithme RECAN détecte 96686 intervalles RR alors que l'algorithme PHYSIONET en détecte 100228, soit une erreur relative de 3,3% : ce dernier a donc tendance à retourner des intervalles courts additionnels par rapport à l'algorithme

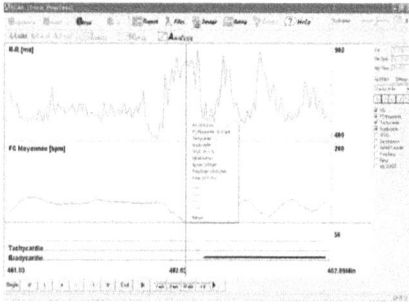

(a) Bradycardie ($f_c = 76 < 80$ bpm seuil d'alarme de bradycardie choisi pour le nourrisson 14

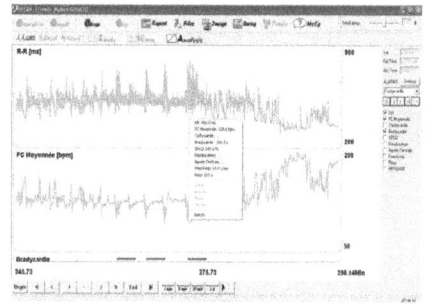

(b) Fausse alarme de bradycardie ($f_c = 120 > f_B$ bpm choisi pour le nourrisson 13).

FIGURE 2.14 – Exemples d'une vraie et fausse alarme de bradycardie détectées par le moniteur MP70.

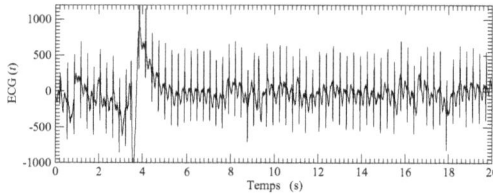

(a) Electrocardiogramme

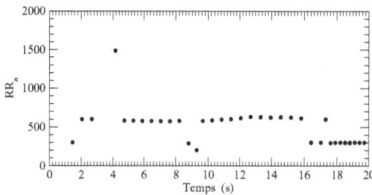

(b) Codage RECAN

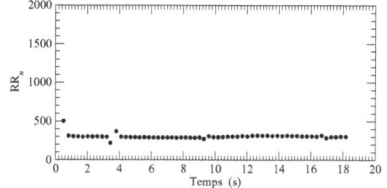

(c) Codage PHYSIONET

FIGURE 2.15 – Tachogrammes extraits des vingt premières secondes de l'electrocardiogramme (a) enregistré sur le nourrisson 03 par les deux algorithmes utilisés lors de notre étude.

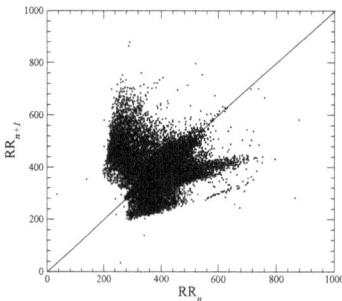

(a) Détection RECAN

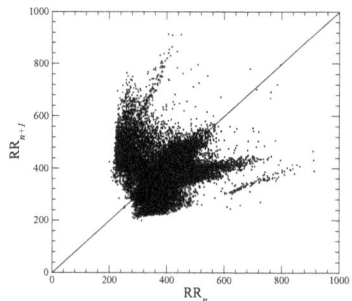

(b) Détection PHYSIONET

FIGURE 2.16 – Applications de premier retour sur les intervalles RR extraits de l'électrocardiogramme du nourrisson 03.

TABLE 2.3 – Nombres d'alarmes détectées lors de la surveillance cardio-respiratoire de nourrissons hospitalisés. Il y a 21 (70%) vraies alarmes et 9 (30%) fausses alarmes.

Nourrisson	Tachycardie		Bradycardie	
	Vraie	Fausse	Vraie	Fausse
12	0	2	0	0
13	13	0	0	5
14	2	2	2	0
15	0	0	0	0
16	4	0	0	0
17	0	0	0	0
Total	19	4	2	5

RECAN.

De manière générale, la détection des intervalles RR peut être réalisée quasiment sans erreur sur des dynamiques cardiaques sans arythmie puisque le taux d'artéfacts chez l'adulte est autour de 1% [41]. Toutefois, il demeure toujours un résidu d'artéfacts : en effet, du bruit accompagne toujours la mesure d'électrocardiogrammes en dépit de la préparation de la peau [42] et un filtrage fréquentiel demeure délicat en raison du recouvrement des bandes spectrales de ces artéfacts avec celles de la dynamique cardiaque [43]. Les 2,5% que nous retrouvons ne sont donc pas aberrants, étant donné que toutes les estimations précédentes ont été réalisées sur des électrocardiogrammes d'adultes, et que l'enregistrement de la dynamique cardiaque du nourrisson est rendue plus délicate en raison des mouvements fréquents observés chez le nourrisson, ce qui n'est pas le cas chez l'adulte. Notons toutefois l'absence d'étude détaillée sur les caractéristiques de la dynamique cardiaque du nourrisson, plutôt surprenante car la dynamique cardiaque du nourrisson diffère beaucoup de celle de l'adulte [44].

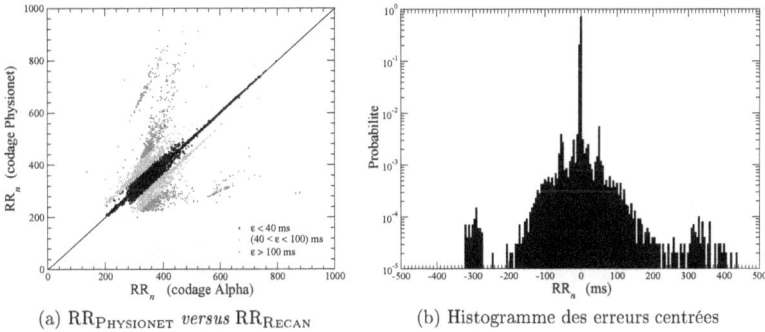

(a) $RR_{\text{PHYSIONET}}$ *versus* RR_{RECAN} (b) Histogramme des erreurs centrées

FIGURE 2.17 – Intervalles RR extraits par l'algorithme PHYSIONET en fonction de ceux extraits par l'algorithme RECAN. Cas du nourrisson 03.

Puisqu'il apparaît que chacun des deux algorithmes présente des biais spécifiques, il n'est pas possible d'en utiliser un comme référence, et la matrice de confusion attendue ne peut être évaluée. Aussi, afin de s'affranchir des biais caractéristiques de chacun de ces deux algorithmes, nous représentons la valeur d'un intervalle RR extrait par l'algorithme PHYSIONET en fonction de celle retournée par l'algorithme RECAN (FIG. 2.17). Le graphe obtenu se structure le long de la bissectrice comme cela est attendu : 97.5% des intervalles sont codés par les deux algorithmes avec ± 10 ms d'erreur. Ce sont donc moins de 2.5% des intervalles qui sont donc détectés par les deux algorithmes avec des valeurs très différentes (FIG. 2.17). Devant le faible pourcentage d'intervalles concernés (pour ce nourrisson), nous choisissons de garder uniquement, pour notre analyse, les intervalles RR détectés par l'algorithme PHYSIONET, auxquels nous retirons les intervalles RR trop longs.

S'affranchir des artéfacts de détection par retrait pur et simple des intervalles rompt, en toute rigueur, l'éventuel déterminisme sous-jacent. Toutefois, puisqu'aucun modèle global de dynamique cardiaque n'a encore été obtenu à ce jour, la dynamique régissant l'activité cardiaque n'est pas prouvée comme étant conduite par un mécanisme principalement déterministe. Ainsi, Leon Glass, dans son introduction à l'étude sur la question controversée « *la dynamique cardiaque est-elle chaotique ?* » [45], concluait que, des contributions à cette étude, il ressortait qu'il n'y avait aucune évidence concluante pour répondre positivement à une telle question, la plupart du temps parce qu'il était impossible de mettre en évidence un déterminisme sous-jacent. Plusieurs contributions concluent au fait que les mécanismes physiologiques sous-jacents à la variabilité de la dynamique cardiaque résultent de processus stochastiques au niveau cellulaire [46], de l'influence de la respiration [47], et de l'interaction de multiples boucles de rétroaction sur le système cardio-vasculaire [48]. En fait, comme le remarquait déjà P. E. Rapp en 1993, « il est maintenant clair que plusieurs des premières démonstrations de chaos dans les données biologiques sont fallacieuses »[49]. Par la suite, l'absence d'évidence pour une dynamique cardiaque de nature chaotique fut pointée, et ce, il y a plus d'une dizaine d'années [50, 51], tandis que d'autres continuaient d'affirmer le contraire en se basant sur la prédictibilité des données [52]. Il a été montré récemment que les techniques reposant sur une telle analyse de la prédictibilité pouvaient conduire à de faux positifs [53, 54]. Par ailleurs, plusieurs contributions précisaient que la question en elle-même n'était pas celle qu'il était pertinent de se poser, et qu'il fallait mieux se concentrer sur la problématique médicale et répondre aux questions posées par les médecins [47, 23].

Ainsi, le retrait pur et simple des artéfacts n'aura qu'une incidence finalement limitée sur l'analyse de la dynamique sous-jacente, puisque la composante déterministe, si elle existe, n'est pas reconnue comme étant prépondérante : les artéfacts devant survenir aléatoirement, les perturbations introduites par la suppression des artéfacts apparaissent comme des perturbations stochastiques sur un processus lui-même stochastique. En fait, si le retrait d'un battement peut avoir des conséquences sur des grandeurs telles que la variance [56], il n'en est rien sur des grandeurs telles qu'une entropie [57].

Les applications de premier retour obtenues à l'aide de chacun des deux algorithmes sont plutôt similaires — une fois les artéfacts retirés — (FIG. 2.18). Des structures observées par exemple sur l'application de premier retour sur les intervalles détectés par l'algorithme PHYSIONET (FIG. 2.16b) ont ainsi disparu de l'application construite sur les intervalles correctement détectés (FIG. 2.18b).

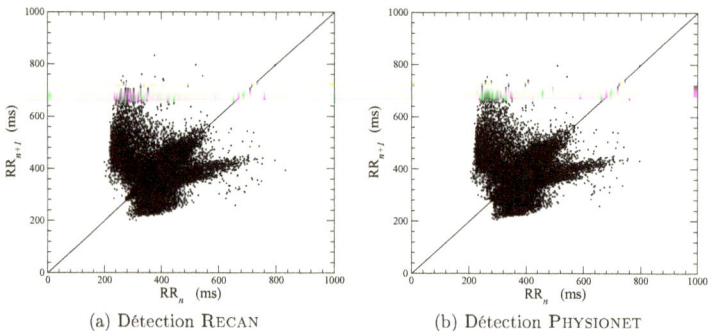

(a) Détection RECAN

(b) Détection PHYSIONET

FIGURE 2.18 – Applications de premier retour sur les intervalles RR correctement extraits par les deux algorithmes. Cas du nourrisson 03.

2.6.3   Bruit de l'activité cardiaque et du débit ventilatoire

A l'auscultation, deux bruits du cœur sont normalement entendus à chaque battement [58, 59] : le premier bruit (B_1) marque la systole et le second bruit (B_2) est associé à la diastole. Le bruit B_1 dont l'amplitude est maximale durant l'onde R (FIG. 2.19) est assez sourd et grave. Il correspond à la contraction du myocarde au début de la systole ventriculaire, lorsque la pression qui règne dans le ventricule devient supérieure à la pression régnant dans l'oreillette, ceci provoque la fermeture des valves auriculo-ventriculaires (mitrale et tricuspide). Il apparaît en moyenne 40 ms après le début du complexe QRS de l'ECG. Il dure de 100 à 120 ms [58].

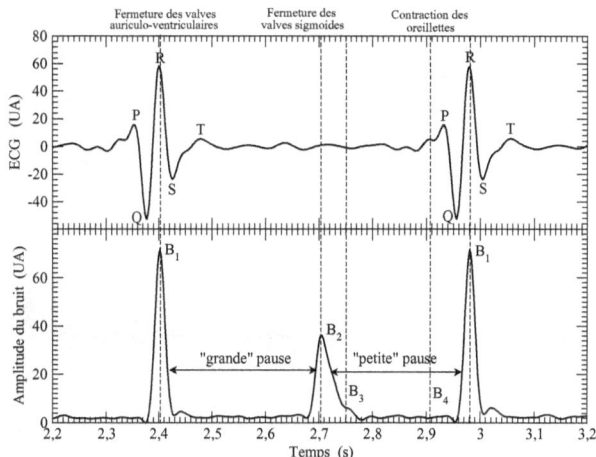

FIGURE 2.19 – Bruits cardiaques en fonction de l'activité cardiaque.

En se contractant, les ventricules poussent le volume sanguin à travers les valves aortiques et pulmonaires (valves sigmoïdes). A la fin de la systole, les ventricules se relâchent, ce qui entraîne une baisse de la pression intraventriculaire avec une fermeture franche des sigmoïdes aortique et pulmonaire. Cette fermeture est à l'origine du deuxième bruit B_2. Ce deuxième bruit est plus bref et plus sec que le bruit B_1 ; il est de tonalité plus élevée. Le bruit B_2 marque le début de la diastole ventriculaire et dure moins de 30 ms. Il est synchrone avec la fin de l'onde T (FIG. 2.19). Les bruits B_1 et B_2 correspondent chacun à la fermeture de deux valves. Dans ce contexte, il est néanmoins utile de connaître l'ordre de fermeture des valves car certaines conditions peuvent séparer les sons. La fermeture de la valve mitrale précède celle de la valve tricuspide durant le bruit B_1, et la valve aortique se ferme juste avant la valve pulmonaire durant le bruit B_2. Sachant que la pression dans le cœur gauche est supérieure à celle du cœur droit, les deux valves cardiaques gauches se ferment avant les deux valves cardiaques droites.

Les bruits B_1 et B_2 se distinguent aisément car ils sont séparés par une grande pause qui correspond à la systole ventriculaire ; entre les bruits B_2 et B_1 se trouve une petite pause qui correspond à la diastole ventriculaire. La durée de la diastole étant plus longue que celle de la systole, l'intervalle B_2-B_1 est supérieur à l'intervalle B_1-B_2. Lors d'une forte accélération du rythme cardiaque, la distinction entre ces deux bruits peut s'avérer plus difficile. Pour cette raison, il peut être nécessaire de palper le pouls carotidien ou radial, sachant que le bruit B_1 est concomitant à l'impulsion du pouls et que le bruit B_2 correspond à la décroissance de la pulsation [58]. Dans certains cas, on peut entendre le bruit d'ouverture d'une valve. Le bruit B_3 est la signature d'une insuffisance cardiaque. Le ventricule dilaté est incapable d'évacuer le volume sanguin normal en systole ; lors de la diastole, le sang en provenance de l'oreillette vient rencontrer le résidu ventriculaire, créant ainsi le bruit B_3. Le bruit B_4 est caractéristique d'une compliance ventriculaire habituellement réduite par surcharge de pression (comme dans les cas de cardiopathie hypertensive ou de sténose aortique) ; lors de la contraction auriculaire, il y a augmentation de la résistance au remplissage ventriculaire créant le bruit B_4 concomittant avec l'onde P [58].

Chez les sujets très jeunes, les sujets âgés de plus de 40 ans ou chez la femme enceinte, on peut entendre le bruit physiologique B_3 au début de la grande pause. Il est fréquemment entendu chez l'enfant, dans environ 50 % des cas. Ce troisième bruit est très sourd, peu intense et correspond à la phase initiale de remplissage rapide du ventricule gauche. Ce rythme à trois temps disparaît lorsque le sujet passe de la position couchée à la position debout. Il survient 120 à 140 ms après le bruit B_2 et dure de 60 à 80 ms. Son foyer d'enregistrement se situe à la pointe du cœur [58, 59].

Le bruit B_4 est exceptionnellement enregistré chez le sujet normal. Il survient 70 à 140 ms après le début de l'onde P. Il est en basses fréquences et s'enregistre souvent entre la pointe du cœur et le sternum. Ce bruit est la traduction de la contraction des oreillettes [58, 59]. Lorsque les capteurs acoustiques sont correctement placés et qu'il n'y a pas de bruit parasite, nous parvenons à distinguer sur le signal acoustique brut les deux bruits B_1 et B_2 (FIG. 2.20). Par contre, dès qu'il y a du bruit ambiant, le signal devient vite parasité, ce qui peut noyer les bruits B_1 et B_2 et les rendre indiscernables (comme c'est le cas à $t \approx 8.8$ s et $t \approx 11$ s, FIG. 2.20). Un traitement du signal — essentiellement du filtrage en fréquence — doit alors être appliqué pour permettre de restituer le plus souvent possible la signature acoustique de l'activité cardiaque.

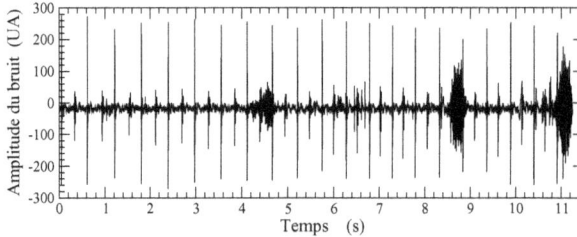

FIGURE 2.20 – Bruits cardiaques B_1 (grand pic) et B_2 (petit pic) apparaissant clairement sur un signal acoustique brut enregistré sur un nourrisson par un capteur CIDELEC.

Les signaux acoustiques bruts sont traités avec un algorithme implémenté sous GNU Octave [11] ; tout d'abord, deux fonctions permettant de lire les données des deux systèmes d'acquisition ont été écrites. La procédure de calcul de l'amplitude cardiaque à partir du signal acoustique brut est résumée FIG. 2.21 [60]. Le signal acoustique brut recueilli par le boîtier CID 102 à une fréquence d'échantillonnage de 4000 Hz (FIG. 2.22a) résulte de la superposition de multiples bruits dont celui de l'activité cardiaque, celui du débit ventilatoire et de multiples bruits ambiants. Dans un premier temps, notre objectif est de séparer le signal acoustique propre à l'activité cardiaque par filtrage spectral. Pour cela, un filtre passe-bande de type Butterworth [12] d'ordre 6 et doté de fréquences de coupure respectivement égales à 40 et 150 Hz, c'est-à-dire aux bornes de la gamme de fréquences sur laquelle les bruits cardiaques B_1 et B_2 sont supposés se développer, est appliqué au signal acoustique brut (FIG. 2.22b). Comme le montre l'exemple FIG. 2.22b, certaines contaminations par du bruit divers sont filtrées du signal brut η et, au moins sur cet exemple, l'on récupère le bruit cardiaque de manière très lisible sur le signal filtré $\tilde{\eta}$: l'alternance entre les grands pics du bruit B_1 et les petits du bruit B_2.

Il est maintenant nécessaire d'obtenir l'amplitude du bruit cardiaque. Ceci se fait en deux étapes : la première consiste à prendre la valeur absolue du signal filtré $\tilde{\eta}$ (FIG. 2.22c). Ensuite la valeur absolue $|\tilde{\eta}|$ du signal ainsi filtré est traitée par un filtre passe-bas de type Butterworth d'ordre 3 avec une fréquence de coupure à 30 Hz : ceci permet de ne garder que l'enveloppe $A_{|\tilde{\eta}|}$ des oscillations (FIG. 2.22d) ; ce signal d'amplitude significative permet une identification en principe correcte de chaque battement cardiaque. Chaque battement cardiaque se traduit

---

11. Langage de haut niveau, libre, pour le traitement numérique.
12. Un filtre de Butterworth est un filtre linéaire conçu pour posséder un gain aussi constant que possible sur sa bande passante.

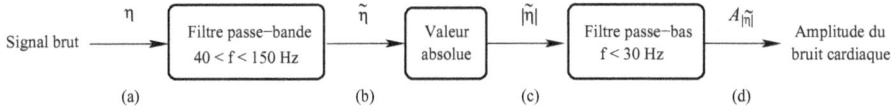

(a)   (b)   (c)   (d)

FIGURE 2.21 – Procédure de traitement du signal acoustique pour restituer l'amplitude du bruit cardiaque à partir du signal brut η enregistré avec un capteur acoustique.

ainsi par deux oscillations de l'amplitude du bruit, la grande correspondant à la fermeture des valves auriculo-ventriculaires (bruit cardiaque B_1) et la petite à la fermeture des valves sigmoïdes aortiques et pulmonaires (bruit cardiaque B_2) (FIG. 2.22d). Le choix des fréquences de coupures ici retenu est en accord avec des études précédentes où, typiquement, le bruit cardiaque se retrouve principalement sur la bande 32-125 Hz chez les adultes [61, 62]. De l'énergie demeure sur la bande 125-250 Hz : nous avons toutefois choisi d'éviter celle-ci car, non seulement elle n'apporte pas une meilleure résolution de l'activité cardiaque, mais encore elle se rapproche de la bande fréquentielle sur laquelle le bruit du débit ventilatoire se situe. Il est à noter qu'au delà de 250 Hz, il ne reste en principe rien du signal cardiaque, au moins chez les adultes étudiés par Singh et Anand [62].

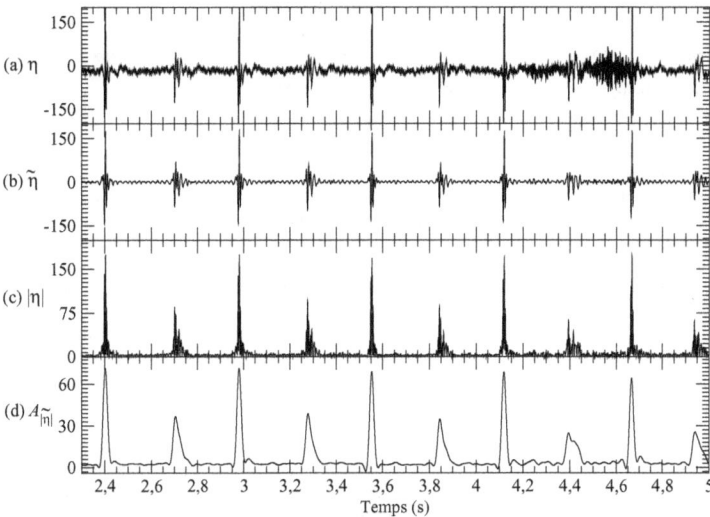

FIGURE 2.22 – Signaux produits par le traitement du signal acoustique brut η selon la procédure schématisée FIG. 2.21.

Un traitement similaire a été réalisé pour l'extraction du bruit du débit ventilatoire. Un filtre passe-bande de type Butterworth d'ordre 6 avec fréquences de coupure respectivement égales à 250 et 700 Hz a été appliqué au signal acoustique brut. Un filtre passe-bas de type Butterworth d'ordre 3 avec une fréquence de coupure de 3 Hz est appliqué sur la valeur absolue du signal $\tilde{\eta}'$ obtenu après le premier filtrage. Ceci permet d'obtenir l'amplitude $|\tilde{\eta}|$ du bruit du débit ventilatoire significative avec au moins un pic principal correspondant à l'inspiration (FIG. 2.23b) ou avec deux pics correspondant respectivement à l'inspiration et l'expiration.

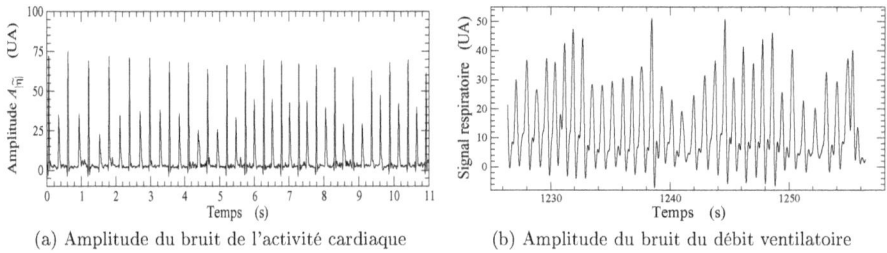

(a) Amplitude du bruit de l'activité cardiaque   (b) Amplitude du bruit du débit ventilatoire

FIGURE 2.23 – Amplitude du bruit de l'activité cardiaque et du débit ventilatoire obtenus par filtrage du signal acoustique brut η enregistré sur des nourrissons.

2.6.4   Synchronisation des signaux « classiques » et acoustiques

L'utilisation d'un double système d'acquisition nous permet de disposer des signaux acoustiques permettant l'extraction des bruits respectivement de l'activité cardiaque et du débit ventilatoire, qu'il convient désormais de valider par rapport aux signaux « classiques », c'est-à-dire l'ECG et l'impédance thoracique. Les deux acquisitions sont réalisées par deux appareils différents, c'est-à-dire par le CIDELEC pour les signaux acoustiques et par le moniteur PHILIPS MP 70 pour les signaux « classiques ». De là découlent deux problèmes :

1. les deux acquisitions ne sont pas activées exactement au même instant ;

2. les deux systèmes ont chacun leur horloge propre ne battant pas exactement à la même fréquence.

Ceci se traduit respectivement par un décalage temporel entre les signaux acoustiques et « classiques », ainsi qu'un échantillonnage différant légèrement (FIG. 2.24). De manière à identifier sans ambiguïté les évènements sur les deux séries temporelles, il est indispensable de synchroniser les deux acquisitions. Cela se fait en deux étapes : les deux séries sont mises en correspondance sur une fenêtre donnée, plutôt en début d'enregistrement : ceci revient à trouver un départ commun pour les deux systèmes d'aqcuisition, puis le signal acoustique est rééchantillonné de manière à assurer la correspondance temporelle sur l'ensemble de la nuit, c'est-à-dire sur une durée de l'ordre d'une dizaine d'heures. La longueur des enregistrements nécessite donc de corriger une différence relativement faible entre les deux fréquences d'horloge.

Le décalage temporel résultant de l'activation non simultanée des deux systèmes d'acquisition est résorbé de la manière suivante. Tout d'abord, la fréquence d'échantillonnage de l'amplitude du bruit de l'activité cardiaque (4000 Hz) est ramenée à la fréquence d'échantillonnage de l'ECG (500 Hz) par décimation. Ensuite, une petite fenêtre temporelle sur laquelle plusieurs battements cardiaques représentés par deux pics apparaissent clairement sur l'amplitude du bruit de l'activité cardiaque est sélectionnée en début d'enregistrement (FIG. 2.25a). La durée de cette fenêtre est d'environ 15 secondes ; elle est choisie telle que les intervalles RR varient irrégulièrement de manière à éviter toute ambiguïté sur l'identification correcte des évènements. La taille de la fenêtre sélectionnée ne peut être trop grande car sinon la différence entre les fréquences des horloges suffit à détruire la correspondance entre la fenêtre de référence et la fenêtre de l'amplitude du bruit de l'activité cardiaque à synchroniser. Il ne faut pas non plus qu'elle soit trop petite afin d'éviter une correspondance multiple entre cette fenêtre et l'ECG.

Afin d'identifier la fenêtre de l'ECG correspondante à la fenêtre choisie au sein de la série temporelle de l'amplitude du bruit de l'activité cardiaque, une technique de corrélation par covariance croisée est utilisée. Pour une application fiable de cette technique, les deux séries temporelles doivent avoir la même morphologie, c'est-à-dire que les deux signaux doivent avoir la même variance. L'évolution de l'amplitude du bruit de l'activité cardiaque est toujours positive ; par contre, l'ECG varie entre des valeurs négatives et positives. Pour pallier à ces différences, l'ECG est donc traité par un filtre passe-bande de type Butterworth d'ordre 6 dont les fréquences de coupure sont respectivement égales à 10 et 30 Hz pour éliminer les bruits hors de cette plage de fréquences : le signal filtré est ensuite transformé en un signal carré par application d'un seuil (FIG. 2.25b). Le seuil est tel que le signal carré vaut 1 lorsqu'il y a systole ventriculaire (complexe QRS). Précisons que le seuil a dû être choisi

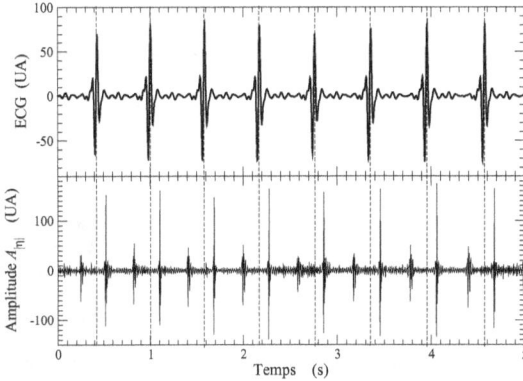

FIGURE 2.24 – Décalage temporel entre l'électrocardiogramme et l'amplitude $A_{|\tilde{\eta}|}$ du bruit de l'activité cardiaque.

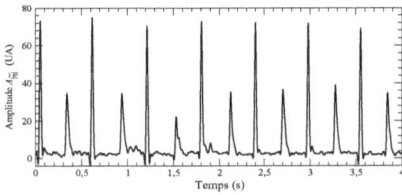

(a) Amplitude du bruit de l'activité cardiaque pour le nourrisson 01 servant de référence. La fenêtre selectionnée est de 7000 points et commence à la 2200ème seconde

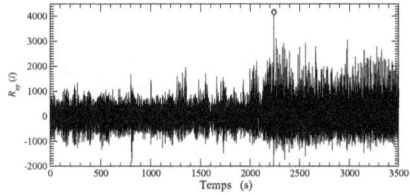

(c) Covariance croisée $R_{xy}(j)$. La covariance maximale pour $t = 2241$ s : le décalage vaut donc 41 s

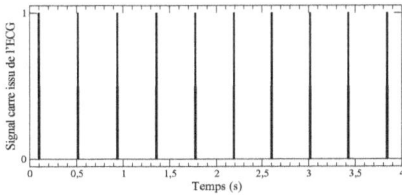

(b) Signal carré issu de l'ECG

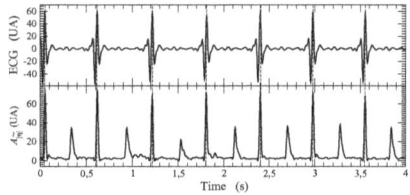

(d) Synchronisation entre l'amplitude du bruit de l'activité cardiaque et l'ECG

FIGURE 2.25 – Les différentes étapes de la procédure de synchronisation des deux séries temporelles.

manuellement pour chaque enregistrement en fonction de l'amplitude de l'ECG. Cette procédure ne fonctionne que pour des activités cardiaques à la variabilité suffisante, ce qui est largement le cas chez les nourrissons de notre protocole.

Une recherche de corrélation par covariance croisée, qui estime le degré de similitude entre deux séries temporelles, entre la fenêtre de référence choisie sur l'évolution de l'amplitude du bruit de l'activité cardiaque $x = A_{|\tilde{\eta}|}$ et le signal carré y issu de l'ECG est calculée selon la relation :

$$R_{xy}(j) \stackrel{def}{=} \sum_{i=1}^{N-\tau_w} \frac{(x_i - \overline{x})(y_{i-j} - \overline{y})}{(N - \tau_w)\sqrt{\sigma_x^2 \sigma_y^2}} \tag{2.1}$$

où $\overline{x}$ et $\overline{y}$ représentent les valeurs moyennes des variables x et y, N le nombre de points, j le décalage considéré et σ_x^2 et σ_y^2, les variances respectives de x et de y. La covariance croisée $R_{xy}(j)$ pour un décalage j donné correspond à la covariance simple entre la variable x et la variable y décalée de j. Les valeurs de cette fonction sont calculées sur un intervalle $-\tau_w \leq j \leq \tau_w$, le délai τ_w étant maintenant à déterminer.

Cette fonction décale la première série temporelle par rapport à la seconde en calculant la covariance croisée pour chaque décalage j. Le décalage pour lequel cette covariance est maximale permet d'identifier le décalage pour lequel les deux séries temporelles ont le degré de similitude le plus élevé (FIG. 2.25c). Ce décalage correspond au décalage temporel séparant les activations des deux systèmes d'acquisition. La synchronisation peut donc être établie sur cette fenêtre (FIG. 2.25d). Cette procédure — schématisée FIG. 2.26 — nous permet ainsi de mettre en regard les séries temporelles issues des deux systèmes d'acquisition, résorbant le délai de mise en route présent entre les deux systèmes. Il reste à s'affranchir ensuite du décalage progressivement introduit par la différence entre les fréquences des horloges, comme cela est illustré FIG. 2.27 sur une fenêtre distante de la fenêtre de référence.

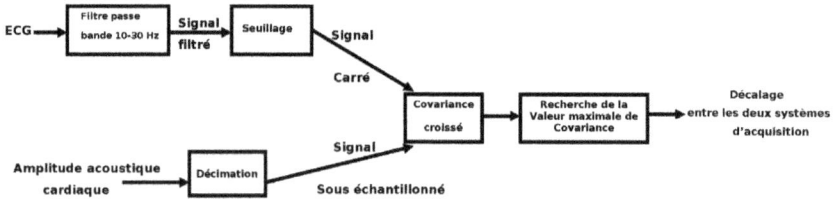

FIGURE 2.26 – Etape d'identification du décalage entre les deux systèmes.

Une fois qu'un point de synchronisation est établi entre les deux séries temporelles, la synchronisation sur l'ensemble de la nuit est assurée par une covariance croisée entre l'amplitude du bruit de l'activité cardiaque et le signal carré issu de l'ECG. Pour cela, plusieurs fenêtres temporelles successives sont sélectionnées tout au long de l'enregistrement. La taille des fenêtres temporelles successives est prise égale à 5000 points. La fenêtre de l'amplitude du bruit cardiaque va être comparée par covariance croisée avec la fenêtre correspondante du signal carré issu de l'ECG. La position des valeurs maximales de covariance croisée est alors calculée entre les différentes fenêtres correspondantes des deux signaux afin d'identifier les décalages temporels entre elles. Si les deux fréquences d'échantillonnage étaient parfaitement identiques, les positions des valeurs maximales de covariance croisée seraient constantes. Malheureusement, ce n'est pas le cas pour nos acquisitions. Les positions des valeurs maximales sont ensuite tracées en fonction de la position temporelle de chaque fenêtre. La courbe obtenue représente l'évolution du décalage au cours de la nuit. Le fait que la courbe obtenue soit quasiment une droite (FIG. 2.28) signifie que la différence entre les deux fréquences d'horloge est à peu près constante : la pente de la droite est égale à la différence relative entre les fréquences des deux horloges, soit 4,4 pour 10000 dans le cas du nourrisson 1. Ceci correspond à un décalage de 4,8 seconde sur trois heures d'enregistrement : ce décalage est suffisant pour qu'il n'y ait plus de correspondance entre les battements cardiaques de chaque signal.

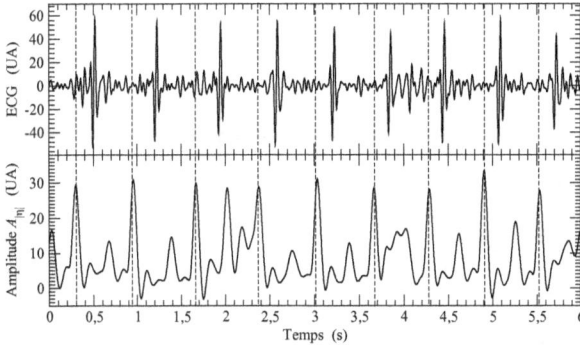

FIGURE 2.27 – Désynchronisation entre l'électrocardiogramme et l'amplitude $A_{|\tilde{\eta}|}$ du bruit de l'activité cardiaque en raison de la différence entre les fréquences des deux horloges.

Une décimation est donc utilisée pour rééchantillonner l'amplitude du bruit de l'activité cardiaque et achever ainsi la synchronisation entre les deux séries temporelles (FIG. 2.29a). Cette correction est ensuite appliquée aux signaux respiratoires — acoustique et de référence — (Fig. 2.29b).

2.6.5   Fiabilité de l'amplitude du bruit de l'activité cardiaque

Pour estimer le taux de récupération de l'activité cardiaque durant l'enregistrement, nous avons utilisé les résultats des analyses par covariance croisée calculée entre l'amplitude du bruit cardiaque et le signal carré issu de l'ECG sur les fenêtres temporelles successives sélectionnées tout au long de l'enregistrement. Le point clé est que chaque fois qu'un point de covariance maximale peut être clairement identifié, cela signifie que l'amplitude du bruit de l'activité cardiaque reflète suffisamment correctement l'activité cardiaque pour être corrélée au signal carré de l'ECG. La fiabilité de l'amplitude du bruit cardiaque peut donc être directement évaluée à partir de ces calculs. Ces points de la pente de covariance vont donc définir les zones où le signal sonore cardiaque est fiable.

Les résultats sont obtenus avec une covariance croisée entre le pic du signal carré issu de l'ECG et les deux pics de l'amplitude du bruit cardiaque. En fait, il y a deux bruits cardiaques — le bruit B_1 associé à la contraction du cœur et le bruit B_2 associé à la relaxation du cœur — correspondant à chaque oscillation du signal carré issu de l'ECG. Les intervalles B_1-B_2 entre la contraction et la relaxation sont évidemment corrélés aux intervalles RR. En principe, c'est le bruit B_1 qui se corrèle le mieux au pic du signal carré de l'ECG (grossièrement associé au complexe QRS). Toutefois, lorsque le bruit cardiaque est artéfacté, il arrive que ce soit le bruit B_2 qui « se synchronise » avec le pic du signal carré de l'ECG. Enfin, lorsque la contamination du bruit cardiaque par des bruits ambiants devient trop important, il n'est plus possible de récupérer correctement le bruit B_1 et/ou le bruit B_2 et il devient impossible d'obtenir une synchronisation des deux signaux : dans ce cas, l'amplitude du bruit cardiaque ne permet plus le suivi fiable de l'activité cardiaque.

Dans le cas où la correspondance se fait entre l'un des deux pics de l'amplitude du bruit de l'activité cardiaque et l'ECG sur l'ensemble de l'enregistrement comme pour les nourrissons 02, 14 et 16, la fiabilité du signal sonore est estimée de la manière suivante. Les points de la pente de covariance sont sélectionnés après application du changement de variable

$$\delta t \mapsto \delta t' - at - b$$

où a et b sont les deux coefficients issus de la régression linéaire estimée à partir de l'évolution du décalage δt en fonction du temps t (FIG. 2.30a). Le taux de fiabilité Φ de l'amplitude du bruit de l'activité cardiaque $A_{|\tilde{\eta}|}$

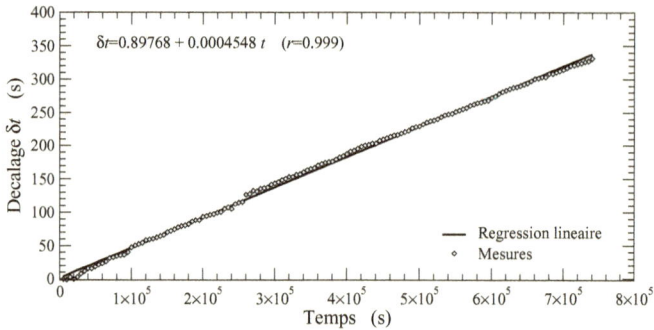

FIGURE 2.28 – Evolution du décalage temporel δt entre l'électrocardiogramme et l'amplitude du bruit de l'activité cardiaque au cours de la nuit : la pente de la droite est égale au rapport entre les fréquences des deux horloges, soit ici 0.000455 s^{-1}.

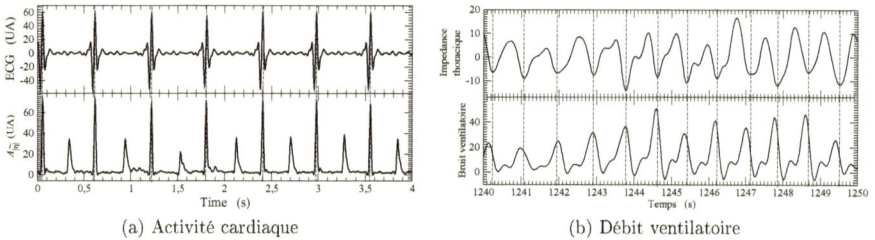

(a) Activité cardiaque

(b) Débit ventilatoire

FIGURE 2.29 – Synchronisation établie entre les signaux acoustiques et les signaux « classiques ».

pour le suivi de l'activité cardiaque est estimé par la probabilité de trouver un décalage $\delta t'$ tel que

$$-\tau_f < \delta t' < +\tau_f$$

avec τ_f est ici défini à 50 ms. Dans le cas du nourrisson 14, nous avons $\Phi_{14} = 71\%$ (FIG. 2.30).

Dans certains cas, la corrélation est obtenue entre le bruit B_1 et l'ECG (FIG. 2.31a) pour certaines fenêtres, et entre le bruit B_2 et l'ECG (FIG. 2.31b) pour d'autres. La corrélation obtenue avec le bruit B_2 introduit nécessairement un décalage de l'ordre de l'intervalle B_1-B_2, soit un décalage autour de $\tau_{B_1-B_2} = 180$ ms. La fiabilité Φ est alors définie par la probabilité de trouver un décalage $\delta t'$ sur l'intervalle $[-\tau_f; +\tau_f]$ et sur l'intervalle $[\tau_{B_1-B_2} - \tau_f; \tau_{B_1-B_2} + \tau_f]$. Dans le cas du nourrisson 01 (illustré FIG. 2.31), la fiabilité est de $\Phi_{01} = 94\%$. Les enregistrements des nourrissons 01, 04, 05, 06, 07, 08, 09, 11, 13, 15 et 17 sont traités de cette manière.

Dans le cas des nourrissons 10 et 12, aucune corrélation entre l'amplitude du bruit cardiaque et l'ECG ne peut être obtenue sur certaines fenêtres (FIG. 2.32c et 2.32d) : ceci résulte en fait d'une interruption de l'enregistrement par le moniteur MP70 durant quelques secondes (FIG. 2.32c et 2.32d). Dans ce cas, il est nécessaire de diviser l'enregistrement en deux parties qui sont alors traitées indépendemment. Une fois tous les maxima de covariances calculés, la fiabilité est ensuite calculée sur l'ensemble des résultats (FIG. 2.33).

L'ensemble des résultats est reporté (TAB. 2.4). La fiabilité moyenne $\overline{\Phi}$ de l'amplitude du bruit cardiaque pour la surveillance de l'activité cardiaque est de $(83 \pm 13)\%$, ce qui signifie qu'il y a, en moyenne, 1h30 d'enregistrement par nuit durant laquelle il n'est pas possible d'extraire l'activité cardiaque de l'amplitude du

(a) δt en fonction du temps t

(b) $\delta t'$ en fonction du temps t

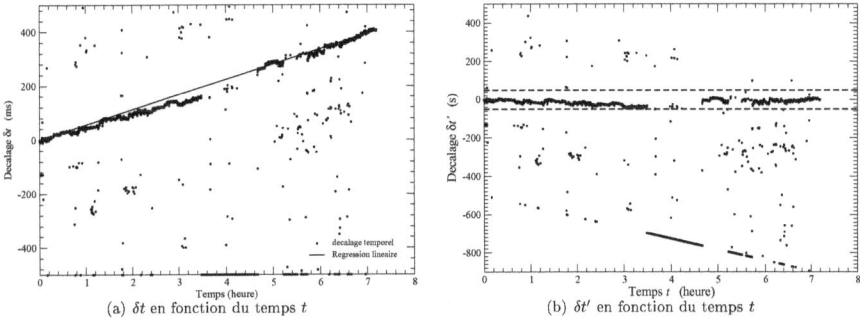

FIGURE 2.30 – Estimation du taux de fiabilité à partir du décalage $\delta t'$ en fonction de t entre l'amplitude du bruit de l'activité cardiaque et le signal carré issu de l'ECG. Le taux de fiabilité correspond à la probabilité d'obtenir un décalage $\delta t' \in [-\tau_f; \tau_f]$ où $\tau_f = 50$ ms. Cas du nourrisson 14 pour lequel la fiabilité est de 71%.

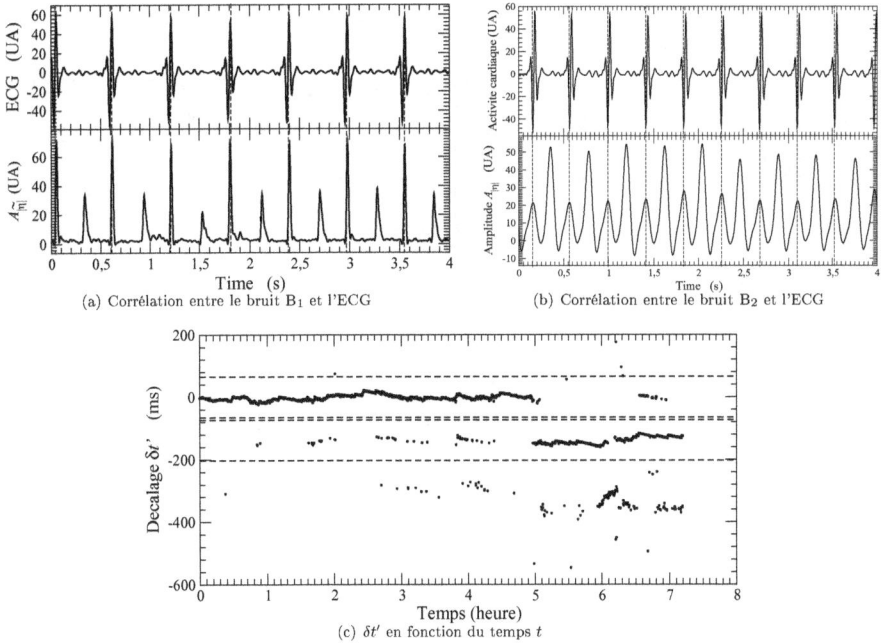

(a) Corrélation entre le bruit B_1 et l'ECG

(b) Corrélation entre le bruit B_2 et l'ECG

(c) $\delta t'$ en fonction du temps t

FIGURE 2.31 – Fiabilité ($\Phi_{01} = 94\%$) de l'amplitude du bruit de l'activité cardiaque du nourrisson 01 égale à la probabilité d'obtenir un décalage $\delta t'$ autour de 0 ou de $\tau_{B_1} - \tau_{B_2} = -138$ ms ($\tau_f = 65$ ms).

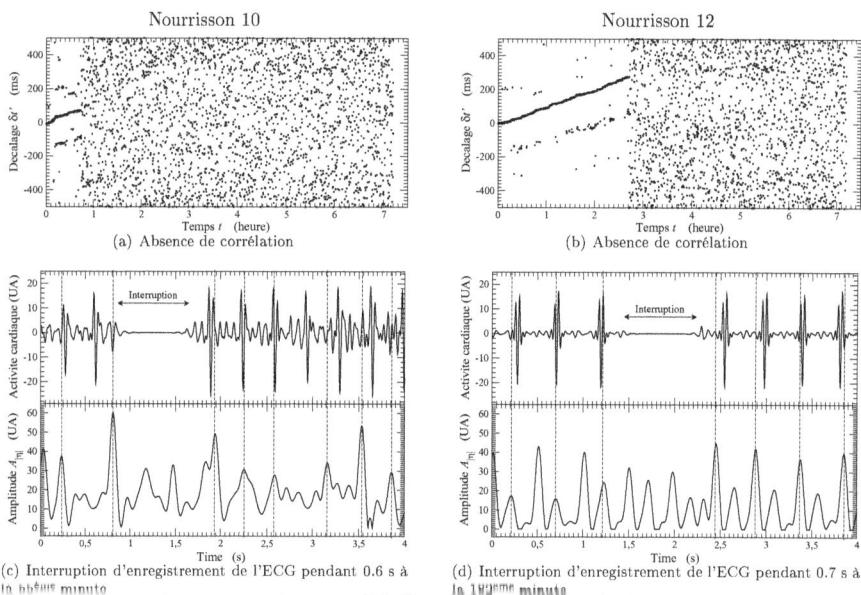

FIGURE 2.32 – Absence momentanée de corrélation suite à une interruption de l'enregistrement de l'ECG.

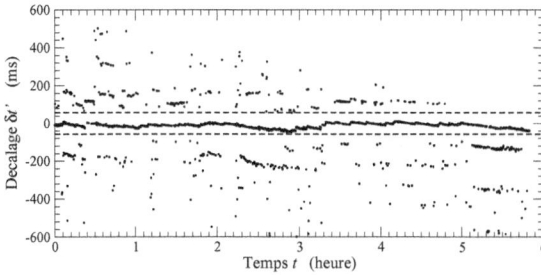

FIGURE 2.33 – Fiabilité Φ_{10} de l'amplitude du bruit de l'activité cardiaque du nourrisson 10 : $\Phi_{10} = 72\%$.

bruit cardiaque. Ce résultat est clairement insuffisant pour prétendre à une technique fiable de surveillance de l'activité cardiaque.

TABLE 2.4 – Fiabilité Φ_i de l'amplitude du bruit de l'activité cardiaque pour l'ensemble des nourrissons du protocole.

Nourrisson	01	02	03	04	05	06	07	08	09	10	11	12	13	14	15	16	17
Cas	II	I	I	II	II	II	II	II	II	III	II	III	II	I	II	I	II
Φ_i	94	60	—	94	57	98	72	93	91	72	90	82	90	71	96	89	83

2.6.6   Tachogrammes à partir du bruit cardiaque

Le calcul de la durée des battements cardiaques à partir de l'amplitude du bruit de l'activité cardiaque se fait à l'aide de deux algorithmes implémentés sous GNU Octave. Pour calculer la durée de chaque battement cardiaque — il s'agit en fait des intervalles entre deux bruits B_1 (ou B_2 quand la corrélation se fait avec le bruit B_2) consécutif, c'est-à-dire entre deux systoles ventriculaires consécutives —, l'essentiel est de détecter chaque cycle.

Le premier algorithme effectue la détection des cycles cardiaques de la manière suivante :

- Recherche des valeurs maxima et minima locaux de l'amplitude du bruit cardiaque afin d'identifier les deux bruits B_1 et B_2 de chaque battement cardiaque.
- Deux seuils sur l'amplitude permettant de ne garder que les maxima associés aux deux bruits B_1 et B_2 : les maxima locaux doivent se trouver soit entre deux seuils α_1 et α_2 et tout minimum entre deux maxima doit être tel que $A_{|\bar{\eta}|} < \alpha_1$ (FIG. 2.34).
- Une fenêtre de 6 maxima (trois battements cardiaques) est utilisée pour grouper les maxima en retenant un sur deux (il y a donc deux groupes de trois maxima).
- L'ecart-type divisé par la moyenne est calculé pour chacun des deux groupes.
- La somme des deux écarts-type forme un indice pour chaque fenêtre.
- La fenêtre est décalée au deuxième maximum (FIG. 2.34).
- L'indice de la fenêtre est recalculé, et ainsi de suite.

L'écart-type divisé par la moyenne donne un faible indice lorsque les pics d'amplitude acoustique sont uniformes. Quand il y a un maximum vraiment différent, l'indice augmente et indique que la fenêtre en question contient du bruit : il faut donc supprimer le battement alors considéré comme artéfacté. Pour cela, un seuil σ_c sur l'indice de chaque fenêtre permet d'identifier en battements artéfactés. Il reste ensuite à calculer la durée séparant chaque

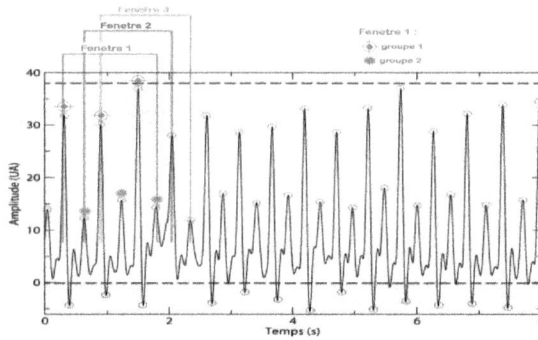

FIGURE 2.34 – Exemple des différents extrema identifiés par l'algorithme sur une portion de série temporelle. Au sein d'une fenêtre, deux groupes de maxima sont identifiés, compris entre deux seuils, α_1 et α_2, de l'amplitude du bruit de l'activité cardiaque. A chaque itération, la fenêtre est décalée d'un maximum.

groupe de deux pics de l'amplitude du bruit de l'activité cardiaque. La durée d'un battement n'est calculée que si le battement suivant n'a pas été supprimé pour cause d'artéfact.

La structure de l'application du premier retour sur les intervalles B_1-B_1 du signal acoustique correspond à la structure de l'application de premier retour sur les intervalles RR de l'ECG (Fig. 2.35a et 2.35b). Ces applications de premier retour montrent que, globalement, la dynamique sur les intervalles RR issus de l'ECG est plutôt correctement retrouvée à partir du signal acoustique. Ce premier algorithme d'extraction des intervalles B_1-B_1 réalise une sélection sévère des maxima puisqu'il rejette des intervalles B_1-B_1 comme étant artéfactés bien qu'ils soient corrects, et ce, uniquement parce que l'amplitude du bruit cardiaque subit une brusque variation (FIG. 2.36), entraînant une variation de l'indice de la fenêtre en question et, par conséquent, supprimant plusieurs battements pourtant correctement identifiés (FIG. 2.36a). Il arrive également que les deux bruits soient difficilement distinguables (FIG. 2.36b) : l'algorithme gère toutefois cette ambiguïté mais rejette deux maxima en raison d'un bruit B_1 de grande amplitude. Cet algorithme implique un nombre réduit d'intervalles B_1-B_1 par rapport au nombre d'intervalles RR identifiés sur l'ECG (en plus de la réduction due au défaut de fiabilité du bruit de l'activité cardiaque). Cet algorithme n'est pas satisfaisant car seuls 40% des battements sont identifiés (TAB. 2.5).

Nous avons donc tenté une seconde stratégie de détection des battements cardiaques à partir de l'amplitude du bruit cardiaque. Le second algorithme fonctionne comme suit :

– Un seuil α_c pour l'amplitude du bruit est choisie manuellement pour détecter les deux bruits.
– Chaque passage au seuil α_c est détecté avec son sens de passage.
– La largeur (durée) au seuil de chaque oscillation est calculée.
– Un seuil τ_c de largeur d'oscillation est choisi manuellement (lorsque la largeur de chaque oscillation acoustique est longue, l'oscillation résulte probablement du bruit ambiant) : au-delà de ce seuil, l'oscillation est rejetée.
– La durée des battements cardiaques est estimée en calculant la durée entre de deux oscillations consécutives.

Le taux de détection des battements cardiaques à partir de l'amplitude du bruit de l'activité cardiaque est estimé en moyenne à 70%. Il offre donc une meilleure identification des battements cardiaques que le premier algorithme (il est toutefois moins automatisé que le premier).

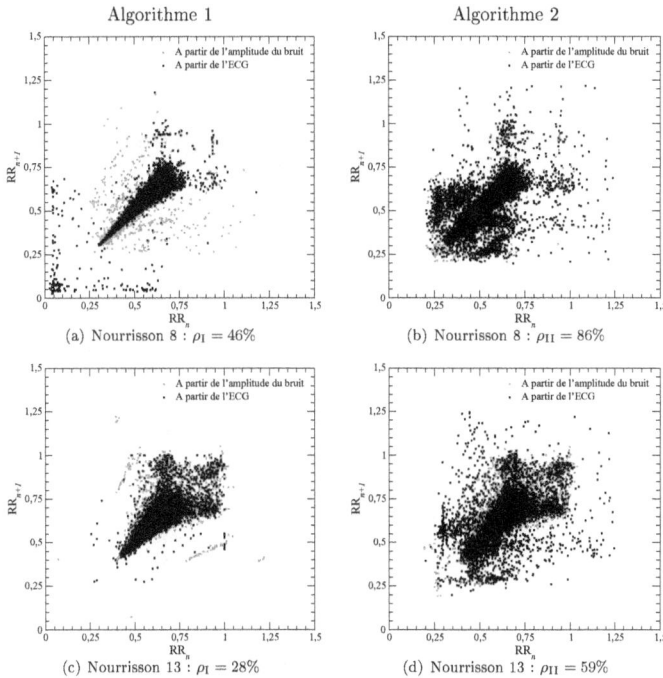

FIGURE 2.35 – Quelques exemples d'application de premier retour des intervalles RR de l'ECG (rouges) et du signal acoustique (noires) pour valider la détection des intervalles à partir d'un signal sonore et estimer la fiabilité de l'extraction des intervalles RR selon les deux algorithmes.

2.6.7   Qualité de la détection des battements cardiaques

Il est maintenant nécessaire d'estimer la qualité de la mesure de la durée de chaque battement cardiaque, relativement à ceux estimés par l'algorithme PHYSIONET à partir de l'ECG. Pour cela, les structures des deux applications sont comparées en utilisant une pixellisation des applications. Le taux de recouvrement est alors estimé par une simple comparaison de pixels visités. Le signal de référence étant l'électrocardiogramme, c'est l'application de premier retour construite sur les intervalles RR extraits à partir de l'ECG. Deux exemples d'applications de premier retour obtenues avec les deux algorithmes que nous avons développés sont représentés FIG. 2.35.

Le taux moyen de recouvrement est de 96% pour l'algorithme 1 et de 92% pour l'algorithme 2 : les deux algorithmes sont donc équivalents quant à la qualité de la durée des battements estimés. Ils diffèrent seulement par le taux de battements correctement identifiés. Le second algorithme — qui devrait être amélioré, notamment pour s'affranchir des seuils fixés « manuellement » — est donc préféré en raison du taux de codage significativement ($p < 0.002$) supérieur à celui de l'algorithme 1 (70% contre 40% en moyenne). Pour conclure, sur les 83% d'enregistrement fiable, il est possible d'extraire plutôt correctement la dynamique cardiaque à partir de l'amplitude du bruit cardiaque. Le taux de 70% résulte grossièrement du produit de la fiabilité de l'ECG (92%) par la fiabilité de l'amplitude du bruit cardiaque (82%) estimée par rapport à l'ECG, en effet, $0.92 \times 0.82 = 0.76$,

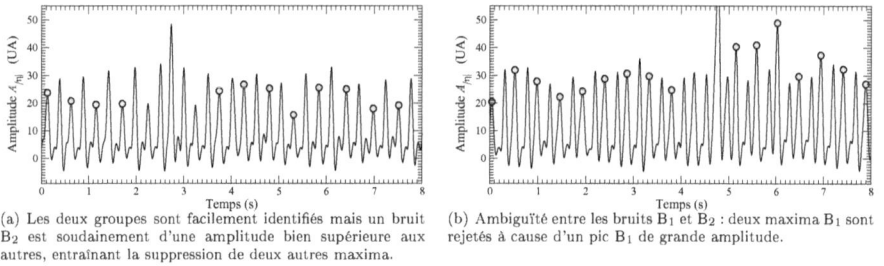

(a) Les deux groupes sont facilement identifiés mais un bruit B_2 est soudainement d'une amplitude bien supérieure aux autres, entraînant la suppression de deux autres maxima.

(b) Ambiguïté entre les bruits B_1 et B_2 : deux maxima B_1 sont rejetés à cause d'un pic B_1 de grande amplitude.

FIGURE 2.36 – Exemples de suppression de battement suite à des pics de grande amplitude.

ce qui est de l'ordre de grandeur du taux de codage obtenu.

2.6.8 Cycles ventilatoires à partir du signal acoustique

Le suivi de l'activité respiratoire est réalisé à l'aide de bandes thoraciques permettant une mesure de l'impédance thoracique. Ce signal est enregistré par le Philips MP70 ayant une fréquence d'échantillonnage de 62,5 Hz. Comme pour l'ECG, le signal recueilli présente des artéfacts et l'activité respiratoire ne peut être suivie avec fiabilité sur l'ensemble de la nuit, comme le révèle l'extrait représenté Fig. 2.37a : le signal sature et des oscillations mal isolées ne permettent pas une identification des cycles ventilatoires, contrairement à ce qui peut être fait lorsque le signal est de bonne qualité (Fig. 2.37b). Il est connu que l'utilisation de l'impédance thoracique peut ne pas détecter les apnées obstructives [63], induire de fausses alarmes lorsque l'enfant respire et confondre des artéfacts cardiaques avec l'impédance respiratoire, manquant ainsi des apnées centrales [64].

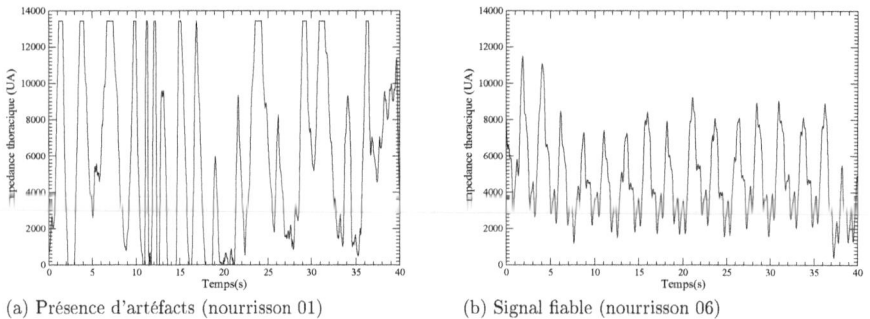

(a) Présence d'artéfacts (nourrisson 01)

(b) Signal fiable (nourrisson 06)

FIGURE 2.37 – Deux exemples du signal d'impédance thoracique illustrant la grande variabilité qui peut être observée au cours des enregistrements.

Dans une étude sur 28 patients de moyenne d'âge de 41 ± 3 ans, la sensibilité moyenne (sur 500 cycles ventilatoires) était de $98 \pm 3\%$ avec une valeur de prédiction de $94 \pm 13\%$ [65]. Néanmoins ces résultats apparemment bons sont à relativiser car pour l'un des patients, la valeur de prédictions positives chute à 56%, notamment parce que le patient présente des voies aériennes partiellement obstruées, l'évolution de l'impédance thoracique devenait plus complexe (probablement un peu comme cela est montré Fig. 2.38a) et que le moniteur se met, par

TABLE 2.5 – Taux d'extraction ρ des intervalles B_1-B_1 par rapport aux intervalles RR extraits de l'ECG pour chacun des algorithmes et taux de recouvrement γ des applications de premier retour qui sont ensuite construites. Aucune extraction n'a pu être réalisée pour le nourrisson 03 en raison d'un déplacement des capteurs acoustiques. α_c et τ_c sont deux seuils utilisés par le second algorithme.

Nourrisson	Algorithme I				Algorithme II	
	ρ_{I}	γ_{I}	α_c	τ_c (ms)	ρ_{II}	γ_{II}
01	83	98	9.7	70	90	93
02	31	85	4.7	40	44	86
03	—	—	—	—	—	—
04	71	100	4.7	40	92	96
05	12	87	6.2	60	46	88
06	58	99	9.7	59	72	97
07	52	99	9.7	63	71	96
08	46	97	8.0	65	86	90
09	37	99	9.7	75	70	95
10	17	97	7.4	60	45	93
11	48	99	9.7	70	83	98
12	27	99	4.2	57	58	89
13	28	91	3.0	50	59	89
14	26	93	4.2	50	74	95
15	25	98	3.2	30	63	84
16	26	92	4.0	38	82	92
17	61	98	5.6	72	82	96
Moyenne	41 ± 20	96 ± 5			70 ± 16	92 ± 4

exemple, à détecter deux cycles ventilatoires pour un seul effectué. Il peut également arriver que des artéfacts cardiaques (Fig. 2.38b) soient responsables de détections fallacieuses de cycles ventilatoires et fassent chuter la prédiction positive à 46% [65]. Des artéfacts cardiaques ont été détectés dans 40% des cas [65].

Il n'est donc pas surprenant d'avoir une fiabilité assez faible avec un signal d'impédance thoracique. Ceci est clairement illustré avec un spectrogramme (Fig. 2.39) où est représentée la distribution en fréquences en fonction du temps : tant que la bande spectrale du signal se concentre sur la plage [0,03 ; 3,04] (Fig. 2.39a), l'impédance thoracique permet une identification correcte du signal ventilatoire. Par contre, lorsque la bande spectrale du signal s'étend bien au-delà de fréquences caractéristiques de la ventilation (Fig. 2.39b), il n'est plus possible d'identifier correctement l'activité ventilatoire.

De manière à estimer de la qualité globale de l'impédance thoracique, nous calculons un « indice de qualité » défini comme le rapport η entre la somme de l'énergie associée aux fréquences telles que $f \in [0,03; 3,04]$ sur la somme de l'énergie de toutes les fréquences telles que $f < \frac{f_e}{2}$. Une fenêtre donnée (4096 points) est retenue comme étant fiable si η est supérieur à 0,9. Les valeurs obtenues pour la fiabilité Φ_I de l'impédance thoracique sont représentées Fig. 2.40. Sur l'ensemble des 14 nourrissons, nous obtenons un fiabilité de $61 \pm 11\%$, ce qui ne peut garantir un monitorage en lequel nous pouvons avoir pleine confiance.

En raison de la qualité relativement médiocre du signal d'impédance thoracique, il n'est pas surprenant qu'il y ait de nombreuses fausses alarmes. Sachant que le signal acoustique pour l'activité ventilatoire est de qualité inférieure à celui de l'impédance thoracique, il devient illusoire d'espérer travailler avec un tel signal pour un suivi de l'activité ventilatoire.

(a) Voies aériennes obstruées (b) Artéfacts cardiaques

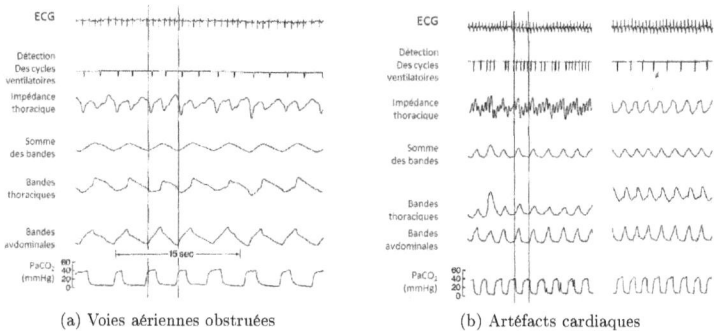

FIGURE 2.38 – Défaut de détection des cycles ventilatoires par impédance thoracique. D'après Brouillette *et al.* [65].

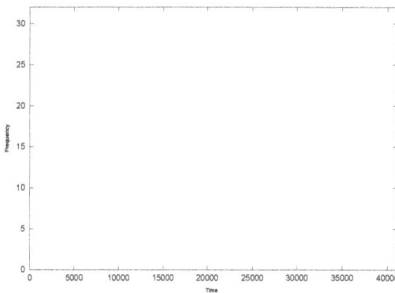

(a) Signal fiable. Cas du nourrisson 06 ; $\Phi_I = 89\%$ (b) Signal artéfacté. Cas du nourrisson 01 ; $\Phi_I = 61\%$

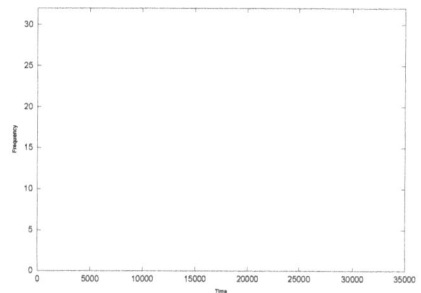

FIGURE 2.39 – Spectrogrammes utilisés pour l'estimation de la qualité de l'impédance thoracique.

2.7 Conclusion

L'objectif initial de cette thèse était de réaliser un système de surveillance cardio-respiratoire basé sur les bruits de l'activité cardiaque et du débit ventilatoire : en principe, ceci devrait permettre d'obtenir un suivi cardio-respiratoire fiable avec un unique capteur. Toutefois, deux positions optimales différentes ont dû être utilisées pour mesurer respectivement l'activité cardiaque et le débit ventilatoire. Les résultats concernant l'activité cardiaque sont de l'ordre de 70% de la durée de l'enregistrement, ce qui est insuffisant pour une surveillance cardio-respiratoire fiable. Les résultats sont encore plus mauvais pour le débit ventilatoire. La solution des capteurs acoustiques n'est donc pas viable.

Notons par ailleurs que les signaux classiques comme l'ECG présentent une fiabilité autour de 92%, ce qui signifie que c'est déjà près d'une heure et demie pour laquelle il n'y a pas d'estimation de l'activité cardiaque. La fiabilité de l'impédance thoracique est de l'ordre de 60%, ce qui est plutôt surprenant et qui ouvre une porte aux explications des nombreuses fausses alarmes. Nous ne savons pas comment les nombreux artéfacts sont en fait gérés par les moniteurs actuels, comme le PHILIPS MP 70. Il découle donc de cette étude que le problème d'irritation cutanée dû au collage-décollage quotidien des électrodes ne constitue, en fait, qu'une partie des améliorations nécessaires à apporter aux moniteurs de suivi cardio-respiratoire.

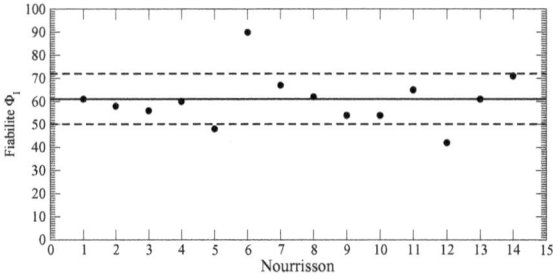

FIGURE 2.40 – Fiabilité du signal d'impédance thoracique pour les quatorze nourrissons de notre protocole.

Si ces résultats décevant laissent ouvert notre problème initial, les dix-sept enregistrements cardio-respiratoires sur des nourrissons hospitalisés au service de pédiatrie du CHU de Rouen constituent une base de données — surtout concernant l'activité cardiaque — qu'il convient d'analyser, les études de l'activité cardiaque du nourrisson étant plutôt rares. Ceci fera l'objet du troisième chapitre.

Bibliographie

[1] J. SABOR, *Processeur de signal digital à architecture parallèle implémenté en FPGA. Application à un système de surveillance à domicile des nourrissons à risque de MSN*, Thèse de l'Université de Rouen, 1995.

[2] Y. RIMET, Y. BRUSQUET, D. RONAYETTE, C. DAGEVILLE, M. LUBRANO, E. MALLET, C. RAMBAUD, C. TERLAUD, J. SILVE, O. LERDA, L. I. NETCHIPOROUK & J.-L. WEBER, Surveillance of infants at risk of apparent life threatening events (ALTE) with the BBA bootee : a wearable multiparameter monitor, *Conference Proceedings of the International Conference of IEEE — Engineering in Medicine and Biology Society*, **59**, 4997-5000, 2007.

[3] CARSKADON M., HARVEY K., DEMENT W., GUILLEMINAULT C., SIMMONS FB., ANDERS TF. Respiration during sleep in children. *The Western Journal of Medicine*, **128** (6), 447-481, 1978.

[4] MACKAY M., ABREU E SILVA F., MACFADYEN U., WILLIAMS A., SIMPSON N. Home monitoring for central apnea. *Archives of Disease in Childhood*, **59** (2), 136-142, 1984.

[5] WARD SL., KEENS TG., CHAN LS., CHIPPS BE., CARSON SH., DEMING DD., & AL. Sudden infant death syndrome in infants evaluated by apnea programs in California. *Pediatrics*, **77** (4), 451-458, 1986.

[6] AMERICAN ACADEMY OF PEDIATRICS : COMMITTEE ON FETUS AND NEWBORN Apnea, Sudden infant death syndrome, and home monitoring. *Pediatrics*, **111** (4 Pt 1), 914-917, 2003.

[7] DI FIORE JM. Neonatal cardio-respiratory monitoring. *Seminars in Neonatology*, **9** (3), 195-203, 2004.

[8] ANDERSON JV., MARTIN RJ., LOUGH MD., MARTINEZ A. An improved nasal mask pneumotachograph for measuring ventilation in neonates. *Journal of Applied Physiology*, **53** (5), 1307-1309, 1982.

[9] DRANSFIELD DA., FOX WW. A noninvasive method for recording central and obstructive apnea with bradycardia in infants. *Critical Care Medicine*, **8** (11), 663-666, 1980.

[10] BERG S., HAIGHT JS., YAP V., HOFFSTEIN V., COLE P. Comparison of direct and indirect measurements of respiratory airflow : implications for hypopneas. *Sleep*, **20** (1), 60-64, 1997.

[11] FARRE R., MONTSERRAT JM., ROTGER M., BALLESTER E., NAVAJAS D. Accuracy of thermistors and thermocouples as flow measuring devices for detecting hypopnoea *European Respiratory Journal*, **11**, 179-182, 1998.

[12] WEESE-MAYER DE., CORWIN MJ., PEUCKER MR., DI FIORE JM., HUFFORD DR., TINSLEY LR., & AL. Comparison of apnea identified by respiratory inductance plethysmography with that detected by end-tidal CO_2 or thermistor. *American Journal of Respiratory and Critical Care Medicine*, **162** (2), 471-480, 2000.

[13] BAIRD TM., NEUMAN MR. Effect of infant position on breath amplitude measured by transthoracic impedance and strain gauges. *Pediatric Pulmonology*, **10** (1), 52-56, 1991.

[14] COHN MA., RAO ASV., BROUDY M. BIRCH S., WATSON H., ATKINS N., & AL. The respiratory inductive plethysmograph : a new non-invasive monitor of respiration. *Bulletin Européen de Physiopathologie Respiratoire*, **18** (4), 643-658, 1982.

[15] SACKNER MA., WATSON H., BELSITO AS., FEINERMAN D., SUAREZ M., GONZALEZ G., & AL. Calibration of respiratory inductive plethysmograph during natural breathing. *Journal of Applied Physiology*, **66** (1), 410-420, 1989.

[16] ADAMS JA., ZABELETA IA., STROH D., SACKNER MA. Measurement of breath amplitudes : a comparison of three non-invasive respiratory monitors to intergrated pneumotachograph. *Pediatric Pulmonology*, **16** (4), 254-258, 1993.

[17] ZIMMERMAN PV., CONNELLAN SJ., MIDDLETON HC., TABONA MV., GOLDMAN MD., PRIDE N. Postural changes in rib cage and abdominal volume-motion coefficients and their effect on the calibration of respiratory inductance plethysmograph. *American Review of Respiratory Disease*, **127** (2), 209-214, 1983.

[18] BROOKS LJ., DI FIORE JM., MARTIN RJ. Assessment of tidal volume over time in preterm infants using respiratory inductance plethysmography. The CHIME Study Group. Collaborative Home Infant Monitoring Evaluation. *Pediatric Pulmonology*, **23** (6), 429-433, 1997.

[19] POETS CF., STEBBENS VA., ALEXANDER JR., ARROWSMITH WA., SALFIELD SAW., SOUTHALL DP. Oxygen saturation and breathing patterns in infancy. II : Preterm infants at discharge from special care. *Archives of Diseases in Childhood*, **66** (5), 574-578, 1991.

[20] TIN W., MILLIGAN DWA., PENNEFATHER P., HEY E. Pulse oximetry, severe retinopathy, and outcome at one year in babies of less than 28 weeks gestation. *Archives of Diseases in Childhood : Fetal & Neonatal*, **84** (2), F106-F110, 2001.

[21] BOHNHORST B., PETER CS., POETS CF. Detection of hyperoxaemia in neonates : data from three new pulse oximeters. *Archives of Diseases in Childhood : Fetal & Neonatal*, **87** (3), F217-219, 2002.

[22] HAY WW., RODDEN DJ., COLLIN SM., MELARA DL., HALE KA., FASHAW LM. Reliability of conventional and new pulse oximetry in neonatal patients. *Journal of Perinatology*, **22** (5), 360-366, 2002.

[23] BOHNHORST B., PETER CS., POETS CF. Pulse oximeters'reliability in detecting hypoxemia and bradycardia : comparison between conventional and two new generation oximeters. *Critical Care Medicine*, **28** (5), 1565-1568, 2000.

[24] UPTON CJ., MILNER AD., STOKES GM. Apnoea, bradycardia and oxygene saturation in preterm infants. *Archives of Diseases in Childhood*, **66** (4), 381-385, 1991.

[25] HENDERSON-SMART DJ. The effect of gestationnal age on the incidence and duration of reccuent apnoea in newborns babies. *Journal of Paediatrics and Child Health*, **17** (4), 273-276, 1981.

[26] BARRINGTON KJ., FINER N., LI D. Predischarge respiratory recordings in very low birth weight newborn infants. *Journal of Pediatrics*, **129** (6), 934-940, 1996.

[27] DARNALL RA., KATTWINKEL J., NATTIE C., ROBINSON M. Margin of safety for discharge after apnea in preterm infants. *Pediatrics*, **100** (5), 795-801, 1997.

[28] CONSENSUS STATEMENT National Institutes of Health consensus development conference on infantile apnea and home monitoring, September 29 to October 1, 1986. *Pediatrics*, **79** (2), 292-299, 1987.

[29] MILLER MJ., MARTIN RJ. Apnea of prematurity. *Clinics in Perinatology*, **19** (4), 789-808, 1992.

[30] DRANSFIELD DA., SPITZER AR., FOX WW. Episodic airway obstruction in premature infants. *American Journal of Diseases in Children*, **137** (5), 441-443, 1983.

[31] COTE A., HUM C., BROUILLETTE RT., THEMENS M. Frequency and timing of recurrent events in infants using home cardio-respiratory monitors. *Journal of Pediatrics*, **132** (5), 783-789, 1998.

[32] PERLMAN JM., VOLPE JJ. Episodes of apnea and bradycardia in preterm newborn : impact of cerebral circulation. *Pediatrics*, **76** (3), 333-338, 1985.

[33] DI FIORE JM., ARKO MK., MILLER MJ., KRAUSS A., BETKERUR A., ZADELL A., & AL. Cardiorespiratory events in preterm infants referred for apnea monitoring studies. *Pediatrics*, **108** (6), 1304-1308, 2001.

[34] DESMAREZ C., BLUM D., MONTAUK L. & KAHN A. Impact of home monitoring for sudden infant death syndrome on family life. *Pediatrics*, **146** (2), 159-161, 1987.

[35] I. LECOQ, E. MALLET, J. B. BONTE & G. TRAVERT, The A985 to G mutation of the medium-chain acyl-CoA dehydrogenase gene and sudden infant death syndrome in Normandy, *Acta Pædiatrica*, **85**, 145-147, 1996.

[36] M. A. PELLERIN, A. DUBOIS-GOT & E. MALLET, Incidence de la mort subite du nourrisson et évolution du mode de couchage en Seine-Maritime, *Archives de Pédiatrie*, **3**, 610-611, 1996.

[37] O. MOUTERDE, E. MALLET & F. LECRUIT, Les nourrissons à risque de mort subite et soins à domicile, in *Prise en charge des soins à domicile dans les maladies chroniques de l'enfant* (J.-P. Doumergues & G. Lenoir, eds), Doin Editeur, chap. 20, pp. 231-244, 1997.

[38] M. H. BOUVIER-COLLE & F. HATTON Mort subite du nourrisson : aspects épidémiologique, histoire et statistiques, *Pédiatrie*, **1** (3), 253-260, 1998.

[39] F. HATTON, M. H. BOUVIER-COLLE, A. BAROIS, M. C. IMBERT, A. LEROYER, S. BOUVIER & E. JOUGLA Autopsies of sudden infant death syndrome. Classification and epidemiology, *Acta Paedriatrica*, **84**, 1366-1371, 1995.

[40] J. BLOCH, P. DENIS & D. JEZEWSKI-SERRA, *Les morts inattendues de nourrissons de moins de 2 ans — Enquête nationale 2007-2009*, Institut de veille sanitaire (Saint-Maurice), 2011. Disponible à partir de l'URL : http://www.invs.sante.fr.

[41] L. SZILÁGYI, S. SZILÁGYI, A. FRIGY, L. DÁVID & Z. BENYÓ, Quick ECG Segmentation, artifact detection and risk estimation methods for on-line Holter monitoring systems, *IFMBE Proceedings*, **14** (8), 1021-1025, 2007.

[42] E. A. CLANCY, E. L. MORIN & R. MERLETTI, Sampling, noise-reduction and amplitude estimation issues in surface electromyography, *Journal of Electromyography & Kinesiology*, **12**, 1-16, 2002.

[43] I. I. CHRISTOV & I.K. DASKALOV, Filtering of electromyogram artifacts from the electrocardiogram, *Medical Engineering & Physics*, **21**, 731-736, 1999.

[44] A. J. RUDOLPH, C. VALLBONA & M. M. DESMOND, Cardiodynamic studies in the newborn : III. Heart rate patterns in infants with idiopathic respiratory distress syndrome, *Pediatrics*, **36**, 551, 1965.

[45] L. GLASS, Introduction to controversial topics in nonlinear science : Is the heart rate chaotic?, *Chaos*, **19**, 028501, 2009.

[46] J. Q. ZHANG, A. V. HOLDEN, O. MONFREDI, M. R. BOYETT & H. ZHANG, Stochastic vagal modulation of cardiac pacemaking may lead to an erroneous identification of cardiac chaos, *Chaos*, **19**, 028509, 2009.

[47] N. WESSEL, M. RIEDL & J. KURTHS, Is the normal heart rate « chaotic » due to respiration, *Chaos*, **19**, 028508, 2009.

[48] J. ALVAREZ-RAMIREZ, E. RODRIGUEZ & J.C. ECHEVERRIA, Delays in the human heartbeat dynamics, *Chaos*, **19**, 028502, 2009.

[49] P. E. RAPP, Chaos in the neurosciences : cautionary tales from the frontier, *Biologist*, **40**, 89-94, 1993.

[50] J. K. KANTERS, N. H. HOLSTEIN-RATHLOU & E. AGNER, Lack of evidence for low-dimensional chaos in heart rate variability, *Journal of Cardiovascular Electrophysiology*, **5**, 591-601, 1994.

[51] M. COSTA, I. R. PIMENTEL, T. SANTIAGO, P. SARREIRA, J. MELO & E. DUCLA-SOARES, No evidence of chaos in the heart rate variability of normal and cardiac transplant human subjects, *Journal of Cardiovascular Electrophysiology*, **10**, 1305-1357, 1999.

[52] R. B. GOVINDAN, K. NARAYANAN & M. S. GOPINATHAN, On the evidence of deterministic chaos in ECG : surrogate and predictability analysis, *Chaos*, **8**, 495-502, 1998.

[53] U. S. FREITAS, C. LETELLIER & L. A. AGUIRRE, Failure in distinguishing colored noise from chaos using the noise titration technique, *Physical Review E*, **79**, 035201, 2009.

[54] M. LEI & G. MENG, The influence of noise on the nonlinear time series detection based on Volterra-Wiener-Korenberg models, *Chaos, Solitons & Fractals*, **36**, 512-516, 2008.

[55] U. S. FREITAS, E. ROULIN, J.-F. MUIR & C. LETELLIER, Identifying chaos from heart rate : the right task?, *Chaos*, **19**, 028505, 2009.

[56] G. G. BERNTSON & J. R. STOWELL, ECG artifacts and heart period variability : Don't miss a beat!, *Psychophysiology*, **35**, 127-132, 1998.

[57] D. E. LAKE, J. S. RICHMAN, M. P. GRIFFIN & J. R. MOORMAN, Sample entropy analysis of neonatal heart rate variability *American Journal of Physiology*, **283**, R789-R797, 2002.

[58] B. DENIS, J. MACHECOURT, G. VANZETTO, B. BERTRAND & P. DEFAYE, *Sémiologie et Pathologie Cardiovasculaires*. Disponible sur l'URL
`http://www-sante.ujf-grenoble.fr/sante/CardioCD/cardio/chapitre/103.htm`.

[59] R. GERARD & E. LOUCHE, *Précis de cardiologie de l'enfant*, Masson, 1973.

[60] M. CHARBIT, *Systèmes de communications et théorie de l'information*, Hermès Science, 2003.

[61] Z. ZHIDONG, Z. ZHIJIN & C. YUQUAN, Time-frequency analysis of heart sound based on HHT [Hilbert-Huang Transform], *Proceedings of the 2005 International Conference on Communications, Circuits and Systems IEEE*, **2**, 926-929, 2005.

[62] J. SINGH & R. S. ANAND, Computer aided analysis of phonocardiogram, *Journal of Medical Engineering & Technology*, **31** (5), 319-323, 2007.

[63] D. WARBURTON, A. R. STARK & H. W. TAEUSCH, Apnea monitor failure in infants with upper airway obstruction, *Pediatrics*, **60**, 742-744, 1977.

[64] A. J. WILSON, C. I. FRANKS & I. L. FREESTON, Methods of filtering the heart-beat artefact from the breathing waveform of infants obtained by impedance pneumography, *Medical and Bioligical Engineering Computations*, **20**, 293-298, 1982.

[65] R. T. BROUILLETTE, A. S. MORROW, D. E. WEESE-MAYER & C. E. HUNT, Comparison of respiratory inductive plethysmography and thoracic impedance for apnea monitoring, *The Journal of Pediatrics*, **111** (3), 377-383, 1987.

Chapitre 3

Analyse de dynamiques cardiaques de nourrissons à risque

3.1 Cohorte des nourrissons suivis

Quatorze nourrissons à risque ont été monitorés en routine durant leur hospitalisation. Les données anthropomorphiques des nourrissons sont reportées TAB. 2.2. Tous les nourrissons ont été suivis après un épisode aigu : le plus souvent après un épisode de bronchiolite avec ou sans virus respiratoire syncytial (VRS), après un reflux gastro-œsophagien (RGE), des vomissements, des malaises ou des alarmes durant une surveillance à domicile. Les principales caractéristiques de l'activité cardiaque des nourrissons de notre protocole sont reportées TAB. 3.2.

D'un point de vue général, la fréquence cardiaque ($\overline{f} = 139 \pm 16$ bmp) dépend de l'âge en accord avec ce qui est connu [1], c'est-à-dire qu'elle décroît lorsque l'âge augmente. Plus particulièrement, nos données sont effectivement significativement corrélées ($p < 0.01$) à une décroissance de la fréquence cardiaque avec l'âge (FIG. 3.1). Cette décroissance est compatible avec celle obtenue par Finley et al. [1], notamment durant le sommeil calme.

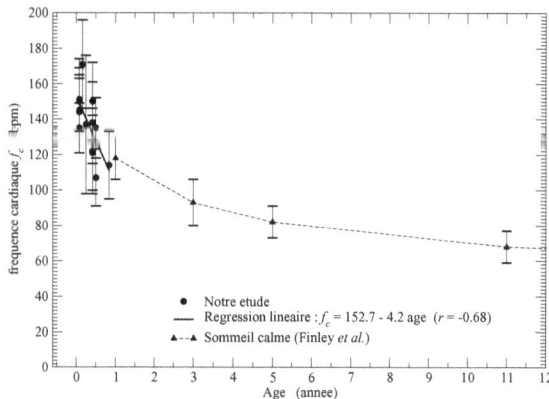

FIGURE 3.1 – Évolution de la fréquence cardiaque moyenne en fonction de l'âge. Nos données sont superposées à celles de Finley et al. pour le sommeil calme [1].

La relative concordance entre nos données et celles du sommeil calme de Finley *et al.* peut se justifier par le fait que les nourrissons de notre protocole ont relativement bien dormi durant nos séances d'enregistrement. Toutefois, les grands écarts-types obtenus résultent du fait que les états de sommeil ne sont pas distingués comme cela devrait être le cas, puisqu'une certaine dépendance entre la fréquence cardiaque et les états de sommeil (éveil) a été notée (FIG. 3.2a) [1]. Une telle dépendance se retrouve sur la fréquence ventilatoire (FIG. 3.2b). Les écarts-types sont malheureusement trop importants pour permettre une identification fiable des états de sommeil à partir de ces fréquences.

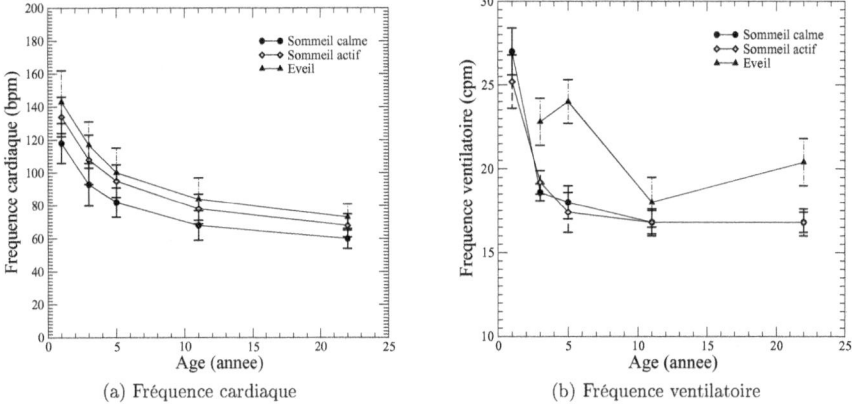

(a) Fréquence cardiaque   (b) Fréquence ventilatoire

FIGURE 3.2 – Dépendance des fréquences cardiaque (a) et ventilatoire (b) aux états de vigilance (éveil-sommeil) en fonction de l'âge. D'après Finley *et al.*

La fréquence cardiaque est connue pour dépendre de l'âge sur l'ensemble de la vie depuis les travaux de Jose et Collison [2] qui montraient que, dans le cadre de leur étude, la fréquence cardiaque intrinsèque f_i évoluait avec l'âge comme

$$f_i = 118 - 0.55 \text{ âge} \quad (r = -0.63) \tag{3.1}$$

pour les hommes (FIG. 3.3a) et comme

$$f_i = 119 - 0.61 \text{ âge} \quad (r = -0.67) \tag{3.2}$$

pour les femmes (FIG. 3.3b). La fréquence cardiaque intrinsèque correspond à la fréquence qu'a le cœur sans régulation externe. La fréquence cardiaque intrinsèque est légèrement supérieure à la fréquence cardiaque au repos. Les résultats de Jose et Collison montrent que la fréquence cardiaque intrinsèque suit ces lois avec un intervalle de confiance à 95% de ± 15% : cela implique que la variabilité entre individus du même âge est du même ordre de grandeur que l'évolution de la fréquence cardiaque intrinsèque de l'ensemble de la population sur 55 ans [3]. Ceci limite sérieusement la significativité de telles lois, limite que nous retrouvons sur la dépendance de la fréquence cardiaque moyenne avec l'âge des nourrissons de notre protocole (FIG. 3.1).

Par ailleurs, il n'est pas identifié de quel facteur principal résulte cette dépendance de la fréquence cardiaque avec l'âge. Par exemple, la fréquence cardiaque moyenne $\overline{f_c}$ (bpm) peut être reliée à la masse corporelle m_c (kg) par la loi [4] :

$$\overline{f_c} = 241 \, m_c^{-0.25} \quad (r = -0.88) \tag{3.3}$$

tandis que la fréquence ventilatoire $\overline{f_v}$ est telle que

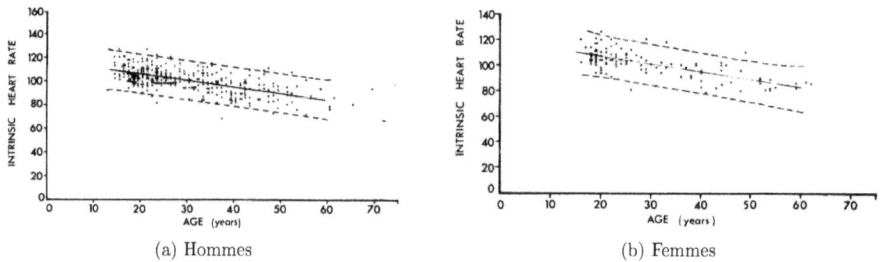

(a) Hommes   (b) Femmes

FIGURE 3.3 – Évolution de la fréquence cardiaque intrinsèque en fonction de l'âge. D'après Jose et Collison [2].

$$\overline{f_v} = 53.5 \; m_c^{-0.26} \qquad (r = -0.91)\,, \tag{3.4}$$

ces deux lois résultant de compilations allant des petits au gros mammifères. En effet, il semble que la fréquence cardiaque chez l'homme dépende de son poids [5] comme cela est reporté TAB. 3.1. De la confrontation des dépendances en fonction de l'âge et du poids, il n'est pas clair quel est le facteur prépondérant, d'autant plus qu'il existe une certaine corrélation entre l'âge et le poids [6]. La fréquence cardiaque moyenne n'est donc pas, en elle-même, représentative de l'état cardio-respiratoire du sujet (nourrisson).

TABLE 3.1 – Comparaison de grandeurs cardiaques (intervalle RR et pression sanguine systolique) pour deux groupes de sujets (obèses et « normaux »). D'après Karason et al. [5].

	Obèses	« Normaux »	
	$n = 27$	$n = 26$	
m_c (kg)	116 ± 14	76 ± 12	$p < 0.001$
IMC (kg.m^{-2})	38.6 ± 3.7	24.7 ± 2.3	$p < 0.001$
$P_{\text{systolique}}$ (mmHg)	142 ± 19	124 ± 15	$p < 0.001$
$\overline{\text{RR}}$ (ms)	770 ± 97	823 ± 105	$p = 0.060$

Pour ces raisons, d'autres grandeurs sont mesurées. Parmi elles, la fréquence cardiaque maximale f_{max} est l'un des paramètres considérés durant les tests d'effort, ceux-ci étant réalisés jusqu'à 85% du maximum prédit. L'idée est de rechercher des douleurs thoraciques ou une augmentation soudaine dans le rythme cardiaque. Le maximum prédit résulte souvent d'une loi due à Fox et Haskell [7] :

$$f_{max} = 220 - \text{âge}\,, \tag{3.5}$$

extraite d'une étude réalisée sur une population non représentative. Une étude plus représentative conduit à deux lois un peu différentes [8] :

$$f_{max} = 208.7 - 0.73 \,\text{âge} \qquad (r = -0.90) \tag{3.6}$$

pour les hommes et

$$f_{max} = 208.1 - 0.77 \,\text{âge} \qquad (r = -0.90) \tag{3.7}$$

pour les femmes (FIG. 3.4). La variabilité reste relativement grande et il apparaît que ce n'est pas la fréquence cardiaque maximum qui importe, mais plutôt la manière dont le cœur retourne à la fréquence de base une fois l'effet stoppé [9]. Il reste qu'il n'est pas clair de relier la fréquence cardiaque maximale à l'état cardiaque. Par exemple, la fréquence cardiaque n'est pas systématiquement corrélée à l'entraînement [10].

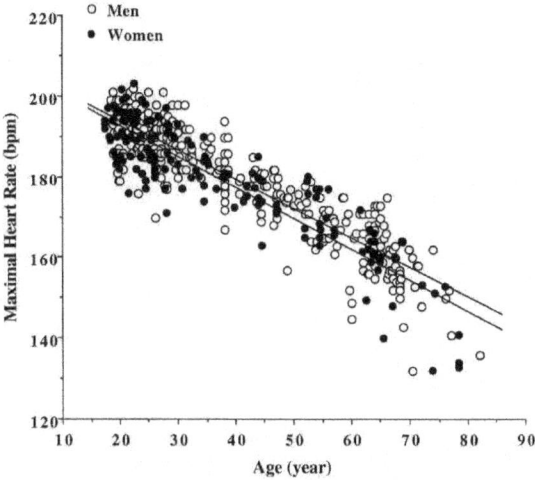

FIGURE 3.4 – Relation entre la fréquence cardiaque maximum f_{max} (valeur moyenne de chaque groupe) et l'âge moyen des sujets de chaque groupe dans le cadre de l'étude de Tanaka *et al.* [8]. 351 études impliquant 492 groupes (161 de femmes et 331 d'hommes) sont prises en compte.

Considérant la fréquence cardiaque moyenne $\overline{f_c}$, le nourrisson 03 est proche d'une tachycardie soutenue, puisque animé d'une fréquence cardiaque moyenne ($\overline{f_3} = 171 \pm 25$ bpm) proche de la limite (180 bpm) au-delà de laquelle la tachycardie est couramment identifiée. Ce nourrisson a été identifié par l'équipe clinique comme présentant des arythmies cardiaques. Le nourrisson 06 est proche d'une bradycardie soutenue avec une fréquence cardiaque moyenne ($\overline{f_6} = 107 \pm 16$ bpm) relativement basse. Les autres nourrissons ont un rythme cardiaque globalement en accord avec ce qui est communément observé.

3.2 Analyse non linéaire de l'activité cardiaque

3.2.1 Variation des intervalles RR et arythmies

Nous avons vu que la fréquence cardiaque, c'est-à-dire les intervalles RR, n'était pas la quantité la plus pertinente pour l'analyse de la dynamique cardiaque, et que la variation d'un intervalle à l'autre, notée ΔRR, permettait une meilleure lecture des structures sous-jacentes de la dynamique cardiaque [23]. Ceci a également été utilisé par Schechtman *et coll.* [12]. Travailler sur la variation d'intervalle à intervalle permet en outre de s'affranchir de la dérive à long terme de l'activité du nœud sinusal, en réponse à l'activité physique du sujet. Comme cela avait été obtenu sur un sujet souffrant d'insuffisance cardiaque chronique présentant des extrasystoles isolées [23], l'application de premier retour sur les ΔRR du nourrisson 10 se structure autour d'un petit nuage central représentatif de la variabilité sinusale, et de quatre segments à l'orientation bien définie (FIG. 3.5). Le segment vertical A sous le nuage central correspond à la première variation significative — trop grande pour être une variation due à l'activité du nœud sinusal — d'un battement à l'autre. Le segment B correspond à la dernière variation significative d'un battement à l'autre avant le retour aux petites variations

TABLE 3.2 – Caractéristiques globales des enregistrements et de l'activité cardiaque. Sont reportés, la durée τ_{rec} de l'enregistrement, le nombre $N_{\text{détect}}$ de battements détectés, la valeur moyenne $\overline{RR}$ de l'intervalle RR, la fréquence cardiaque moyenne $\bar{f}$, le nombre N_{rejet} d'évènements rejetés (non codés), la durée moyenne $\overline{\delta t}_{\text{rejet}}$ d'un rejet et la durée totale τ_{rejet} des évènements non codés.

	τ_{rec}	$N_{\text{détect}}$	$\overline{RR}$ (ms)	$\bar{f}$ (bpm)	N_{rejet}	$\overline{\delta t}_{\text{rejet}}$ (ms)	τ_{rejet} (min)	$\%_{\text{rejet}}$
1	9 h 30 min	66639	510 ± 88	121 ± 21	136	1566 ± 4016	3.6	0.6%
2	9 h 38 min	75546	438 ± 71	138 ± 23	496	2356 ± 9724	19.5	3.4%
3	9 h 56 min	96987	358 ± 55	171 ± 25	1539	740 ± 205	19.0	3.2%
4	9 h 52 min	74613	435 ± 60	135 ± 14	693	3005 ± 12702	34.0	5.7%
5	10 h 53 min	96359	401 ± 43	151 ± 18	461	1004 ± 684	7.8	1.2%
6	11 h 24 min	70501	573 ± 83	107 ± 16	18	1352 ± 1593	0.4	<0.1%
7	10 h 00 min	78499	446 ± 60	135 ± 17	364	1773 ± 15323	10.8	1.8%
8	10 h 51 min	75419	504 ± 94	122 ± 24	748	882 ± 920	11.0	1.7%
9	9 h 40 min	76583	392 ± 64	150 ± 22	2080	1783 ± 16827	61.8	10.7%
10	10 h 39 min	89112	403 ± 65	150 ± 24	2173	909 ± 573	32.9	5.1%
11	8 h 03 min	57906	431 ± 73	137 ± 39	1155	2165 ± 7615	41.7	8.6%
12	11 h 14 min	95361	421 ± 52	144 ± 19	122	1458 ± 3095	3.0	0.5%
13	9 h 21 min	79560	416 ± 59	145 ± 20	193	794 ± 317	2.6	<0.1%
14	10 h 33 min	69334	540 ± 89	114 ± 19	396	1296 ± 997	8.6	1.4%

du nœud sinusal. Les segments C et D sont dynamiquement liés : ceci signifie qu'un point du segment C est nécessairement transformé en un point du segment D. Un point du segment D est principalement transformé en un point du segment B, mais parfois en un point du segment C. Ces quatre segments correspondent en fait à des arythmies du type extrasystole [23] qui sont visités selon l'ordre

$$A \mapsto C \mapsto D \mapsto B .$$

Les extrasystoles se développent sur deux battements consécutifs. Elles résultent d'un battement prématuré ne résultant pas d'un déclenchement par le nœud sinusal mais d'une stimulation émise par une zone quelconque du tissu cardiaque : elles interviennent donc aléatoirement. Ce battement, anticipé d'un délai τ, est suivi d'un battement plus long qui compense l'anticipation, de manière à retrouver la synchronisation des battements cardiaques avec l'horloge du nœud sinusal [13]. Ce second battement est d'une durée $T + \tau$ où T est la durée moyenne d'un battement. De ce fait, les ΔRR prennent les valeurs successives suivantes

$$\ldots \quad T \quad T \quad T \quad -\tau \quad +2\tau \quad -\tau \quad T \quad T \quad T \quad \ldots \tag{3.8}$$

Cette succession explique pourquoi le segment C se définit par l'équation

$$\Delta RR_{n+1} = -2\Delta RR_n$$

et le segment D par l'équation

$$\Delta RR_{n+1} = -\frac{1}{2}\Delta RR_n .$$

Ce schéma correspond au scenario habituellement avancé pour une extrasystole : après une contraction ventriculaire prématurée (V), une pause compensatoire est observée jusqu'au prochain battement sinusal (R) tel que [13] :

$$RV + VR \approx 2\,RR$$

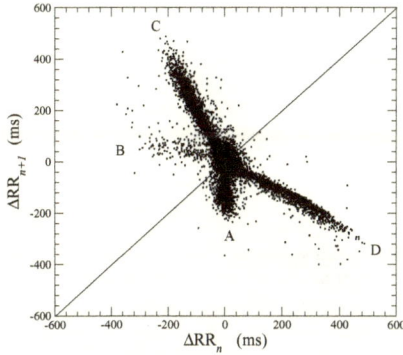

FIGURE 3.5 – Application de premier retour sur les variations ΔRR d'un intervalle à l'autre correctement extraits par les deux algorithmes. Cas du nourrisson 10.

où RV désigne l'intervalle entre le dernier battement sinusal et la contraction ventriculaire prématurée et, VR la pause compensatoire. Nous avons ainsi

$$RV = T - \tau,$$

$$VR = T + \tau,$$

et $\overline{RR} = T$, où τ est le délai avec lequel la contraction ventriculaire est prématurée et T la durée moyenne de l'intervalle RR. La valeur du délai τ ne peut être prédite à l'avance, comme le montre la longueur du segment A : différents délais peuvent être obtenus à partir d'un seul point du nuage central. Ceci résulte directement de la nature aléatoire du stimuli provoquant cette contraction prématurée.

3.2.2 Étude des arythmies : dynamique à trois symboles

De manière à étudier la dynamique d'apparition des extrasystoles, une dynamique symbolique est construite sur la partition suivante :

$$\sigma_n = \begin{vmatrix} 0 & & \Delta RR_n \leq -40 \text{ ms} \\ 1 & \text{si} & -40 < \Delta RR_n < 40 \text{ ms} \\ 2 & & \Delta RR_n \geq +40 \text{ ms}, \end{vmatrix} \qquad (3.9)$$

c'est-à-dire que le symbole 1 représente les petites variations dues au rythme sinusal, le symbole 0 les réductions de plus de 40 ms de l'intervalle RR et le symbole 2 les augmentations de plus de 40 ms de l'intervalle RR. Depuis l'étude d'Ewing *et coll.* [14], l'activité parasympathique des enregistrements d'ECG sur 24 heures (enregistre-ments Holter) est souvent étudiée avec ce qui est désigné par la mesure pNN_{50} définie comme le taux par heure de changements du rythme sinusal normal excédant 50 ms. Cette mesure s'est révélée intéressante pour l'étude de la variabilité de l'activité cardiaque à des fins de diagnostics ou de pronostics [15, 16]. Néanmoins, il a été plus récemment montré que des seuils plus petits pouvaient également se révéler discriminants [17]. L'optimisation de ce seuil sera discutée lorsque l'entropie de Shannon sera introduite ultérieurement : nous verrons que notre choix s'est porté sur un seuil à 40 ms pour les nourrissons de notre étude. Les symboles 0 et 2 sont typiquement associés à des arythmies. Une telle dynamique symbolique a été utilisée — dans une version légèrement différente — pour détecter l'influence des polluants sur l'activité cardiaque [18]. Il a été ainsi démontré que, chez le rat, les polluants automobiles multipliaient par trois le nombre d'extrasystoles. L'utilisation de dynamique symbolique pour l'étude de l'activité cardiaque a été également développée par ailleurs sur la base d'une dynamique à quatre symboles [19, 20, 21], un quatrième symbole étant introduit pour l'étude de l'activité de nature sinusale, ce que nous ferons par la suite.

L'avantage de ces dynamiques symboliques est qu'elles transforment une série de nombres réels en une série de symboles — ici des entiers — plus faciles à traiter. Par exemple, une extrasystole caractérisée par les variations telles que décrites Eq. (3.8), est codée par la séquence

$$\ldots \quad 1 \quad 1 \quad 1 \quad 0 \quad 2 \quad 0 \quad 1 \quad 1 \quad 1\ldots$$

Selon la partition (3.9) choisie, sont ainsi détectées non seulement toutes les extrasystoles associées à un battement anticipé d'au moins 40 ms, mais encore toute arythmie dont la variation d'un battement à l'autre est supérieure à 40 ms.

La partition étant choisie, l'objectif est ensuite d'étudier la probabilité de réalisation des différentes séquences possibles. Pour cela, nous retenons les séquences d'une longueur donnée N_q dont le choix dépend du nombre N_p de symboles. Le nombre de séquences possibles est alors donné par $N_p^{N_q}$. Dans le cas présent, puisque $N_p = 3$, nous avons fixé la longueur des séquences à $N_q = 6$, ce qui représente déjà $N_p^{N_q} = 3^6 = 729$ séquences possibles. Puisque nos enregistrements sont constitués de 70 000 à 100 000 battements cardiaques, nous avons en moyenne avec ce choix au moins une centaine d'évènements par séquence possible, ce qui assure une statistique correctement définie. Chaque séquence est représentée par un indice allant de 0 à 728 obtenu par conversion de la séquence symbolique en un entier selon la base 3 (par exemple, la séquence « 111111 » est associée à l'entier « 111111 » en base 3, soit 364 en base décimale). Dans le cas du nourrisson 03, la distribution des probabilités P_i est représentée FIG. 3.6 en échelle semi-logarithmique.

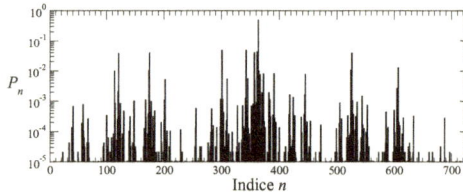

FIGURE 3.6 – Distribution des probabilités de réalisation des différentes séquences symboliques codées selon la partition (3.9). Une échelle semi-logarithmique est ici utilisée pour optimiser la mise en évidence de la diversité des séquences réalisées, même très épisodiquement. Cas du nourrisson 03.

Par exemple, la séquence d'indice $n = 364$ correspondant à la suite « 111111 » représente six battements sujets à la variation sinusale : dans le cas du nourrisson 03, elle est associée à une probabilité de réalisations de $P_{364} = 40.0\%$. Les séquences les plus violentes sont ensuite

$$\begin{array}{lll}
n = 121 & P_{121} = 3.9\% & 011111 \\
n = 175 & P_{175} = 4.0\% & 020111 \\
n = 301 & P_{301} = 4.9\% & 102011 \\
n = 343 & P_{343} = 4.9\% & 110201 \\
n = 357 & P_{357} = 4.0\% & 111020 \\
n = 362 & P_{362} = 4.2\% & 111102 \\
n = 363 & P_{363} = 4.2\% & 111110 \\
n = 526 & P_{526} = 4.0\% & 201111
\end{array}$$

Ces différentes séquences correspondent à l'apparition d'une extrasystole isolée. En effet, ces séquences S_n peuvent être vues comme des permutations successives selon l'ordre

$$\begin{array}{ccccccccccccccc}
S_{363} & \mapsto & S_{362} & \mapsto & S_{357} & \mapsto & S_{343} & \mapsto & S_{301} & \mapsto & S_{175} & \mapsto & S_{526} & \mapsto & S_{121} \\
111110 & & 111102 & & 111020 & & 110201 & & 102011 & & 020111 & & 201111 & & 011111
\end{array}$$

Viennent ensuite les séquences

$$
\begin{array}{lll}
n = 114 & P_{114} = 1.0\% & 011020 \\
n = 174 & P_{174} = 1.1\% & 020110 \\
n = 524 & P_{524} = 1.1\% & 201102
\end{array}
$$

indiquant que les extrasystoles ont tendance à survenir en étant séparées par deux battements pilotés par le nœud sinusal comme le suggèrent les permutations

$$
\begin{array}{ccccccccc}
S_{174} & \mapsto & S_{524} & \mapsto & S_{114} & \mapsto & S_{343} & \mapsto & S_{301} \\
020110 & & 201102 & & 011020 & & 110201 & & 102011
\end{array} \; ,
$$

où sont utilisées les séquences S_{343} et S_{301}, identifiées dans le premier groupe. Nous comprenons maintenant pourquoi ces deux séquences ont une probabilité de réalisation de 4.9 % et non de 4.0 % comme les autres : 4.0% correspondent aux extrasystoles isolées, et environ 1.0 % qui correspondent aux extrasystoles étant séparées par deux battements pilotés par le nœud sinusal.

Enfin, les séquences

$$
\begin{array}{lll}
n = 365 & P_{365} = 0.9\% & 111112 \\
n = 367 & P_{367} = 0.7\% & 111121 \\
n = 373 & P_{373} = 0.7\% & 111211 \\
n = 391 & P_{391} = 0.8\% & 112111 \\
n = 445 & P_{445} = 0.7\% & 121111 \\
n = 607 & P_{607} = 1.2\% & 211111
\end{array}
$$

correspondent à une bradycardie isolée par la succession des permutations

$$
\begin{array}{ccccccccccc}
S_{365} & \mapsto & S_{367} & \mapsto & S_{373} & \mapsto & S_{291} & \mapsto & S_{445} & \mapsto & S_{607} \\
111112 & & 111121 & & 111211 & & 112111 & & 121111 & & 211111
\end{array} \; .
$$

Les dernières séquences possédant une probabilité de réalisation non négligeable sont les suivantes :

$$
\begin{array}{lll}
n = 202 & P_{202} = 0.5\% & 021111 \\
n = 310 & P_{310} = 0.5\% & 102111 \\
n = 346 & P_{346} = 0.5\% & 110211 \\
n = 358 & P_{358} = 0.4\% & 111021
\end{array}
$$

et correspondent à l'apparition d'un motif « 02 » selon le schéma qui suit, et où l'on retrouve la séquence S_{362} identifiée dans le premier groupe :

$$
\begin{array}{ccccccccc}
S_{362} & \mapsto & S_{358} & \mapsto & S_{346} & \mapsto & S_{310} & \mapsto & S_{202} \\
111102 & & 111021 & & 110211 & & 102111 & & 021111
\end{array} \; .
$$

Nous pouvons donc estimer que nous avons 4.0% d'extrasystoles isolées, 1.0% d'extrasystoles séparées par deux battements pilotés par le nœud sinusal, et environ 0.8% de bradycardies isolées. Ceci est donc conforme avec le diagnostic d'arythmies cardiaques posé par l'équipe médicale lors de l'hospitalisation du nourrisson 03 (TAB. 2.2).

De manière à caractériser la complexité de la dynamique cardiaque, nous faisons alors appel au calcul d'une entropie de Shannon, qui est une mesure du taux de production d'information par un processus [22]. Typiquement, l'entropie d'un régime de période 1 est nulle puisqu'aucune information n'est produite d'un évènement à l'autre. À l'opposé, celle correspondant à l'équipartition de tous les états possibles du système est maximum. L'entropie de Shannon est définie par

$$
\tilde{S}_h = \sum_{n=0}^{N_p^{N_q}-1} -P_n \log P_n \,, \tag{3.10}
$$

où P_n est la probabilité de réalisation du $n^{\text{ème}}$ état possible du système. Dans notre cas, P_n désigne la probabilité d'observer la séquence symbolique d'indice n. Etant donné que nous avons $N_p^{N_q}$ états distincts accessibles à notre description, l'équipartition correspond à des états de probabilité $P_n = \frac{1}{N_p^{N_q}}$ ($\forall n$), d'où

$$S_{\max} = N_p^{N_q} \left(\frac{1}{N_p^{N_q}} \ \log \ N_p^{N_q} \right) = N_q \ \log \ N_p \,, \tag{3.11}$$

soit une entropie maximum $S_{\max} = 6.59$ pour $N_p = 3$ et $N_q = 6$. De manière à donner une mesure relativement indépendante du choix des paramètres N_p et N_q, nous normaliserons les entropies $\tilde{S}_h$ données par la valeur maximum, soit

$$S_h = \frac{\tilde{S}_h}{S_{\max}} \,.$$

Dans le cas du nourrisson 03 discuté ici, nous obtenons à partir des intervalles RR détectés par les deux algorithmes une entropie de

$$S_h = \frac{2.41}{6.59} = 0.37 \,.$$

Nous vérifions (TAB. 3.3) que les résultats sont équivalents pour les deux algorithmes pris séparément. La petite différence sur les probabilités de réalisation des différents symboles résulte de la tolérance sur les écarts de codage entre les deux algorithmes que nous avons fixée à ±40 ms. Toutefois, ceci ne change rien sur la probabilité d'observer les différentes arythmies relevées, ni sur l'entropie de Shannon. D'une certaine manière, nous retrouvons ici la robustesse de cette grandeur face à des artéfacts, comme l'indiquait une étude antérieure [24].

TABLE 3.3 – Tableau comparatif des résultats fournis par les algorithmes RECAN et PHYSIONET. Cas du nourrisson 3.

Algorithme	ρ_0	ρ_1	ρ_2	110201	110201102011	112111	S_h
RECAN	10.9	82.3	6.8	4.6%	1.0%	0.7%	0.33
PHYSIONET	10.7	82.3	7.0	4.5%	1.0%	0.8%	0.33

La qualité de la dynamique symbolique repose sur la qualité de la partition de l'espace des phases. Lorsque la dynamique sous-jacente est déterministe, le comportement peut être chaotique et un critère de nature topologique peut être utilisé pour définir la partition [25]. Malheureusement, un tel critère ne peut être invoqué lorsque le processus est de nature stochastique comme cela est le cas pour la dynamique cardiaque. Il est alors nécessaire d'avoir recours à des critères de nature statistique. Plusieurs critères sont alors possibles : parmi eux, l'équipartition des symboles [26, 27] possède de sérieuses limitations lorsque certains symboles sont significativement moins réalisés que d'autres, comme c'est le cas si l'on souhaite des symboles associés aux arythmies. Un critère plus robuste consiste à rechercher la partition associée à la plus grande entropie [28].

De manière à rechercher une optimisation de la partition, nous avons tracé la valeur de l'entropie de Shannon relative en fonction du seuil τ_c de la partition. Il apparaît pour chacun des nourrissons un maximum pour un seuil τ_c voisin de 4 ms, l'entropie étant alors supérieure à 0.9 pour la grande majorité des nourrissons (FIG. 3.7) : une valeur si proche de l'entropie maximum théorique reflète que, pour un seuil autour de cette valeur, la distribution des différentes séquences possibles est proche de celles que présenteraient des processus complètement aléatoires conduisant à une équipartition des symboles. Etant donné que, comme cela a été noté dans une autre étude [12], une fluctuation inférieure ou égale à 4 ms peut très bien être imputée au bruit de mesure, une telle partition n'a aucun sens et le critère d'entropie maximum [28] ne peut être retenu pour choisir une partition optimale. Deux critères vont nous guider pour finalement choisir le seuil τ_c : un critère de robustesse imposant des valeurs de l'entropie peu sensibles au choix du seuil et un critère physiologique conduisant à un seuil pas trop grand pour distinguer la plupart des arythmies de l'activité sinusale. Ceci nous conduit à choisir la valeur de $\tau_c = 40$ ms,

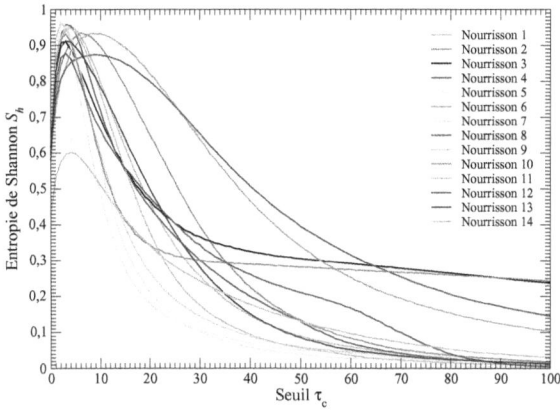

FIGURE 3.7 – Recherche de la partition optimale par représentation de l'entropie de Shannon en fonction du seuil τ_c.

valeur pour laquelle l'entropie a déjà nettement relaxé de sa valeur arbitrairement trop grande en raison d'un seuil trop petit. Notons que le seuil de 40 ms est légèrement inférieur au seuil de 50 ms habituellement utilisé pour l'étude des pNN_x [17] et est très largement inférieur au seuil retenu pour l'étude de dynamique cardiaque d'adultes ($\tau_c = 170$ ms) [23].

Puisque l'entropie est normalisée, elle est comprise sur l'intervalle unité. Une entropie proche de 1 signifiera une dynamique cardiaque avec un grand nombre d'arythmies : une telle dynamique sera probablement délétère et il est peu probable que des entropies aussi élevées soient atteintes. À l'inverse, une dynamique cardiaque essentiellement gouvernée par le nœud sinusal sera associée à une grande prépondérance des petites variations (symboles « 1 ») et l'entropie sera voisine de 0. Toutefois la présence unique de « 1 » pourrait être associée à une trop faible variabilité qui pourrait être interprétée par une dégradation de la réponse du cœur à l'effort et, par conséquent, être à nouveau associée à un caractère pathologique. Une dynamique « normale » pourrait être associée à des variations plutôt isolées et rapides du rythme cardiaque : ne seraient alors réalisées que les séquences avec un symbole sur deux étant égal à « 1 ». Ces séquences sont alors de la forme :

$$1 \quad \sigma_1 \quad 1 \quad \sigma_2 \quad 1 \quad \sigma_3$$

où $\sigma_i \in \{0, 1, 2\}$. Il y a un $3^3 = 27$ séquences possibles. Les séquences peuvent également être de la forme :

$$\sigma_1 \quad 1 \quad \sigma_2 \quad 1 \quad \sigma_3 \quad 1$$

où $\sigma_i \in \{0, 1, 2\}$. Nous avons alors $2 \times 3^3 = 54$ séquences possibles. Considérant que ces séquences sont équiprobables, l'entropie est alors :

$$S_{\text{norm}} = \frac{1}{6.59} \times 54 \times \frac{1}{54} \times \log \frac{1}{54} = \frac{-\log 54}{6.59} = 0.26 \,, \tag{3.12}$$

chaque séquence étant réalisée avec une probabilité $\frac{1}{54}$. L'entropie associée à une dynamique cardiaque « normale » devrait donc être autour de $\frac{1}{4}$. Nous pensons qu'une entropie « normale » devrait être comprise entre 0.20 et 0.30.

3.2.3 Structure des applications de premier retour

Comme nous l'avons vu, la présence d'arythmies modifie la structure de l'application de premier retour en induisant l'apparition de segments aux orientations bien définies dans le plan ΔRR_{n+1}-ΔRR_n (FIG. 3.5). Ces orientations peuvent être identifiées automatiquement en introduisant un angle θ_n que nous calculerons uniquement lorsque

$$\rho_n = \sqrt{\Delta RR_n^2 + \Delta RR_{n+1}^2} > \rho_c = 40 \text{ ms} \,,$$

les évènements tels que $\rho_n < \rho_c$ étant, par définition, associées à la variabilité induite par le nœud sinusal. En traçant l'évolution de l'angle θ (pour les $\Delta RR > \tau_c$), il apparaît que le nourrisson 03 présente des extrasystoles isolées sur l'ensemble de la nuit (FIG. 3.8). Cette dernière sera étudiée par la suite. Ainsi, lorsque $\rho_n > \rho_c$, l'angle θ_n est défini comme

$$\theta_n = \arctan\frac{\Delta RR_{n+1}}{\Delta RR_n} \,.$$

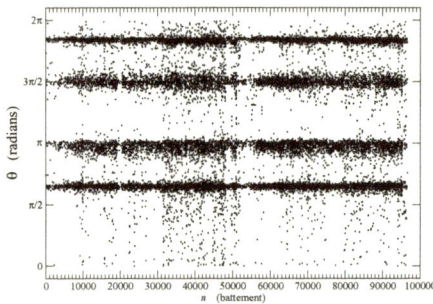

FIGURE 3.8 – Evolution de l'angle θ en fonction de l'indice n du battement. Cas du nourrisson 3.

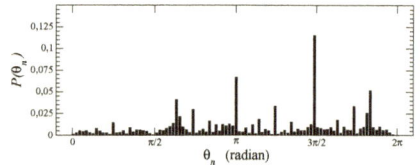

FIGURE 3.9 – Distribution de l'angle θ. Cas du nourrisson 3.

Dans le cas du nourrisson 03, cet angle prend principalement quatre valeurs (FIG. 3.9) correspondant à chacun des quatre segments identifiés sur l'application de premier retour (FIG. 3.5). Ces angles sont
- segment A, $\theta = \frac{3\pi}{2}$;
- segment B, $\theta = \pi$;
- segment C, $\theta = 116,6^o \approx \frac{2\pi}{3}$ puisque $\tan\theta = -\frac{1}{2}$;
- segment D, $\theta = 333,4^o \approx \frac{5\pi}{6}$ puisque $\tan\theta = -2$.

Ceci conduit à l'application schématique représentée FIG. 3.10a lorsque des extrasystoles isolées, c'est-à-dire interrompant le cours des battements pilotés par le nœud sinusal, se développent. Lorsque les extrasystoles surviennent en salves, la succession des intervalles RR est de la forme :

$$\ldots T \quad T \quad T-\tau \quad T+\tau \quad T-\tau \quad T+\tau \quad T \quad T \ldots$$

où ici deux extrasystoles successives ont été retenues. Les ΔRR correspondant sont

$$\ldots 0 \quad -\tau \quad +2\tau \quad -2\tau \quad +2\tau \quad -\tau \quad 0 \ldots$$

et s'inscrivent sur deux segments supplémentaires (par rapport aux segments A à D associés aux extrasystoles isolées), soient
- le segment E correspondant à $\Delta RR_{n+1} = -\Delta RR_n$ impliquant $\theta = \frac{3\pi}{4}$ puisque $\tan\theta = -1$ avec $\Delta RR_n < 0$;
- le segment F correspondant à $\Delta RR_{n+1} = -\Delta RR_n$ impliquant $\theta = \frac{7\pi}{4}$ puisque $\tan\theta = -1$ avec $\Delta RR_n > 0$.

La séquence symbolique associée à des extrasystoles répétées est de la forme

$$\ldots 1 \quad 1 \quad 0 \quad (20)^p \quad 1 \quad 1 \ldots$$

où p désigne le nombre d'extrasystoles successives et $(20)^p = 20\ 20\ ...\ 20\ 20$ où « 20 » est répété p fois. L'application de premier retour présente alors les structures caractéristiques représentées FIG. 3.10b, facilement identifiables, comme observées sur le nourrisson 10 (FIG. 3.10d).

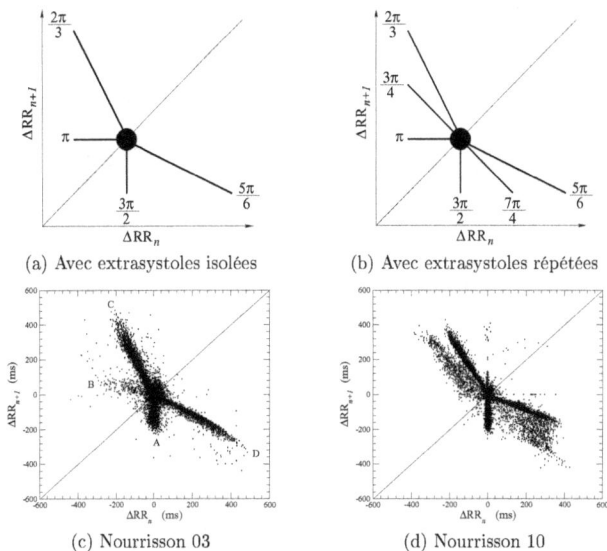

(a) Avec extrasystoles isolées   (b) Avec extrasystoles répétées

(c) Nourrisson 03   (d) Nourrisson 10

FIGURE 3.10 – Schéma type des applications de premier retour lorsque des extrasystoles isolées (a) et répétées (b) se développent. Exemples de nourrissons avec des extrasystoles isolées (c) et des salves d'extrasystoles.

Lorsqu'un épisode de bradycardie survient par un brusque allongement de l'intervalle RR avec un retour des intervalles RR « normaux » sous l'action du nœud sinusal, nous avons pour l'intervalle RR

$$... \ T \quad T \quad T+\tau \quad T' \quad T' \quad T' \quad T \quad T \quad T \ ...,$$

c'est-à-dire que le retour au rythme normal se fait lentement. Nous avons alors pour les ΔRR

$$... \ 0 \quad 0 \quad 0 \quad +\tau \quad 0 \quad 0 \quad 0 \ ...,$$

ce qui conduit à une séquence

$$... \ 1 \quad 1 \quad 1 \quad 2 \quad 1 \quad 1 \quad 1 \ ...$$

Du point de vue de l'application de premier retour, cela implique des points s'inscrivant sur un segment d'orientation $\frac{\pi}{2}$, puis sur un segment d'orientation 0. Dans le cas où le retour au battement normal se fait sur un seul battement, les intervalles sont

$$... \ T \quad T \quad T \quad T+\tau \quad T-\tau \quad T \quad T \quad T \ ...,$$

soit sur les ΔRR, une séquence

$$... \ 0 \quad 0 \quad 0 \quad +\tau \quad -\tau \quad 0 \quad 0 \quad 0 \ ...,$$

d'où finalement, une séquence

$$... \ 1 \quad 1 \quad 1 \quad 2 \quad 0 \quad 1 \quad 1 \quad 1 \ ...$$

Dans le second cas, les points de l'application de premier retour s'inscrivent successivement sur les segments d'orientation $\frac{\pi}{2}$, un d'orientation $\frac{5\pi}{6}$ et un d'orientation π. L'application de premier retour prend alors la forme d'un triangle (FIG. 3.11a), c'est-à-dire une forme bien caractéristique comme le montre l'application de premier retour calculée pour le nourrisson 08 (FIG. 3.11b).

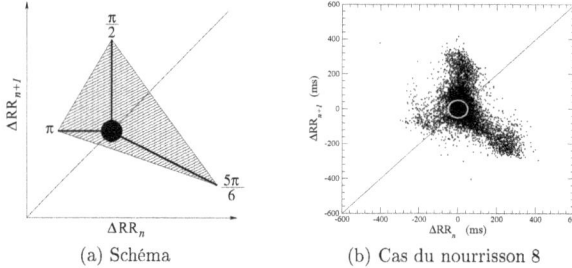

(a) Schéma   (b) Cas du nourrisson 8

FIGURE 3.11 – Schéma de l'application de premier retour en présence de bradycardie isolée (a) et exemple du nourrison 08 (b).

Selon les valeurs de l'angle θ_n, il est possible de vérifier quels types d'arythmies sont réalisés au cours de la nuit. Nous avons calculé les distributions de l'angle θ_n pour l'ensemble des nourrissons (FIG. 3.12).

Matrice de variabilité et indice d'asymétrie

Comparé à ce qui est fait dans l'étude de Schechtman *et coll* [12], la dynamique symbolique définie par la partition (Eq. (3.9)) divise l'application de premier retour en 9 secteurs (FIG. 3.13) et non quatre. De plus, l'introduction d'un quatrième symbole divise l'application de premier retour en seize secteurs. L'ajout d'un quatrième symbole prend son intérêt pour l'étude du rythme sinusal comme nous le verrons plus tard. Ainsi, pour l'étude des arythmies, cette partition à trois symboles nous permet de distinguer les cas suivants :
 – 00, soit deux décroissances de l'intervalle RR ;
 – 10, soit une décroissance suivie d'un retour à la « normale » ;
 – 20, soit une décroissance suivie d'une augmentation de l'intervalle RR ;
 – 01, soit un maintien suivi d'une décroissance de l'intervalle RR ;
 – 11, soit deux maintiens consécutifs de l'intervalle RR ;
 – 21, soit un maintien suivi d'une augmentation de l'intervalle RR ;
 – 02, soit une augmentation suivie d'une décroissance de l'intervalle RR ;
 – 12, soit une augmentation suivie d'un maintien de l'intervalle RR ;
 – 22, soit deux augmentations consécutives de l'intervalle RR.
Nous pouvons introduire une matrice de variabilité

$$\eta_{ij} = \begin{bmatrix} \eta_{02} & \eta_{12} & \eta_{22} \\ \eta_{01} & \eta_{11} & \eta_{21} \\ \eta_{00} & \eta_{10} & \eta_{20} \end{bmatrix}$$

dont l'architecture calque celle de l'application de premier retour (FIG. 3.13). Chaque élément correspond alors à la probabilité de trouver un point dans chacun des neuf domaines : elle diffère donc d'une matrice de Markov.

Si les arythmies apparaissent de manière indépendante et aléatoire, chacun des éléments η_{ij} de la matrice de variations — hormis l'élément η_{11} — doit traduire une probabilité de réalisation à peu près équivalente. Si ce n'est pas le cas, il y a alors une asymétrie dans les variations de la dynamique cardiaque, se traduisant soit par une prépondérance à l'accélération (tachycardie), soit à la décélération (bradycardie). Il est donc possible

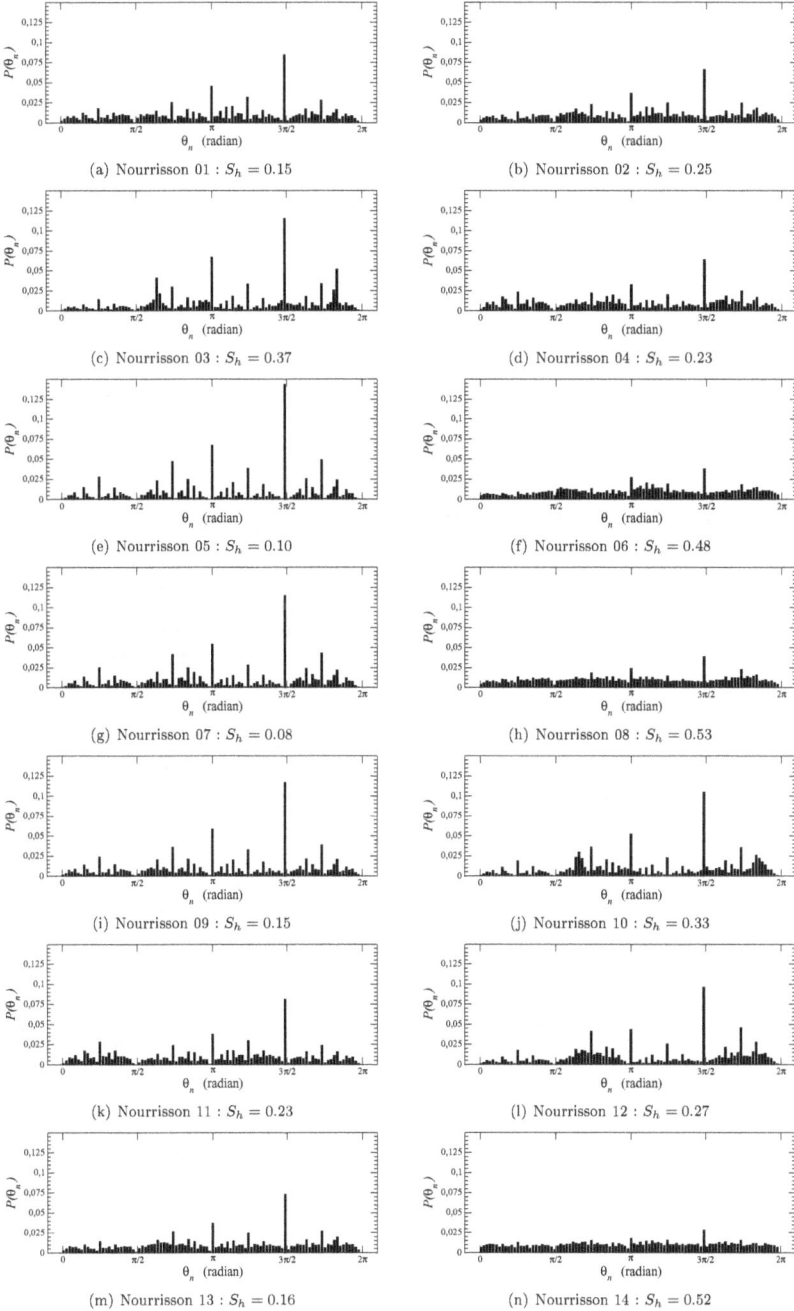

(a) Nourrisson 01 : $S_h = 0.15$

(b) Nourrisson 02 : $S_h = 0.25$

(c) Nourrisson 03 : $S_h = 0.37$

(d) Nourrisson 04 : $S_h = 0.23$

(e) Nourrisson 05 : $S_h = 0.10$

(f) Nourrisson 06 : $S_h = 0.48$

(g) Nourrisson 07 : $S_h = 0.08$

(h) Nourrisson 08 : $S_h = 0.53$

(i) Nourrisson 09 : $S_h = 0.15$

(j) Nourrisson 10 : $S_h = 0.33$

(k) Nourrisson 11 : $S_h = 0.23$

(l) Nourrisson 12 : $S_h = 0.27$

(m) Nourrisson 13 : $S_h = 0.16$

(n) Nourrisson 14 : $S_h = 0.52$

FIGURE 3.12 – Distributions des angles θ_n correspondant aux nourrissons à risque de notre protocole mais n'ayant pas fait l'objet d'une alarme sérieuse.

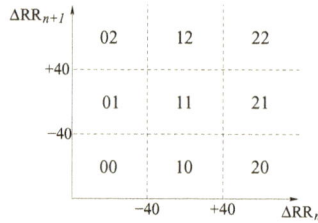

FIGURE 3.13 – Division de l'application de premier retour en 9 secteurs conformément à la partition (3.9) utilisée pour définir la dynamique symbolique.

de définir un indice d'asymétrie tel que

$$\alpha = \frac{1}{4} \left[\frac{\eta_{00}}{\eta_{22}} + \frac{\eta_{10}}{\eta_{12}} + \frac{\eta_{02}}{\eta_{20}} + \frac{\eta_{01}}{\eta_{21}} \right] .$$

Cet indice est construit de manière à respecter une symétrie centrale par rapport au secteur η_{11}, deux secteurs symétriques l'un de l'autre étant souvent dynamiquement reliés. Par exemple, répéter des accélérations (η_{00}) s'oppose directement à la répétition de décélérations (η_{22}). Par ailleurs, cet indice est construit de manière à ce qu'il augmente lorsqu'une tendance à l'accélération est observée : par conséquent, dans chaque paire numérateur-dénominateur, le numérateur est le secteur en dessous de la seconde bissectrice de l'application de premier retour. Un indice α autour de 1 représente une dynamique cardiaque pour laquelle la tendance à la décélération est équilibrée par une tendance à l'accélération. Un indice $\alpha < 1$ révèle une tendance à la décélération rapide alors qu'un indice $\alpha > 1$ traduit une tendance à l'accélération rapide. Un nourrisson présentant des extrasystoles sera donc caractérisé par un indice α supérieur à un, tandis qu'un nourrisson ayant une tendance à la bradycardie sera caractérisé par un indice inférieur à 1.

À partir de l'entropie de Shannon normalisée S_h et de l'indice d'asymétrie α, il est possible de définir une carte $S_h - \alpha$ permettant de situer relativement les différentes dynamiques cardiaques. Prenant comme valeur de référence $S_h = 0.25$ et $\alpha = 1$, nous définissons deux bandes telles que $0.20 < S_h < 0.30$ et $0.90 < \alpha < 1.10$ (FIG. 3.14). Sur cette carte nous positionnons les applications de premier retour $\Delta RR_n - \Delta RR_{n+1}$ des quatorze nourrissons. Nous remarquons que les deux grandeurs S_h et α suffisent pour discriminer la plupart des applications de premier retour. Conformément à ce qui était attendu, l'entropie discrimine les grandes variabilités ($S_h > 0.30$) des variabilités réduites ($S_h < 0.20$). Si l'indice d'asymétrie α est supérieur à 1.1, un fort taux d'extrasystoles est observé avec des segments caractéristiques (nourrissons 03 et 10). Lorsque l'indice d'asymétrie α est autour de 1 ou moins, l'application de premier retour prend la forme triangulaire que nous avons associée à la bradycardie (nourrissons 06, 08 et 14). Pour des entropies plus faibles, le nuage central est très pincé avec quelques « arythmies » peu fréquentes. Lorsque l'indice d'asymétrie α est inférieur à 1, la plupart des applications de premier retour garde toutefois la forme triangulaire. Ces deux quantités sont donc pertinentes pour la caractérisation des dynamiques cardiaques.

À partir de la dynamique à trois symboles, il est possible de compter le nombre de séquences non réalisées, c'est-à-dire le nombre de séquences de longueur $N_q = 6$ qui ne se réalisent jamais (leur probabilité d'apparition est donc nulle). Un grand nombre de séquences non réalisées est caractéristique d'un comportement régulier de l'activité cardiaque, puisque ce sont toujours les mêmes séquences qui se réalisent. En revanche, sur un électrocardiogramme qui présente un comportement complexe, le nombre de séquences non réalisées doit être plus faible, c'est pourquoi de nombreuses séquences peuvent apparaître et ainsi induire des arythmies visibles sur l'application de premier retour. En codant les ΔRR avec trois symboles différents, le nombre de séquences de longueur $N_q = 6$ possibles est égal à 729. Nous calculons donc pour chaque nourrisson le nombre et le taux de séquences non réalisées.

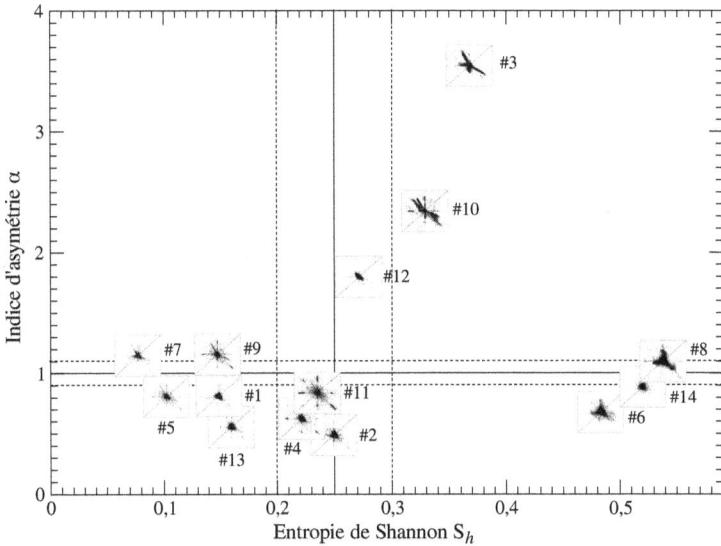

FIGURE 3.14 – Carte discriminante des dynamiques cardiaques basée sur l'entropie de Shannon S_h et l'indice d'asymétrie α. Ces deux grandeurs permettent de caractériser les propriétés dynamiques (structures) des applications de premier retour sur les ΔRR.

Résultats

Les matrices de variabilité ont été construites et les entropies de Shannon calculées pour les quatorze nourrissons (TAB. 3.4). A partir des matrices de variabilité, nous obtenons les taux

$$\rho_i = \eta_{i1} + \eta_{i2} + \eta_{i3} \tag{3.13}$$

calculés le taux de réalisation de la séquence « 111111 », représentative de six battements « normaux » consécutifs. Enfin l'indice d'asymétrie α est calculé.

Parmi les quatorze nourrissons qui ont été enregistrés (TAB. 3.5), nous constatons que les nourrissons 06, 08 et 14 possèdent les plus faibles proportions de séquences « 111111 », correspondant au rythme cardiaque régulier. De nombreux intervalles ΔRR$_n$ ont ainsi été codés avec les symboles 0 et 2, ce qui explique que ces nourrissons possèdent les entropies de Shannon les plus élevées, traduisant une importante variabilité du rythme cardiaque. Nous observons également que les nourrissons 03 et 10 possèdent des indices d'asymétrie α très supérieurs à 1 ainsi qu'une entropie relative élevée, ce qui indique une tendance à une accélération cardiaque « plus lente » que le retour à la normale (décélération compensant l'accélération). En revanche, les valeurs basses prises par l'indice d'asymétrie, correspondant à une tendance à un retour plutôt lent vers un rythme cardiaque régulier, ne semblent être corrélés ni avec le pourcentage de séquences « 111111 » réalisées, ni avec l'entropie de Shannon. Il semble ici que l'indice d'asymétrie α soit particulièrement discriminant pour les nourrissons présentant des extrasystoles pour lesquels l'origine de l'accélération rapide du rythme cardiaque réside dans la survenue de battements ectopiques.

Le nombre $N_{\emptyset}$ de séquences à six symboles jamais réalisées est calculé ainsi que le taux

$$\rho_{\emptyset} = \frac{N_{\emptyset}}{N_p^{N_q}} \tag{3.14}$$

TABLE 3.4 – Matrices de variabilité η_{ij} calculées pour les quatorze nourrissons à partir de la dynamique à trois symboles. Les entropies de Shannon relatives sont également reportées.

$$
\begin{bmatrix}
0.16 & 1.68 & 0.13 \\
1.77 & 93.08 & 1.15 \\
0.10 & 1.23 & 0.69
\end{bmatrix}
\quad
\begin{bmatrix}
0.34 & 4.02 & 0.21 \\
2.05 & 87.56 & 3.27 \\
0.16 & 1.31 & 1.08
\end{bmatrix}
\quad
\begin{bmatrix}
5.99 & 1.74 & 0.05 \\
6.03 & 72.44 & 1.46 \\
0.27 & 5.75 & 6.27
\end{bmatrix}
\quad
\begin{bmatrix}
0.85 & 2.85 & 0.17 \\
1.81 & 89.02 & 2.52 \\
0.12 & 1.47 & 1.19
\end{bmatrix}
$$

(a) 01 : $S_h = 0.15$ (b) 02 : $S_h = 0.25$ (c) 03 : $S_h = 0.37$ (d) 04 : $S_h = 0.23$

$$
\begin{bmatrix}
0.59 & 0.92 & 0.08 \\
0.62 & 95.69 & 0.81 \\
0.08 & 0.51 & 0.71
\end{bmatrix}
\quad
\begin{bmatrix}
0.78 & 8.66 & 0.79 \\
5.62 & 70.68 & 6.20 \\
0.88 & 3.16 & 3.23
\end{bmatrix}
\quad
\begin{bmatrix}
0.24 & 0.67 & 0.05 \\
0.69 & 96.88 & 0.43 \\
0.09 & 0.45 & 0.49
\end{bmatrix}
\quad
\begin{bmatrix}
1.44 & 7.52 & 1.57 \\
7.69 & 66.32 & 4.35 \\
1.97 & 4.53 & 4.60
\end{bmatrix}
$$

(e) 05 : $S_h = 0.10$ (f) 06 : $S_h = 0.48$ (g) 07 : $S_h = 0.08$ (h) 08 : $S_h = 0.53$

$$
\begin{bmatrix}
0.84 & 1.16 & 0.15 \\
1.40 & 93.18 & 0.87 \\
0.16 & 1.10 & 1.13
\end{bmatrix}
\quad
\begin{bmatrix}
5.17 & 1.42 & 0.17 \\
4.34 & 78.01 & 1.09 \\
0.28 & 4.01 & 5.51
\end{bmatrix}
\quad
\begin{bmatrix}
1.58 & 2.27 & 0.62 \\
1.92 & 88.07 & 1.60 \\
0.44 & 1.25 & 2.25
\end{bmatrix}
\quad
\begin{bmatrix}
3.81 & 2.30 & 0.01 \\
1.55 & 83.94 & 2.99 \\
0.04 & 2.24 & 3.12
\end{bmatrix}
$$

(i) 09 : $S_h = 0.15$ (j) 10 : $S_h = 0.33$ (k) 11 : $S_h = 0.23$ (i) 12 : $S_h = 0.27$

$$
\begin{bmatrix}
0.23 & 2.22 & 0.15 \\
1.21 & 92.68 & 1.94 \\
0.13 & 0.93 & 0.51
\end{bmatrix}
\quad
\begin{bmatrix}
2.29 & 7.18 & 1.73 \\
7.07 & 64.43 & 6.28 \\
1.66 & 6.17 & 3.19
\end{bmatrix}
$$

(j) 13 : $S_h = 0.16$ (k) 14 : $S_h = 0.52$

correspondant. Nous constatons (TAB. 3.5) que le nombre de séquences non réalisées est particulièrement bas chez les nourrissons 06, 08, 11 et 14, ce qui traduit une importante variabilité du rythme cardiaque. Chez les nourrissons 06, 08 et 14, pour lesquels l'entropie de Shannon est très élevée, ce pourcentage indique que le rythme cardiaque est très variable et que ces variations apparaissent de manière répétée au cours de l'enregistrement. En revanche, le nourrisson 11 présente une faible entropie de Shannon, ce qui indique que les arythmies ne sont présentes qu'avec une faible probabilité de réalisation. Nous retrouvons ces caractéristiques à l'observation des applications de premier retour (FIG. B.1).

Par la suite, nous avons choisi de représenter les probabilités d'apparition de quelques séquences caractéristiques, choisies d'après les motifs mis en évidence avec le nourrisson 03, soient
- le motif « 020 » sous la forme de la séquence $S_{343} = 110201$, caractérisant une extrasystole isolée ;
- le motif « 0?011020 » représentant des extrasystoles successives séparées par deux battements plusieurs par le nœud sinusal, donc potentiellement sous la forme de la séquence $S_{174} = 020110$;
- le motif « ... 1 0 (20)^p 1 ... », représentant des extrasystoles répétées et sous la forme par exemple de la séquence $S_{303} = 102020$;
- le symbole « 2 » apparaissant de manière isolée sous la forme de la séquence $S_{391} = 112111$, correspondant à une bradycardie avec un retour lent au rythme normal ;
- le motif « 20 » sous la forme de la séquence $S_{382} = 112011$, correspondant à une bradycardie avec un retour à la normale fait sur un seul battement ;
- le motif « 022 », correspondant à une extrasystole corrigée par un ralentissement prolongé du rythme cardiaque, grâce à la séquence $S_{319} = 102211$;
- le motif « 02 », en calculant la probabilité de réalisation de la séquence $S_{346} = 110211$, indiquant la présence d'une arythmie qui n'est pas précisément caractérisée mais dont le pourcentage de réalisation peut prendre des valeurs significatives.

D'après les probabilités de réalisations de ces différentes séquences (TAB. 3.6), il est possible de confirmer la présence de bouffées d'extrasystoles apparaissant de manière répétée chez les nourrissons 03 et 10, qui possèdent

TABLE 3.5 – Probabilités de réalisation ρ_i des symboles 0, 1 et 2. Taux de réalisation ρ_{111111} de la séquence « 111111 ». Les entropies de Shannon absolues $\tilde{S}_h$ et relatives S_h, l'indice d'asymétrie α, le nombre $N_\emptyset$ de séquences non réalisées ainsi que le taux $\rho_\emptyset$ correspondant sont également reportés.

Nourrisson	ρ_0	ρ_1	ρ_2	« 111111 »	$\tilde{S}_h$	S_h	α	$N_\emptyset$	$\rho_\emptyset$
01	2.02	96.00	1.97	85.1%	1.02	0.15	0.81	395	54.2%
02	2.55	92.89	4.56	72.3%	1.66	0.25	0.50	303	41.6%
03	12.29	79.93	7.78	**49.0%**	2.42	**0.37**	3.55	349	47.9%
04	2.78	93.34	3.87	76.3%	1.53	0.23	0.67	231	31.7%
05	1.29	97.12	1.59	91.4%	0.66	0.10	0.78	280	38.4%
06	7.28	82.50	10.22	**44.2%**	3.18	**0.48**	0.66	145	**19.9%**
07	1.03	98.00	0.97	93.2%	0.52	0.08	1.10	456	62.6%
08	11.11	78.37	10.52	**44.9%**	3.49	**0.53**	0.99	97	**13.3%**
09	2.39	95.45	2.16	86.1%	1.00	0.15	1.08	271	37.2%
10	9.79	83.44	6.77	**60.0%**	2.17	**0.33**	2.34	311	42.7%
11	3.94	91.59	4.47	80.7%	1.49	0.23	0.79	94	**12.9%**
12	5.40	88.48	6.12	73.6%	1.76	0.27	1.79	447	61.3%
13	1.56	95.83	2.60	83.7%	1.08	0.16	0.58	332	45.5%
14*	11.02	77.79	11.19	**47.2%**	3.44	**0.52**	0.91	103	**14.1%**

la probabilité de réalisation de la séquence « 110201 » la plus élevée de notre cohorte de nourrissons. Il semble par ailleurs, comme l'indique les probabilités de réalisation de la séquence « 102020 », que le nourrisson 10 fasse l'objet d'extrasystoles successives comme cela avait été suggéré d'après la présence très marquée de segments caractéristiques dans les applications de premier retour (FIG. B.1).

Ensuite, il apparaît que la probabilité de réalisation de la séquence « 112111 » est particulièrement élevée chez les nourrissons 02 et 06 : cet aspect indique la présence d'arythmies, et plus particulièrement une tendance au retour plutôt lent à un battement régulier par ralentissement du rythme cardiaque. Nous remarquons également que les nourrissons 06, 08 et 14 possèdent les probabilités de réalisation de la séquence « 111111 » les plus faibles, ce qui indique une grande instabilité dans le rythme cardiaque, d'autant plus qu'elles sont associées aux probabilités de réalisation de la séquence « 102211 » les plus grandes. Il apparaît donc que les nourrissons 06 et 08 présentent de nombreuses arythmies se traduisant majoritairement par un ralentissement très lent du rythme cardiaque (caractéristique connue comme étant un signe sérieux de pathologie cardiaque), et que les nourrissons 02 et 14 présentent également un certain nombre d'arythmies avec une tendance similaire.

Une fois encore, chaque quantité apporte son information spécifique. Par exemple, les nourrissons 05 et 07 ont une probabilité de réalisation de la séquence « 111111 » très élevée (respectivement 91.4% et 93.2%) et des taux de séquences non réalisées relativement élevés (respectivement 38.4% et 62.6%). Ce sont les deux nourrissons aux applications de premier retour très peu développées (FIG. 3.14). Au contraire, les nourrissons 06, 08 et 14 ont des probabilités de réalisation de la séquence « 111111 » assez basses (respectivement 44.2%, 44.9% et 47.2%) et des taux de séquences non réalisées assez bas (respectivement 19.9%, 13.3% et 14.1%). Ce sont les trois cas pour lesquels l'entropie de Shannon est supérieure à 0.45, ce qui est logique, puisqu'il y a une tendance à l'équiprobabilité des séquences (FIG. 3.14). Dans ces cinq cas, probabilités de réalisation de la séquence « 111111 » et taux de séquences non réalisées sont relativement bien corrélés. Toutefois, il n'en est pas toujours ainsi, et les nourrissons 03 et 10 présentent des probabilités de réalisation de la séquence « 111111 » plutôt basses (respectivement 49.0% et 60.0%) associées à des taux de séquences non réalisées plutôt élevées (respectivement 47.9% et 42.7%) : ces nourrissons sont les deux nourrissons présentant de très

TABLE 3.6 – Tableau représentant les probabilités d'apparition de quelques séquences.

Nourrisson	110201	020110	102020	112111	112011	102211	110211	111111
01	—	—	—	0.7%	—	—	0.4%	85.1%
02	—	—	—	**2.3%**	0.1%	—	0.6%	72.3%
03	4.9%	1.1%	—	0.8%	0.2%	—	0.5%	49.0%
04	—	—	—	1.5%	0.2%	—	0.4%	76.3%
05	0.1%	—	—	0.4%	0.2%	—	0.2%	91.4%
06	—	—	—	**3.3%**	0.1%	**0.2%**	1.2%	**44.2%**
07	0.2%	—	—	0.3%	—	—	0.2%	93.2%
08	—	—	—	1.4%	0.1%	**0.3%**	1.0%	**44.9%**
09	0.3%	—	—	0.5%	0.1%	—	0.3%	86.1%
10	2.2%	0.2%	0.7%	0.4%	0.3%	—	0.6%	60.0%
11	0.1%	—	—	0.6%	—	—	0.4%	80.7%
12	0.3%	—	0.3%	0.8%	0.6%	—	0.2%	73.6%
13	—	—	—	1.3%	—	—	0.2%	83.7%
14*	—	—	—	1.2%	0.1%	**0.2%**	0.4%	**47.2%**

nombreuses extrasystoles. Dans ces deux cas, la réalisation des extrasystoles se fait quasi-exclusivement au détriment des battements régulés par le nœud sinusal.

Cette étude présente quelques limitations. La principale est qu'en raison du taux de rejets de certains évènements en raison de la présence d'artéfacts, nous avons environ 3.5% d'évènements qui ne sont pas codés. Ce taux est de l'ordre de grandeur du taux d'arythmies détectées ; en conséquence, nous pouvons penser que les taux d'arythmies sont plutôt sous-estimés. En particulier, l'enregistrement du nourrisson 14 présente un taux d'artéfacts de près de 75%, et n'est par conséquent pas très fiable. Toutefois, ce qui importe ici est la démonstration de notre capacité à distinguer de manière automatique et au moins qualitativement les différentes dynamiques cardiaques.

En effet, l'indice d'asymétrie α calculé à partir de la matrice de variabilité permet de bien mettre en avant les dynamiques cardiaques sujettes à une variabilité anormale comme des accélérations anormales observés chez des nourrissons susceptibles de présenter des bouffées d'extrasystoles. L'entropie de Shannon relative est quant à elle bien corrélée avec le nombre de séquences non réalisées lorsqu'une dynamique symbolique à trois symboles est utilisée, et témoigne d'une importante variabilité du rythme cardiaque. Par la suite, l'étude des probabilités de réalisation des différentes séquences choisies permettent de relier cette variabilité à une tendance à un lent ralentissement de l'activité cardiaque.

3.2.4 Analyse de la régulation sinusale par dynamique à quatre symboles

L'utilisation de la dynamique symbolique constituant une méthode efficace pour l'analyse de la variabilité cardiaque [19, 20], nous souhaitons mettre en place une dynamique à quatre symboles, permettant d'effectuer une analyse complémentaire des phénomènes physiologiques intervenant dans la variabilité du rythme, tout en demeurant facilement interprétable. En effet, le quatrième symbole permet de scruter ce qui se passe sur les variations en dessous de 40 ms et, ainsi, d'étudier plus en détail la variabilité du rythme cardiaque soumis à la régulation par le nœud sinusal, nous avons donc construit une dynamique symbolique selon la partition suivante :

$$\sigma_n = \begin{cases} 0 & \text{si} & \Delta \text{RR}_n \leq -40 \text{ ms} \\ \bar{1} & \text{si} & -40 < \Delta \text{RR}_n < 0 \text{ ms} \\ 1 & \text{si} & 0 \leq \Delta \text{RR}_n < 40 \text{ ms} \\ 2 & \text{si} & \Delta \text{RR}_n \geq +40 \text{ ms} \end{cases} \tag{3.15}$$

L'introduction du quatrième symbole va ainsi permettre d'étudier l'activité cardiaque de nature sinusale, qui se traduit par des variations temporelles de faible amplitude au sein du rythme, et qui n'étaient pas détectables par la seule utilisation de la dynamique à trois symboles. Comme précédemment, les symboles 0 et 2 codent respectivement les réductions de plus de 40 ms de l'intervalle RR et les augmentations de plus de 40 ms de l'intervalle RR. Le rythme sinusal est quant à lui divisé en deux intervalles, $\bar{1}$ représentant les petites accélérations et 1 représentant les petits retards, les deux types de variations étant liés à l'activité sinusale.

La partition étant fixée, il est possible de calculer le nombre d'intervalles RR qui sont codés avec chaque symbole, et ainsi de connaître la probabilité de réalisation des différentes séquences possibles. Le nombre N_p de symboles étant passé à 4, la longueur des séquences restant fixée à $N_q = 6$, le nombre de séquences réalisables est donné par $N_p^{N_q} = 4^6 = 4096$. Il est ainsi possible de calculer une entropie de Shannon pour chaque nourrisson, à partir de la dynamique à quatre symboles. L'entropie maximum, correspondant à l'équiprobabilité de réalisation de chacune des séquences réalisables est égale à $S_{\max} = 8.32$. Les entropies $\tilde{S}_h$ calculées pour chaque nourrisson seront par la suite normalisées par cette valeur maximum.

La dynamique symbolique définie par cette partition à quatre symboles permet de diviser l'application de premier retour en 16 secteurs (FIG. 3.15). Nous choisissons de nous intéresser aux quatre secteurs centraux, correspondant aux variations de faible amplitude du rythme cardiaque sous l'action du nœud sinusal. Nous distinguons ainsi les cas suivants :

- $\bar{1}\bar{1}$, soit deux décroissances de l'intervalle RR ;
- $1\bar{1}$, soit une augmentation suivie d'une décroissance de l'intervalle RR ;
- $\bar{1}1$, soit une décroissance suivie d'une augmentation de l'intervalle RR ;
- 11, soit deux augmentations consécutives de l'intervalle RR.

Nous introduisons le bloc central de la matrice de variabilité

$$\nu_{ij} = \begin{bmatrix} \nu_{\bar{1}1} & \nu_{11} \\ \nu_{\bar{1}\bar{1}} & \nu_{1\bar{1}} \end{bmatrix},$$

où chaque élément correspond à la probabilité de trouver un point dans chacun des quatre domaines uniquement associés à la variabilité sinusale.

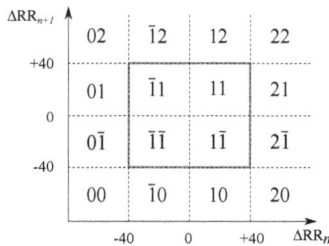

FIGURE 3.15 – Division de l'application de premier retour en 16 secteurs conformément à la partition (3.15) utilisée pour définir la dynamique symbolique.

Afin d'identifier les asymétries dans les variations du rythme cardiaque sous régulation sinusale, nous définissons un indice d'asymétrie β tel que

$$\beta = \frac{1}{2}\left[\frac{\nu_{\overline{11}}}{\nu_{11}} + \frac{\nu_{\overline{1}1}}{\nu_{1\overline{1}}}\right].$$

Un indice β autour de 1 indique que les variations du rythme cardiaque induites par la régulation sinusale ont tendance à s'équilibrer. Un indice $\beta < 1$ traduirait une décélération lente du rythme cardiaque par le nœud sinusal, tandis qu'un indice $\beta > 1$ serait caractéristique d'une accélération lente du rythme cardiaque. De la même façon que précédemment, nous calculons le nombre puis le taux de séquences non réalisées (séquences de probabilité nulle) parmi les 4096 séquences possibles.

Résultats

A l'observation des matrices de variabilité calculées pour chacun des nourrissons (TAB. 3.7), il apparaît que les secteurs $\nu_{\overline{1}1}$ et $\nu_{1\overline{1}}$ sont visités dans des proportions très voisines. En revanche, nous pouvons noter un déséquilibre en ce qui concerne les secteurs $\nu_{\overline{11}}$ et ν_{11}, qui sont globalement répartis pour les nourrissons selon le schéma suivant :

$$\nu_{\overline{11}} < \nu_{11}.$$

Il semble donc que la régulation du rythme cardiaque par le nœud sinusal soit asymétrique, et que la fréquence cardiaque soit ralentie plus lentement qu'elle n'est accélérée, ce qui est semble-t-il normal.

TABLE 3.7 – Matrices de variabilité ν_{ij} associées à la dynamique sur les deux symboles 1 et $\overline{1}$ calculées pour les quatorze nourrissons, et entropie de Shannon relative

$$\begin{bmatrix} 23.95 & 23.97 \\ 21.87 & 23.29 \end{bmatrix} \quad \begin{bmatrix} 24.31 & 18.40 \\ 21.32 & 23.53 \end{bmatrix} \quad \begin{bmatrix} 19.01 & 18.43 \\ 14.04 & 20.95 \end{bmatrix} \quad \begin{bmatrix} 24.70 & 22.55 \\ 17.21 & 24.56 \end{bmatrix}$$

(a) 01 : $S_h = 0.59$ (b) 02 : $S_h = 0.64$ (c) 03 : $S_h = 0.67$ (d) 04 : $S_h = 0.63$

$$\begin{bmatrix} 26.57 & 25.81 \\ 16.87 & 26.44 \end{bmatrix} \quad \begin{bmatrix} 18.25 & 12.37 \\ 23.52 & 16.54 \end{bmatrix} \quad \begin{bmatrix} 28.56 & 25.32 \\ 14.79 & 28.22 \end{bmatrix} \quad \begin{bmatrix} 17.67 & 17.66 \\ 15.04 & 15.95 \end{bmatrix}$$

(e) 05 : $S_h = 0.55$ (f) 06 : $S_h = 0.77$ (g) 07 : $S_h = 0.53$ (h) 08 : $S_h = 0.78$

$$\begin{bmatrix} 24.51 & 27.67 \\ 16.55 & 24.46 \end{bmatrix} \quad \begin{bmatrix} 22.03 & 21.91 \\ 12.02 & 22.05 \end{bmatrix} \quad \begin{bmatrix} 19.90 & 27.63 \\ 20.87 & 19.67 \end{bmatrix} \quad \begin{bmatrix} 26.23 & 19.37 \\ 12.43 & 25.91 \end{bmatrix}$$

(i) 09 : $S_h = 0.58$ (j) 10 : $S_h = 0.66$ (k) 11 : $S_h = 0.62$ (l) 12 : $S_h = 0.61$

$$\begin{bmatrix} 25.22 & 21.94 \\ 20.63 & 24.88 \end{bmatrix} \quad \begin{bmatrix} 16.45 & 16.32 \\ 16.24 & 15.43 \end{bmatrix}$$

(j) 13 : $S_h = 0.59$ (k) 14 : $S_h = 0.78$

D'après cette série de mesures (TAB. 3.8), nous constatons comme précédemment que les nourrissons 06 et 08 possèdent les entropies les plus élevées, traduisant une importante variabilité du rythme cardiaque. Nous observons également que l'entropie de Shannon est élevée chez le nourrisson 14, et dans une moindre mesure chez les nourrissons 03 et 10, ce qui indique qu'ils sont sujets eux aussi à de nombreuses variations de faible amplitude au cours de l'enregistrement. L'indice d'asymétrie β permet de mettre en avant les écarts de répartition des évènements cardiaques apparaissant dans la matrice de variabilité. Nous constatons ainsi que l'indice d'asymétrie β est particulièrement élevé, ce qui traduit un rythme cardiaque sous régulation sinusale à l'accélération plus lente que la décélération, ce qui est a priori pathologique, chez les nourrissons 02, 06 et 14 que nous avions identifiés auparavant comme présentant une tendance à la décélération lente sur l'ensemble du rythme cardiaque. L'un compenserait l'autre : une décélération prolongée par $\Delta RR > 40$ ms se compenserait par une accélération prolongée par $\Delta RR < 40$ ms. À l'inverse, nous remarquons que l'indice d'asymétrie β est le plus

TABLE 3.8 – Pourcentage ρ_i d'intervalles RR codés avec les symboles 0, $\bar{1}$, 1 et 2, entropies de Shannon absolues $\tilde{S}_h$ et relatives S_h, indice d'asymétrie β, nombre $N_\emptyset$ et taux $\tilde{\rho}_\emptyset$ de séquence de probabilité nulle (non réalisées) calculées sur les quatre symboles.

Nourrisson	ρ_0	$\rho_{\bar{1}}$	ρ_1	ρ_2	$\tilde{S}_h$	S_h	β	$N_\emptyset$	$\tilde{\rho}_\emptyset$
01	2.02	46.43	49.37	1.97	4.89	0.59	0.97	2536	61.9%
02	2.55	48.67	44.21	4.57	5.29	0.64	**1.10**	1963	47.9%
03	12.25	37.32	42.61	7.78	5.57	0.67	0.83	2321	56.7%
04	2.78	44.41	48.93	3.87	5.26	0.63	0.88	1871	45.7%
05	1.29	44.25	52.87	1.59	4.57	0.55	0.83	2505	61.2%
06	7.28	48.18	34.32	10.22	6.37	**0.77**	**1.50**	1173	**28.6%**
07	1.03	43.72	54.28	0.97	4.41	0.53	0.80	2874	70.2%
08	11.11	38.05	40.32	10.52	6.53	**0.78**	0.98	923	**22.5%**
09	2.39	42.26	53.19	2.16	4.86	0.58	0.80	2192	53.5%
10	9.79	36.39	47.06	6.77	5.48	0.66	0.77	2296	56.1%
11	3.94	42.29	49.30	4.47	5.19	0.62	0.88	1454	35.5%
12	5.40	41.54	46.94	6.12	5.08	0.61	0.83	2816	68.8%
13	1.56	47.45	48.39	2.60	4.92	0.59	0.98	2224	54.3%
14*	11.02	38.88	38.90	11.20	6.48	**0.78**	**1.03**	926	**22.6%**

bas chez le nourrisson 10, indiquant un ralentissement très lent du rythme par le nœud sinusal, et chez qui des bouffées d'extrasystoles avaient pu être mises en avant. La prépondérance au ralentissement du rythme cardiaque compense alors dans ces cas la survenue des extrasystoles.

Il semblerait donc que la présence d'arythmies dans le rythme cardiaque pris dans sa globalité engendre une action antagoniste au niveau du nœud sinusal, dans le but de contrebalancer les décalages temporels induits par les arythmies. Ainsi, la régulation sinusale aura une action de ralentissement du rythme cardiaque soumis aux faibles variations chez les sujets tachycardes, et une action d'accélération de ce même rythme chez les sujets bradycardes. Les résultats des calculs du taux de séquences interdites pour chaque nourrisson (TAB. 3.8) peuvent être rapprochés des informations données par l'entropie de Shannon. En effet, les nourrissons 03 et 10, qui possèdent une entropie élevée (respectivement 0.67 et 0.66) associée à une probabilité relativement élevée de séquences non réalisées (respectivement 56.7% et 56.1%), se caractérisent par la présence d'arythmies augmentant la variabilité du rythme cardiaque, mais issus d'un nombre limité de séquences qui ont une forte probabilité de réalisation. À l'inverse, les nourrissons 06, 08 et 14 possèdent les entropies de Shannon relatives les plus élevées (respectivement 0.77, 0.78 et 0.78) mais également les probabilités les plus faibles de séquences non réalisées (respectivement 28.6%, 22.5% et 22.6%). Cela nous apprend que ces nourrissons présentent une importante variabilité du rythme cardiaque, due à l'apparition de nombreuses séquences différentes contenant des ΔRR codés par 0 ou par 2.

Á la suite de cette observation, il est pertinent de s'intéresser à la distribution des probabilités de réalisation des différentes séquences de longueur $N_q = 6$ possibles avec quatre symboles (FIG. 3.16). Nous pouvons tout d'abord constater que chez les nourrissons chez lesquels un grand nombre de séquences interdites a été trouvé (01, 05, 07 et 12), les histogrammes présentent huit pics se détachant nettement des autres séquences. Ces pics, correspondant à de fortes probabilités de réalisation des séquences associées, se situent autour des abscisses suivantes pour tous les nourrissons : 1380, 1430, 1630, 1690, 2400, 2460, 2670 et 2720. Les séquences associées à ces abscisses contiennent exclusivement des symboles $\bar{1}$ et 1, ce qui indique que le rythme cardiaque est majoritairement soumis à des faibles variations et donc la prépondérance de la régulation par le nœud sinusal.

En revanche, chez les autres nourrissons et en particulier chez les nourrissons 06, 08 et 14, les huit pics sont toujours discernables mais ils sont entourés par de nombreuses autres séquences aux probabilités de réalisation non négligeables. Cette allure est caractéristique d'un rythme cardiaque irrégulier et soumis à de nombreuses variations.

Afin d'étudier plus particulièrement les variations dans le rythme cardiaque liées à la régulation par le nœud sinusal, nous calculons la probabilité d'observer des intervalles RR qui, initialement codés par 1 avec la dynamique à trois symboles, sont désormais codés par 1 et par $\bar{1}$. Nous calculons également l'entropie de Shannon sur les deux seuls symboles $\bar{1}$ et 1, afin d'obtenir une quantification de la variabilité sinusale. Le nombre de séquences possibles est égal à $N_p^{N_q} = 2^6 = 64$. L'entropie maximum correspondant à l'équiprobabilité de réalisation des séquences est égale à $S_{\max} = 4.16$, ce qui nous permettra de normaliser les entropies calculées pour chaque nourrisson.

TABLE 3.9 – Réalisations d'intervalles RR codés par $\bar{1}$ et par 1 avec la dynamique à quatre symboles, et entropies de Shannon calculées sur les deux seuls symboles $\bar{1}$ et 1.

Nourrisson	Nombre de $\bar{1}$ et 1	$\rho_{\bar{1}}$	ρ_1	$\tilde{S}_h^2$	S_h^2
01	63845	48.6%	51.4%	4.129	0.99
02	69706	**52.4%**	47.6%	4.056	0.98
03	76288	46.7%	53.3%	4.105	0.99
04	69218	47.6%	52.4%	4.114	0.99
05	93135	45.6%	54.4%	4.069	0.98
06	58171	**58.4%**	41.6%	4.054	0.97
07	76573	44.6%	55.4%	4.004	0.96
08	58615	48.6%	51.4%	4.108	0.99
09	71130	44.3%	55.7%	4.083	0.98
10	72621	43.6%	**56.4%**	4.039	0.97
11	52250	46.2%	53.8%	4.078	0.98
12	84265	46.9%	53.1%	4.001	0.96
13	76062	49.5%	50.5%	4.089	0.98
14*	53623	50.0%	50.0%	4.137	0.99

Tout d'abord, nous constatons d'après les taux d'intervalles RR codés par $\bar{1}$ et par 1 (TAB. 3.9) qu'il y a dans la majorité des cas une dissymétrie sur l'activité sinusale : il semble que le nœud sinusal ait globalement tendance à ralentir le rythme cardiaque plutôt qu'à l'accélérer. Plus exactement, cela se traduit par le fait que le ralentissement se fait moins vite que ne se produit l'accélération. Cette caractéristique est accentuée chez le nourrisson 10, qui présente le plus grand taux de symboles 1 attribués. On observe cependant une inversion de ce phénomène chez les nourrissons 02 et 06, chez lesquels la majorité des séquences a été codée par $\bar{1}$, ce qui indique que le rythme cardiaque soumis à la régulation sinusale présente une accélération légèrement plus lente que le ralentissement et confirme les résultats obtenus précédemment. Chez les nourrissons 06, 08 et 14 pour lesquels l'entropie de Shannon calculée sur les quatre symboles était particulièrement élevée, l'indice d'asymétrie β était également élevé (respectivement 1.50, 0.98 et 1.03), ce qui traduisait une tendance à une décélération lente du rythme cardiaque par le nœud sinusal. Le retour à une pulsation cardiaque de base est donc anormalement lent chez ces nourrissons.

Concernant l'entropie de Shannon calculée sur les deux symboles $\bar{1}$ et 1, nous remarquons qu'elle est élevée chez tous les nourrissons, signifiant une importante variabilité sinusale. Cet état, associé à un indice d'asymétrie

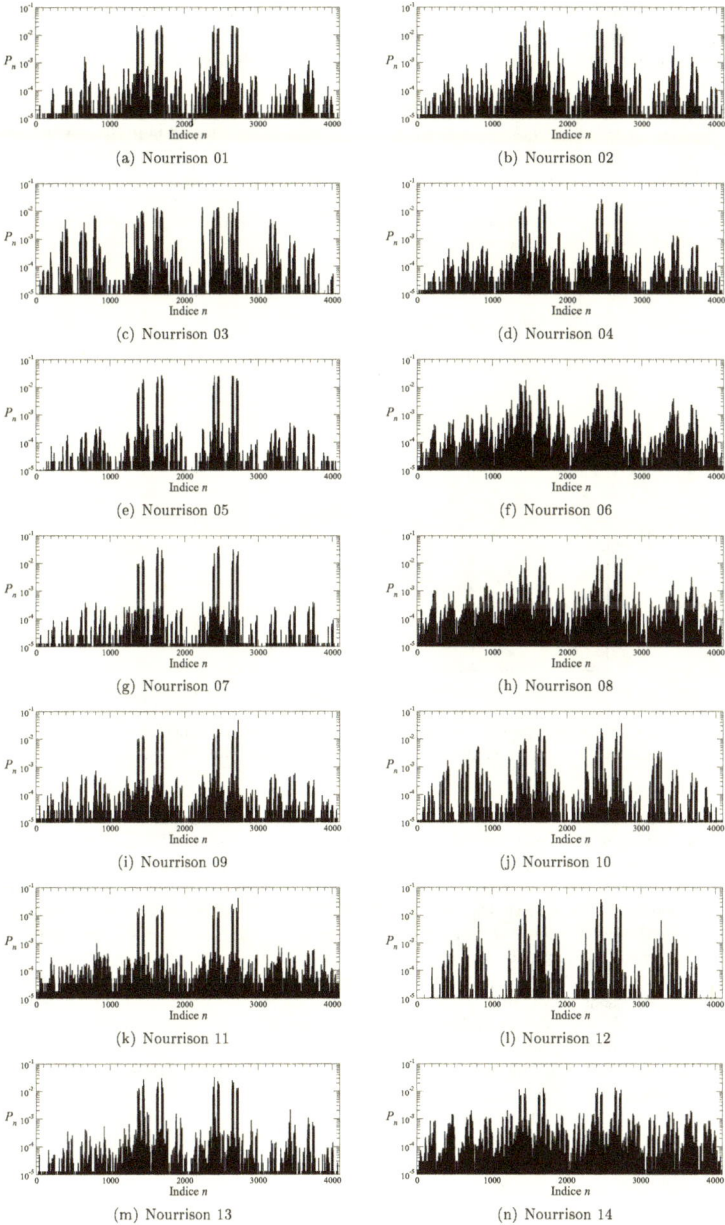

(a) Nourrison 01

(b) Nourrison 02

(c) Nourrison 03

(d) Nourrison 04

(e) Nourrison 05

(f) Nourrison 06

(g) Nourrison 07

(h) Nourrison 08

(i) Nourrison 09

(j) Nourrison 10

(k) Nourrison 11

(l) Nourrison 12

(m) Nourrison 13

(n) Nourrison 14

FIGURE 3.16 – Distribution des probabilités de réalisation des différentes séquences de longueur $N_q = 6$ possibles avec quatre symboles.

β prenant des valeurs centrées autour de la valeur « normale » 1, serait caractéristique d'une bonne capacité du cœur à ralentir le rythme cardiaque, et indicatif d'un moindre risque de mort subite [29, 30]. Il ne nous est cependant pas possible d'évaluer de manière significative les petites variations de cette entropie entre les nourrissons.

Ainsi, il apparaît que les indicateurs permettant de rendre compte au mieux de l'activité cardiaque d'origine sinusale soient l'entropie de Shannon calculée sur les quatre symboles associée à la probabilité de séquences non réalisées, et dans une moindre mesure l'indice d'asymétrie β : les résultats obtenus révèlent la présence d'un rythme cardiaque dont l'accélération est légèrement trop lente chez des sujets à tendance bradycarde. Chez les sujets auparavant identifiés comme présentant de la tachycardie, il semblerait que le nœud sinusal possède cette même action antagoniste ; cependant il n'est pas possible de confirmer cette hypothèse en raison du faible nombre de données dont nous disposons.

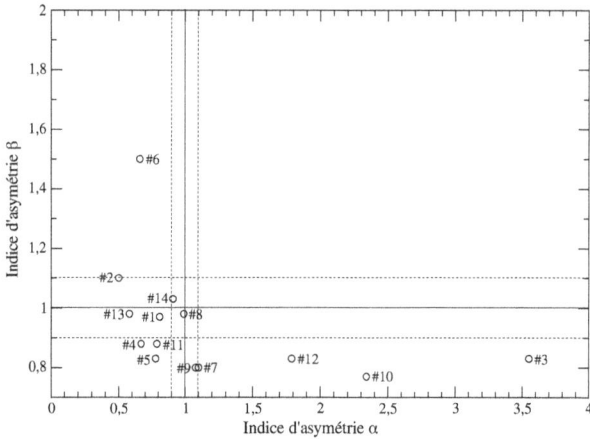

FIGURE 3.17 – Carte des dynamiques cardiaques basée sur les indices d'asymétrie α et β. Ces deux grandeurs se révèlent être anti-corrélées lorsque les indices sont significativement différents de 1.

À partir des deux indices d'asymétrie α et β, calculés respectivement à partir des dynamiques symboliques à trois et quatre symboles, il est possible d'établir une carte $\alpha - \beta$ situant les différentes dynamiques cardiaques des nourrissons. Les valeurs de référence idéales sont $\alpha = 1$ et $\beta = 1$, ce qui correspond à une équilibre entre les ralentissements et les accélérations du rythme cardiaque au cours de l'enregistrement. Nous définissons deux bandes telles que $0.90 < \alpha < 1.10$ et $0.90 < \beta < 1.10$ (FIG. 3.17). Nous remarquons que cette carte confirme l'anti-corrélation entre les indices α et β, au moins lorsque les indices s'écartent significativement de l'unité. Lorsque l'indice d'asymétrie α prend des valeurs élevées ($\alpha > 2.0$), en association avec un indice d'asymétrie β inférieur à 0.9, les applications de premier retour présentent les segments caractéristiques de la présence d'extrasystoles (nourrissons 03 et 10). À l'opposé, les nourrissons présentent un indice d'asymétrie α situé autour de 1 ou moins et associé à un indice d'asymétrie β supérieur à 1 sont ceux dont les applications de premier retour sont structurées selon une forme triangulaire imputable à de la bradycardie (nourrissons 02, 06 et 14). Les nourrissons présentant un indice d'asymétrie α situé autour de 1 et associé à un indice d'asymétrie β inférieur à 1 sont quant à eux peu sujets aux arythmies, l'indice β étant par définition un peu inférieur à 1 en raison de la tendance du nœud sinusal à plus volontiers ralentir le rythme cardiaque qu'à l'accélérer. Toutefois, il apparaît que l'indice α est plus efficace pour une discrimination des dynamiques cardiaques.

Enfin, en ce qui concerne l'entropie de Shannon calculée sur les deux symboles 1 et $\overline{1}$, les résultats obtenus ne sont pas significatifs et ne nous permettent pas de discriminer les différentes dynamiques cardiaques des nourrissons, même en faisant varier la longueur des séquences N_q (TAB. 3.9). En effet, les taux $\rho_{\overline{1}}$ et ρ_1 sont présents chez tous les nourrissons dans des proportions quasi-identiques, ce qui implique une entropie de Shannon proche de 1. Il est donc nécessaire de plutôt s'intéresser à la distribution des probabilités de réalisations des séquences (Fig. 3.18). Partant de la dynamique à quatre symboles, nous avons ainsi isolé les ΔRR codés par $\overline{1}$ et par 1, afin d'en étudier la répartition statistique selon les séquences visitées.

Nous constatons que les apparitions des différentes séquences réalisables avec les deux symboles $\overline{1}$ et 1 sont quasi-équiprobables, ce qu'indiquent les valeurs de l'entropie de Shannon très proches de 1 : l'entropie sur les symboles 1 et $\overline{1}$ n'est donc pas discriminante. La solution que nous pouvons apporter consiste à faire prendre au seuil temporel, initialement fixé à 40 ms, des valeurs plus faibles afin d'observer l'attribution des différents symboles aux ΔRR et d'obtenir une approche plus fine de la faible variabilité au sein du rythme cardiaque.

3.2.5   Amplitude de la variabilité sinusale

L'étude de la variabilité cardiaque d'origine sinusale en se focalisant sur les deux symboles $\overline{1}$ et 1 ne nous ayant pas permis de distinguer différents comportements par le calcul de l'entropie de Shannon, ni par l'observation de la répartition des différentes séquences réalisables, nous avons défini une dernière dynamique symbolique qui nous permettra d'évaluer la nature de la variabilité de la dynamique cardiaque. Pour cela, nous allons introduire deux grandeurs mises en place à partir d'une dynamique simplifiée à deux symboles. Le symbole 0 correspond à une faible différence entre deux battements successifs, et le symbole 1 représente les intervalles entre battements successifs supérieurs à ce seuil. La partition est la suivante :

$$
\sigma_n = \left|
\begin{array}{lll}
0 & \text{si} & |\Delta\text{RR}_n| < \tau \\
1 & \text{si} & |\Delta\text{RR}_n| \geq \tau .
\end{array}
\right.
\tag{3.16}
$$

Nous pouvons ainsi attribuer à la limite temporelle τ différentes valeurs (5, 10, 20, 50 et 100 ms), qui ont déjà été utilisées par le passé [31]. Nous observons ainsi pour chaque τ la probabilité d'apparition de séquences de longueur $N_q = 6$, soit $N_p^{N_q} = 2^6 = 64$ séquences possibles. Afin d'étudier la faible variabilité du rythme cardiaque, nous définissons le paramètre P_c, qui représente la probabilité de réalisation de la séquence « 000000 », c'est-à-dire une succession de six intervalles RR en dessous du seuil τ. Au contraire, nous introduisons le paramètre P_l, qui traduit la haute variabilité du rythme cardiaque et représente la probabilité de réalisation de la séquence « 111111 », correspondant à six intervalles RR situés en dehors du seuil imposé. Un patient possédant un rythme cardiaque régulier devrait donc présenter une haute probabilité pour la faible variabilité, et une faible probabilité pour la haute variabilité. Le scénario inverse révélerait au contraire la présence de nombreuses arythmies. Nous calculons ainsi les paramètres P_{c5}, P_{c10} et P_{c20} pour la faible variabilité, et les paramètres P_{l20}, P_{l50} et P_{l100} pour la haute variabilité, pour chaque nourrisson de l'étude.

Afin d'étudier la faible variabilité du rythme cardiaque plus en détail, nous avons souhaité observer le comportement de la probabilité P_c de réalisation de la séquence « 000000 », et de l'entropie de Shannon calculée sur les deux symboles 0 et 1, en fonction du seuil τ que nous avons fait varier de 1 à 100 ms par pas de 1 ms (FIG. 3.19 et 3.20). Utilisant les probabilités P_{c_τ} (TAB. 3.10), nous observons en particulier le paramètre P_{c10}, jugé le plus pertinent pour l'étude de la faible variabilité cardiaque d'après l'étude de Voss et al. [32]. Cette quantité représentant la probabilité d'intervalles RR successifs situés sur un intervalle restreint et centré autour de zéro, une faible valeur traduit des battements cardiaques majoritairement hors de cette zone et donc des arythmies. Nous notons ainsi une baisse de la faible variabilité cardiaque chez les nourrissons 02, 06, 08 et 14, et donc une présence éventuelle d'arythmies. En ce qui concernce les probabilités P_l (TAB. 3.10), nous étudions plus particulièrement l'indicateur P_{l100}, qui représente le pourcentage d'intervalles RR situés au-delà de la limite temporelle fixée à 100 ms. Une valeur élevée est donc significative d'importantes arythmies cardiaques. Nous relevons une haute variabilité particulièrement marquée chez les nourrissons 03 et 10, ce qui indique que de nombreux ΔRR sont très grands. Ce résultat est corrélé avec la morphologie en segments des applications de premier retour sur les ΔRR associées aux deux nourrissons. Dans une moindre mesure, le paramètre P_{l100} est également élevé, chez les nourrissons 06, 08 et 14.

Ainsi, ces deux paramètres semblent se corréler pour des nourrissons 06, 08 et 14, qui présentent tous trois une baisse de la faible variabilité cardiaque associée à une augmentation de la haute variabilité : l'ensemble de

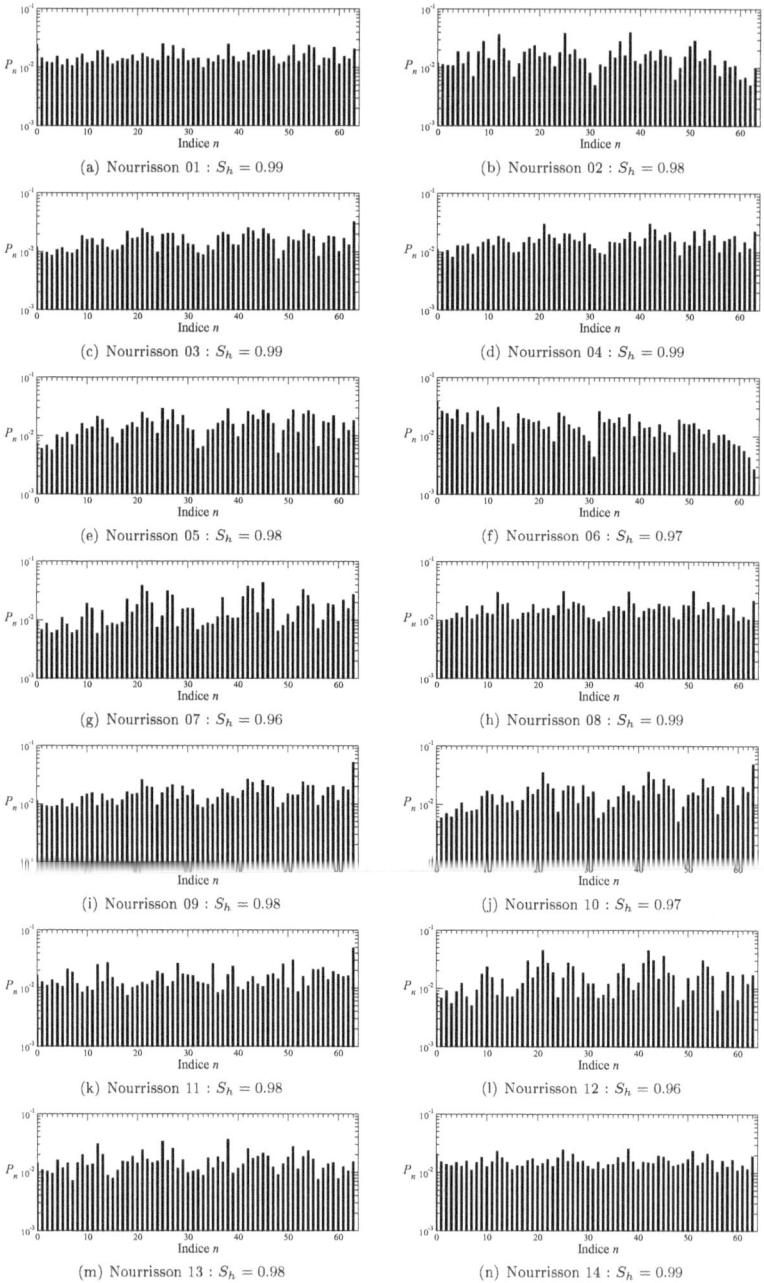

FIGURE 3.18 – Distributions des probabilités de réalisation des séquences codées par $\bar{1}$ ou par 1 avec la dynamique à quatre symboles.

TABLE 3.10 – Tableau récapitulatif des résultats obtenus sur les nourrissons de notre protocole : Probabilités P_c de réalisation de la séquence « 000000 » et P_l pour celle de la séquence « 111111 » pour différents seuils τ.

Nourrisson	P_{c5}	P_{c10}	P_{c20}	P_{l20}	P_{l50}	P_{l100}
01	5.7%	16.7%	49.3%	3.6%	1.0%	0.2%
02	1.5%	**5.4%**	25.4%	4.0%	2.0%	0.4%
03	10.8%	21.8%	38.2%	4.9%	5.0%	4.2%
04	4.5%	23.3%	51.5%	3.7%	2.0%	0.4%
05	14.8%	44.3%	80.2%	1.9%	0.8%	0.2%
06	0.6%	**3.2%**	11.8%	2.9%	4.2%	**1.3%**
07	7.8%	33.3%	75.8%	2.5%	0.6%	0.2%
08	4.8%	**9.4%**	18.2%	6.3%	3.5%	**2.0%**
09	12.5%	32.8%	67.4%	3.3%	1.3%	0.8%
10	8.0%	28.3%	54.2%	4.2%	3.9%	3.7%
11	4.7%	13.3%	48.4%	4.1%	1.1%	1.0%
12	9.7%	29.4%	50.0%	6.1%	1.7%	0.1%
13	9.8%	19.8%	45.8%	3.2%	1.2%	0.2%
14*	1.5%	**6.1%**	22.4%	7.2%	2.9%	**1.4%**

ces caractéristiques indique une grande complexité de la dynamique cardiaque. Les nourrissons 03 et 10, quant à eux, montrent une importante variabilité cardiaque, non associée à une baisse de la faible variabilité selon le paramètre P_{c10}. Il est toutefois impossible, à l'aide de ces grandeurs, de préciser la nature des arythmies en question. Nous pouvons enfin noter que le paramètre P_{c20} est particulièrement élevé chez les nourrissons 05 et 07 (respectivement 80.2% et 75.8%), indiquant une faible variabilité, ce qui se retrouve dans la structure des applications de premier retour sur les ΔRR de ces nourrissons avec la forme pincée du nuage central (FIG. 3.14).

D'après les évolutions des probabilité P_c en fonction du seuil qui prennent toutes la forme d'une sigmoïde τ (FIG. 3.19), nous pouvons identifier différentes classes. Pour cela, nous modélisons la sigmoïde en une fonction linéaire par morceaux à trois segments : le point de jonction entre le deuxième et le troisième segment permet de définir une durée critique τ_c. A partir de la configuration de ces trois segments et de la valeur du seuil τ_c, quatre classes peuvent être définies :

ɪ Le seuil τ_c survient sur l'intervalle $[15; 21]$ ms avec une probabilité P_c supérieure à 0.8, ce qui correspond à une saturation de la probabilité P_c sur un intervalle relativement court. Cette classe regroupe les nourrissons 05, 07 et 09.

ɪɪ Une deuxième classe se caractérise par des sigmoïdes de même allure mais avec un seuil supérieur à 30 ms : elle regroupe les nourrissons 01, 02, 11 et 13.

ɪɪɪ Une troisième classe se caractérise par un seuil τ_c sur le même intervalle que celui de la première classe mais avec une probabilité $P_c(\tau_c)$ autour de 0.6, conduisant à un plateau : elle regroupe les nourrissons 03 et 10.

ɪᴠ Une quatrième classe se traduit par un seuil supérieur à 50 ms et comprend les nourrissons 06, 08 et 14.

Il reste deux nourrissons, 04 et 12, qui présentent une sigmoïde mal approchée par une fonction linéaire par morceaux ne comprenant que trois segments et qui s'apparentent à des cas intermédiaires entre les classes ɪ et ɪɪ. Avec ces seules courbes intégrales, nous sommes capables de distinguer les différentes dynamiques cardiaques mises en évidence sur la carte S_h-α. De plus, une durée caractéristique est ici mise en évidence sur la variabilité cardiaque, représentant l'intervalle sur lequel survient la majorité de la variabilité. Précisons que la classe ɪɪɪ correspond aux nourrissons présentant de nombreuses extrasystoles et que la classe ɪᴠ regroupent les nourrissons

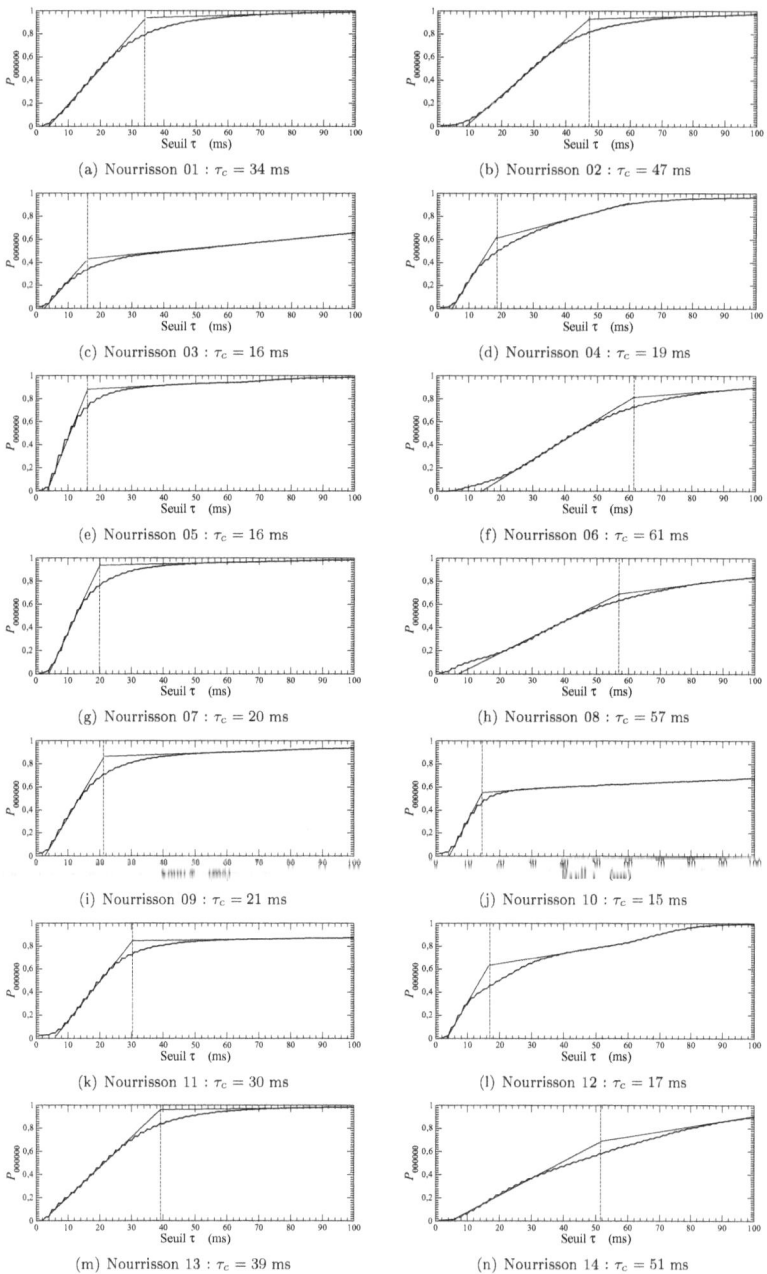

(a) Nourrisson 01 : $\tau_c = 34$ ms

(b) Nourrisson 02 : $\tau_c = 47$ ms

(c) Nourrisson 03 : $\tau_c = 16$ ms

(d) Nourrisson 04 : $\tau_c = 19$ ms

(e) Nourrisson 05 : $\tau_c = 16$ ms

(f) Nourrisson 06 : $\tau_c = 61$ ms

(g) Nourrisson 07 : $\tau_c = 20$ ms

(h) Nourrisson 08 : $\tau_c = 57$ ms

(i) Nourrisson 09 : $\tau_c = 21$ ms

(j) Nourrisson 10 : $\tau_c = 15$ ms

(k) Nourrisson 11 : $\tau_c = 30$ ms

(l) Nourrisson 12 : $\tau_c = 17$ ms

(m) Nourrisson 13 : $\tau_c = 39$ ms

(n) Nourrisson 14 : $\tau_c = 51$ ms

FIGURE 3.19 – Evolution de la probabilité P_c de réalisation de la séquence « 000000 » en fonction du seuil τ pour les quatorze nourrissons. Nous construisons une approximation linéaire par morceaux pour définir un seuil critique τ_c.

pourvus d'une variabilité cardiaque à la décélération très lente, très probablement associée à un retour très lent de la pulsation cardiaque de base. La classe I correspond à une variabilité cardiaque très pincée (faible entropie S_h^3), la classe II étant probablement associée aux nourrissons présentant une variabilité qui pourrait être qualifiée de normale.

En ce qui concerne les nourrissons 03 et 10, les probabilités P_{c10} (TAB. 3.19) ne montraient pas de différence significative par rapport aux autres nourrissons pour un seuil de 10 ms. En revanche, d'après les courbes présentées, il semblerait que la probabilité de réalisation de la séquence « 000000 » augmente rapidement pour les faibles valeurs de τ pour saturer sur un plateau autour de 60%, rapidement atteint lorsque τ dépasse 20 ms. Ces nourrissons présenteraient ainsi, un peu à la manière des nourrissons 06, 08 et 14, une faible variabilité cardiaque sur de courts intervalles de temps associée à une augmentation de la variabilité sur une large bande de délais temporels, ce qui confirmerait la présence d'arythmies.

L'évolution de l'entropie de Shannon relative calculée sur les deux symboles 0 et 1 en fonction du seuil temporel τ (FIG. 3.20), permet d'appuyer, au moins en partie, les observations faites précédemment. Là encore, il est possible de définir une durée critique τ_c à l'aide du maximum pris par l'évolution de l'entropie de Shannon. Les durées critiques des quatorze nourrissons sont reportées TAB. 3.11. La valeur moyenne est de $\overline{\tau}_c = (32 \pm 17)$ ms. Seuls celles des nourrissons de la classe IV (06, 08 et 14) mise en évidence précédemment sont significativement supérieures aux autres. Les évolutions de l'entropie de Shannon des nourrissons de la classe III mettent en évidence un plateau révélant qu'il existe une plage de durées sur laquelle il y a peu d'évènements : ce sont les nourrissons à extrasystoles, le battement de compensation se faisant sur une durée significativement plus grande que celle des autres battements. Tous les nourrissons de la classe I auxquels nous pouvons ajouter les nourrissons 01 et 11 de la classe II présentent une variabilité comprise entre 0 et 40 ms, ce qui est probablement caractéristique d'une variabilité trop pincée. De manière générale, l'évolution de la probabilité P_c en fonction du temps τ est plus discriminante que celle de l'entropie de Shannon : elle sera donc préférée à cette dernière.

TABLE 3.11 – Durées caractéristiques (reportées en ms) de la dynamique cardiaque associées aux maxima respectifs des évolutions de P_c et S_h.

Nourrisson	01	02	03	04	05	06	07	08	09	10	11	12	13	14
$\tau_c)_{P_c}$ (ms)	34	47	16	19	16	61	20	57	21	15	30	17	39	51
$\tau_c)_{S_{\max}}$ (ms)	8	12	6	6	3	18	5	19	5	5	7	5	8	14

Nous pouvons ainsi conclure que les cinq nourrissons des classes III et IV (03, 06, 08, 10 et 14) possèdent une variabilité du rythme cardiaque probablement trop importante. L'analyse de la dynamique cardiaque par l'ensemble des grandeurs calculées permet de mettre en avant des courbes aux allures caractéristiques, où l'on peut distinguer quatre classes : les nourrissons possédant un rythme cardiaque régulier (voire trop régulier pour la classe I), ainsi que deux groupes (III et IV) pour lesquels la présence d'arythmies a été mise en évidence et qui peuvent ensuite être identifiés séparément selon la répartition des probabilités P_c et P_l en fonction du seuil τ, ou par la carte S_h-α (FIG. 3.14).

3.3   Étude dans le domaine temporel

3.3.1   Analyse des intervalles RR

Afin d'évaluer l'intérêt de réaliser une analyse non linéaire de l'activité cardiaque par rapport à une analyse plus traditionnelle, nous avons souhaité mettre en place une étude dans le domaine temporel des électrocardiogrammes recueillis. Il existe deux approches pour l'étude statistique des dynamiques cardiaques : tout d'abord l'étude du rythme cardiaque dit « instantané » qui consiste à effectuer des calculs à partir des intervalles RR, ainsi que l'étude basée sur les différences entre les intervalles RR successifs, ou ΔRR.

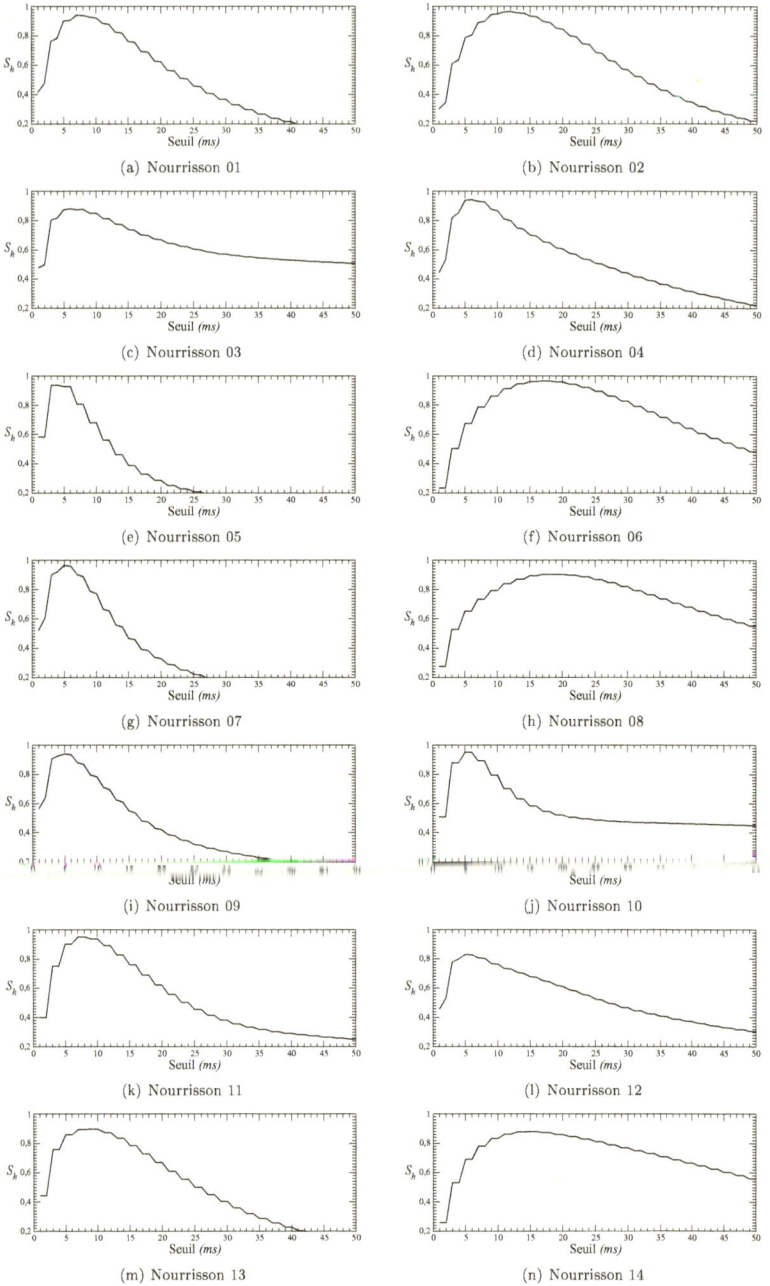

FIGURE 3.20 – Evolution de l'entropie de Shannon S_h^3 calculée sur une dynamique à deux symboles (0 et 1) en fonction du seuil τ.

Nous réalisons dans un premier temps le calcul de la valeur moyenne $\overline{\text{RR}}$ des intervalles RR détectés par l'algorithme Physionet pour chacun des nourrissons. Les valeurs aberrantes liées à des artéfacts de détection sont mises à l'écart, grâce à un seuil qui permet d'éliminer les intervalles RR d'une durée supérieure à 1500 ms. Avec ce seuil, plus de 99% des intervalles RR sont conservés pour les calculs, ce qui permet d'obtenir des résultats non biaisés, selon l'équation suivante :

$$\overline{\text{RR}} = \frac{1}{n} \sum_{i=0}^{n} \text{RR}_i . \tag{3.17}$$

Grâce à cette première valeur nous pouvons effectuer le calcul de la déviation standard des intervalles RR mesurés sur l'ensemble des enregistrements, avant que la dynamique symbolique ne soit mise en place. Cette déviation standard, ou σ_{RR}, s'exprime selon l'équation suivante :

$$\sigma_{\text{RR}} = \sqrt{\frac{1}{n} \sum_{i=0}^{n} (\text{RR}_i - \overline{\text{RR}})^2} . \tag{3.18}$$

La déviation standard σ_{RR} permet de rendre compte des variations apparaissant dans le rythme cardiaque, qu'elles soient influencées par une activité à court terme telle que la respiration, ou à long terme telle que l'activité physique ou encore le rythme circadien. Le calcul de la variance sur les intervalles RR permet en effet de réaliser une approximation de la puissance totale du signal; de ce fait, la déviation standard est le reflet de toutes les composantes cycliques responsables de la variabilité cardiaque, à savoir l'activité nerveuse à la fois d'origine sympathique et parasympathique [33].

De même, nous déterminons ensuite la valeur moyenne $\overline{|\Delta\text{RR}|}$ pour chaque nourrisson de la valeur absolue de la différence entre les intervalles RR successifs, c'est-à-dire des ΔRR, afin d'en déduire la déviation standard, ou $\sigma_{|\Delta\text{RR}|}$. Nous effectuons ce calcul sur l'ensemble des enregistrements, puis sur les ΔRR codés par 1 dans la dynamique à trois symboles, c'est-à-dire compris entre -40 ms et 40 ms, qui représentent les petites variations induites par la régulation sinusale. Ces deux grandeurs nous permettent ainsi d'obtenir des informations d'une part sur la variabilité globale du rythme cardiaque au cours de l'enregistrement, ainsi que sur la faible variabilité sous contrôle du nœud sinusal.

La déviation standard σ_{RR} (troisième colonne, TAB. 3.12), qui renseigne sur la variabilité globale du rythme cardiaque, est particulièrement élevée chez les nourrissons 01, 06, 08 et 14. Certaines études ont montré que la diminution de la variabilité cardiaque était un facteur prédictif de mortalité et caractéristique d'arythmie grave, notamment dans le cadre du suivi après un infarctus du myocarde [29, 30]. Une grande valeur de l'écart-type représenterait dans ce cas un signe positif pour le pronostic vital. Cependant, aucune étude n'ayant pour le moment été menée sur des nourrissons, il est impossible de conclure quant à la signification de telles valeurs. Il est ainsi judicieux d'appliquer ces mesures aux différences entre les intervalles RR successifs, ou ΔRR, dans le but d'obtenir une meilleure analyse de la dynamique cardiaque [23]. Cette grandeur est donc complétée par des calculs effectués sur les différences entre les intervalles RR successifs, afin de pouvoir relier entre elles les informations et les caractériser dans leur globalité.

L'écart-type $\sigma_{|\Delta\text{RR}|}$ (cinquième colonne, TAB. 3.12) calculé sur les ΔRR extraits à partir de tout l'enregistrement est très grand chez les nourrissons 03, 04, 10 et 14, qui avaient déjà été identifiés comme présentant des bouffées d'extrasystoles (03 et 10) ainsi qu'un nourrisson doté d'une forte prépondérance à la décélération lente (14) et un nourrisson indéterminé (04) : à ce titre, cet écart-type ne distingue pas ces différents types de dynamiques cardiaques. Il est toutefois logique que ces dynamiques cardiaques caractéristique se traduisent par une haute variabilité des valeurs prises par les intervalles RR sur l'ensemble du rythme cardiaque.

L'écart-type $\sigma_{|\Delta RR(1)|}$ des ΔRR compris entre -40 ms et 40 ms est particulièrement élevée chez les nourrissons 06, 08, et 14, c'est-à-dire ceux caractérisés par une forte prépondérance à la décélération lente (classe IV). Toutefois, ces valeurs sont non significativement différentes des écarts-type trouvés, par exemple, chez les nourrissons 02, 12 et 13. Chez les nourrissons 06 et 08, que nous avons auparavant associés à une prépondérance à la décélération lente, cette quantité confirme que les petites variations du rythme cardiaque liées à la régulation sinusale jouent un rôle important dans la dynamique du cœur.

Enfin, nous calculons le pourcentage d'intervalles RR successifs différant de plus de 50 ms ou de moins de -50 ms. Cet indicateur, nommé $P_{\Delta50}$, a été introduit sous le nom pNN$_{50}$ dans un article d'Ewing *et al.* [14],

TABLE 3.12 – Moyenne $\overline{RR}$ et déviation standard σ_{RR} calculées à partir des intervalles RR, moyenne $\overline{|\Delta RR|}$ et déviation standard $\sigma_{|\Delta RR|}$ calculées à partir des ΔRR sur l'ensemble de l'enregistrement, moyenne $\overline{|\Delta RR_{(1)}|}$ et déviation standard $\sigma_{|\Delta RR_{(1)}|}$ calculées à partir des ΔRR codés par 1 avec la dynamique à trois symboles (variabilité sinusale). Le pourcentage d'intervalles RR successifs supérieurs à 50 ms ainsi que les taux de ΔRR inférieurs à 50 ms (ρ_{inf}) et supérieurs à 50 ms (ρ_{sup}) sont également reportés.

Nourrisson	$\overline{RR}$ (ms)	σ_{RR} (ms)	$\overline{|\Delta RR|}$ (ms)	$\sigma_{|\Delta RR|}$ (ms)	$\overline{|\Delta RR_{(1)}|}$ (ms)	$\sigma_{|\Delta RR_{(1)}|}$ (ms)	$P_{\Delta 50}$	ρ_{inf}	ρ_{sup}
01	510	**88**	13	20	10	9	2.4%	1.3%	1.1%
02	438	71	17	27	12	10	4.9%	2.1%	2.8%
03	358	55	31	**57**	8	8	**18.2%**	10.9%	7.3%
04	435	60	17	50	10	9	4.3%	2.2%	2.1%
05	401	43	7	14	5	5	1.4%	0.8%	0.6%
06	573	**83**	26	32	15	**11**	**11.4%**	4.5%	6.9%
07	446	60	9	20	7	6	2.2%	1.2%	1.0%
08	504	**94**	31	40	15	**11**	**16.3%**	8.4%	7.9%
09	392	64	16	30	8	8	8.2%	4.2%	4.1%
10	403	65	40	**71**	7	8	**21.2%**	12.5%	8.7%
11	431	73	14	25	9	8	4.9%	2.7%	2.3%
12	421	52	16	24	10	10	8.4%	3.5%	4.9%
13	416	59	16	21	12	10	3.6%	1.5%	2.2%
14*	540	**89**	28	43	14	**11**	**15.7%**	7.5%	8.2%

et exprime la variabilité de grande amplitude dans le rythme cardiaque, qui serait principalement d'origine parasympathique et modulée par la respiration. Nous calculons également ces deux probabilités séparément, afin d'observer la distribution des ΔRR de part et d'autre du seuil. D'après ces résultats (TAB. 3.12), nous pouvons constater que le pourcentage $P_{\Delta 50}$ est très élevé chez les nourrissons 03 et 10, présentant de nombreuses extrasystoles, chez les nourrissons 06 et 08 qui présentent une tendance à la décélération, et chez le nourrisson 14, suspecté également d'être atteint de cette propriété. Nous retrouvons bien ces caractéristiques avec l'asymétrie de répartition des ΔRR, à la f... chez les nourrissons 03 et 10 est majoritairement dû a des intervalles RR raccourcis, se traduisant par de la tachycardie ; à l'opposé, nous observons la présence d'une « bradycardie » prononcée chez le nourrisson 06. Chez le nourrisson 08, malgré un $P_{\Delta 50}$ indicateur d'arythmies, l'écart entre les deux pourcentages sur les ΔRR n'est pas significatif. Les données du nourrisson 14, en raison du taux important d'artéfacts, ne peuvent être analysées rigoureusement. En ce qui concerne les autres nourrissons, les anomalies constatées précédemment dans l'analyse temporelle des données ne semblent pas se confirmer d'après cette grandeur, et peuvent résulter d'artéfacts de mesure.

Ainsi, le paramètre $P_{\Delta 50}$ permet d'obtenir une vision globale de la variabilité cardiaque des nourrissons, en mettant en avant la présence dans les cycles cardiaques d'intervalles RR aux valeurs extrêmes. Ensuite, il est possible grâce à l'étude sur les ΔRR de distinguer deux types d'arythmies : d'une part les arythmies identifiables à partir de l'écart-type $\sigma_{\Delta RR}$ calculé sur l'ensemble de l'enregistrement et traduisant une haute variabilité dans le rythme cardiaque, et d'autre part les arythmies présentes dans le rythme soumis à la variation sinusale, caractérisées par un écart-type élevé associé à des ΔRR raccourcis ou prolongés afin de contrebalancer la variabilité globale. Toutefois, toutes ces quantités se révèlent moins discriminantes que les analyses non linéaires.

3.3.2   Analyse des fréquences maximales

Par ailleurs, nous avons souhaité étudier l'évolution des fréquences cardiaques prises par les nourrissons au cours de la nuit. En particulier, le retour à une fréquence cardiaque normale suite à un épisode de tachycardie permet d'évaluer la capacité que possède le cœur à réguler son rythme. Pour cela, nous relevons les instants t au cours desquels des évènements de tachycardie sont apparus pendant la nuit, un tel évènement étant défini par une fréquence cardiaque supérieure à 180 battements par minute. Nous relevons ensuite la fréquence cardiaque prise par le nourrisson deux minutes après chaque évènement, à $t + 2$ min. La différence

$$\eta_f = f_T - f_{T+2\text{min}} \qquad (3.19)$$

entre ces deux fréquences caractérise la capacité de récupération cardiaque. Une récupération anormale de la fréquence cardiaque suite à un effort physique, c'est-à-dire inférieur ou égal à 42 battements par minute, est un facteur prédictif de mortalité [9]. Nous avons ainsi calculé le retour à la fréquence cardiaque f_T pour chaque évènement de tachycardie traversé, puis fait la moyenne de cette quantité sur l'ensemble de la nuit. Nous calculons également l'écart $\Delta f_{2\text{ min}}$ à la valeur moyenne de la fréquence cardiaque (140 bpm).

TABLE 3.13 – Tableau représentant la fréquence cardiaque moyenne des nourrissons, le nombre d'évènements N_T de tachycardie (ou fréquences supérieures à 180 battements par minute) et le pourcentage ρ_T associé, la fréquence cardiaque moyenne prise lors d'un évènement de tachycardie, la fréquence moyenne prise deux minutes après un évènement, ainsi que le recouvrement exprimé en termes de battements par minute puis de pourcentage de décroissance.

Nourrisson	$\overline{f}$	N_T	ρ_T	$\overline{f_T}$	$\overline{f_{T+2\text{ min}}}$	η_f (bpm)	Recouvrement (%)
1	121	849	1.26%	197	144	53	24.93%
2	141	6545	8.25%	201	165	36	16.49%
3	171	31037	30.97%	197	176	21	10.06%
4	140	3329	4.27%	231	123	**108**	46.37%
5	152	6488	6.62%	192	168	24	12.06%
6	107	175	**0.25%**	222	133	**89**	39.09%
7	137	1892	2.30%	208	161	47	20.97%
8	124	3902	4.92%	201	174	27	12.05%
9	158	13978	16.06%	216	174	40	17.93%
10	153	14506	15.18%	205	162	43	20.02%
11	144	5527	7.64%	211	159	52	22.85%
12	145	7227	7.52%	195	177	18	8.84%
13	147	8039	9.92%	197	177	20	9.38%
14	114	504	**0.72%**	208	133	**75**	35.05%

D'après ces résultats (TAB. 3.13), nous constatons que les nourrissons ayant présenté le plus d'évènements de tachycardie pendant la durée de l'enregistrement sont les nourrissons 3, 9 et 10, ce qui est en accord avec la morphologie en segments, caractéristique de la présence d'extrasystoles, que l'on retrouve dans les applications de premier retour des nourrissons 3 et 10. À l'inverse, les nourrissons 6 et 14 ne sont passés qu'un faible nombre de fois au dessus du seuil des 180 battements par minute, ce qui est cohérent avec la tendance à la bradycardie qui a été détectée auparavant. En ce qui concerne le recouvrement de la fréquence cardiaque, nous remarquons que cet indicateur prend des valeurs particulièrement élevées chez les nourrissons 4, 6 et 14, dont la fréquence cardiaque suite aux deux minutes d'attente a décru de plus d'un tiers par rapport à l'évènement de tachycardie qui précède. Ces nourrissons font donc l'objet d'un ralentissement prononcé du cœur suite à la survenue d'un rythme trop rapide. Par ailleurs, le recouvrement de la fréquence cardiaque est le plus bas chez les nourrissons 3, 12 et 13, qui possèdent également les fréquences moyennes après deux minutes d'attente les plus hautes. Cet aspect traduit une mauvaise récupération du cœur suite à un évènement de tachycardie, ce qui serait lié à une anomalie du tonus vagal et associé à un facteur prédictif de mortalité [9].

Ainsi, l'analyse des fréquences maximales atteintes au cours de la nuit permet de confirmer la prépondérance des évènements de tachycardie chez les nourrissons 3 et 10 ; nous notons toutefois que si le nourrisson 10 retrouve une fréquence moyenne à l'issue des deux minutes, le nourrisson 3 présente un faible recouvrement, ce qui est un facteur défavorable dans le pronostic vital. Chez les nourrissons à tendance bradycarde, le faible taux de fréquences supérieures à 180 battements par minute associé à un fort recouvrement laisse supposer que le cœur a tendance à baisser de façon exagérée la fréquence cardiaque suite à une accélération du rythme.

3.4 Discussion et conclusion

Parmi les quatorze nourrissons à risque qui ont fait l'objet d'une surveillance cardio-respiratoire lors d'un séjour à l'hôpital, au moins six ont présenté de forts troubles de l'activité cardiaque selon les différentes méthodes d'analyse non linéaire utilisées.

En premier lieu, la dynamique symbolique à trois symboles a permis d'étudier l'apparition d'arythmies présentes sur l'ensemble du rythme cardiaque. L'entropie de Shannon relative, en accord avec les informations données par la probabilité de séquences non réalisées, a mis en évidence la présence d'arythmies chez les nourrissons 06, 08 et 14. La répartition des probabilités de réalisation des différentes séquences nous a ensuite conduits à identifier ces arythmies comme étant une tendance à la décélération lente, en accord avec la morphologie des applications de premier retour sur les ΔRR dont la forme est triangulaire, une signature clairement identifiée comme étant caractéristique de cette pathologie. Par ailleurs, l'indice d'asymétrie α mis en place, corrélé avec les probabilités d'apparition de motifs sélectionnés parmi les séquences réalisables, a permis d'observer que deux nourrissons de l'étude présentaient des extrasystoles en quantité non négligeable : les arythmies étaient isolées dans le cas du nourrisson 03 et en salves dans le cas du nourrisson 10. Les extrasystoles en salves sont connues pour être une signature d'une pathologie plus sévère que lorsqu'elles sont observées isolées.

Ceci indique que les grandeurs statistiques sur la globalité de la dynamique cardiaque comme nous les avons développées présentent être dotées d'un fort pouvoir discriminant entre des nourrissons pathologiques et des nourrissons sains. Il reste toutefois que ces deux indices ne peuvent statuer trop finement sur la sévérité d'une pathologie en l'absence d'une confrontation avec une analyse clinique des différents cas : ceci serait intéressant à réaliser.

L'introduction d'une dynamique à quatre symboles nous a ensuite permis d'étudier plus en détail l'activité cardiaque soumise à l'action du nœud sinusal, et d'observer les petites variations apparaissant dans le rythme cardiaque. L'entropie de Shannon calculée à partir des ΔRR codés avec les quatre symboles nous a tout d'abord révélé que les nourrissons 03, 06, 08, 10 et 14 présentaient une importante variabilité au cours des enregistrements. L'indice d'asymétrie β mis en place nous a ensuite amené à penser que la régulation du rythme cardiaque d'origine sinusale servait, entre autres, à contrebalancer les arythmies présentes sur le rythme pris dans sa globalité. Les nourrissons à tendance bradycarde présenteraient ainsi un rythme sous accélération sinusale légèrement trop lente. Cette observation nous amène également à prendre en considération le cas du nourrisson 02, passé inaperçu dans la dynamique à trois symboles, et qui présente ici des caractéritiques similaires aux nourrisons 06, 08 et 14.

Par la suite, en ne conservant que les différences entre intervalles RR codées à $\bar{1}$ et à 1, il a été mis en évidence que le nœud sinusal avait globalement plus tendance à ralentir le rythme cardiaque plutôt qu'à l'accélérer, sauf dans le cas des nourrissons présentant une bradycardie. L'entropie de Shannon calculée sur ces deux symboles n'a en revanche pas montré de différences significatives entre les nourrissons, en raison de la distribution quasi-équiprobable des probabilités de réalisation des différentes séquences.

Enfin, une dynamique symbolique à deux symboles, attribués selon un seuil temporel variable, a été introduite dans le but d'opérer une distinction entre faible et haute variabilité cardiaque. Le paramètre P_{c10} représentant la faible variabilité cardiaque a été trouvé anormalement bas chez les nourrissons 02, 06, 08 et 14, ce qui serait significatif d'une variabilité sinusale décrue et indicatif d'un risque de mort subite accru [29]. Le paramètre P_{l100} représentant la haute variabilité a quant à lui pris des valeurs extrêmes chez les nourrissons 03, 06, 08, 10 et 14, indiquant des arythmies responsables d'importants décalages temporels.

Il ressort donc d'après ces indicateurs que les nourrissons présentent une tendance à la bradycardie feraient l'objet d'une grande complexité dynamique, présente sur l'ensemble du rythme cardiaque. Les nourrissons chez qui des extrasystoles avaient été détectées semblent montrer une importante variabilité cardiaque de grande amplitude, associée à une faible variabilité prenant une valeur moyenne indépendante du seuil temporel.

Ces indicateurs observés individuellement permettent d'ores et déjà de statuer sur la présence ou non d'arythmies dans le rythme cardiaque. Le fait de faire varier le seuil temporel τ servant à attribuer les symboles aux ΔRR permet notamment d'afficher la courbe de l'évolution du paramètre P_c en fonction de τ : son évolution présente une allure caractéristique de différents états cardiaques qui nous ont amenés à distinguer quatre groupes parmi la population de nourrissons.

Pour conclure, parmi les six nourrissons chez qui des troubles cardiaques ont été détectés, deux ont présenté des extrasystoles (03 et 10), trois ont présenté une tendance à une décélération prolongée du rythme cardiaque (06, 08 et 14), et un nourrisson a montré des signes de bradycardie sans que nous ayons pu confirmer de façon significative cette information (nourrisson 02). Les différentes dynamiques symboliques que nous avons introduites se révèlent ainsi capables de distinguer la présence d'arythmies, mais ne peuvent toutefois pas évaluer les sévérités relatives de celles-ci, ce qui reste donc, du moins pour l'instant, l'apanage du cardiologue.

3.5   Intérêts de la dynamique non linéaire

L'analyse traditionnelle de la variabilité cardiaque consiste à effectuer une approche temporelle statistique, à travers des indicateurs tels que la moyenne, la déviation standard, ou encore le paramètre $P_{\Delta50}$ exprimant la variabilité de haute fréquence dans le rythme cardiaque. Ces indicateurs sont faciles et rapides à calculer, et permettent d'identifier aisément les nourrissons présentant des arythmies. Cependant, ces mesures possèdent des désavantages. Tout d'abord, la détection des arythmies par l'analyse temporelle classique se veut être plus efficace si elle est complétée par une analyse fréquentielle, non réalisée ici. Il ne nous est donc pas possible de confirmer ou d'infirmer les observations effectuées. De plus, notre principale grandeur repose sur un calcul de la variance, or nous savons que sa valeur augmente lorsque la longueur de l'enregistrement en question augmente [34]. La déviation standard ne peut donc pas être comparée de façon significative entre les différents nourrissons, puisque les temps d'enregistrement des intervalles RR sont variables d'un sujet à l'autre. Il est également utile de préciser que l'évaluation de la variabilité cardiaque à partir de la déviation standard calculée sur les intervalles RR n'a pour le moment été validée que pour des populations adultes pour lesquelles des valeurs pronostiques ont été définies [29]. La méconnaissance actuelle de la dynamique cardiaque chez les nourrissons ne nous permet ainsi pas de statuer sur ce point. Enfin, il est impossible d'après ces mesures de caractériser la nature des arythmies détectées, à savoir de faire la distinction entre tachycardie et bradycardie, malgré l'indication apportée par le paramètre $P_{\Delta50}$. Il semble donc que l'analyse des électrocardiogrammes dans le domaine temporel soit limitée, et que les grandeurs mises à disposition soient peu discriminantes.

L'introduction de la dynamique non linéaire permet, dans le contexte de l'étude de la variabilité cardiaque, d'avoir une meilleure compréhension des phénomènes complexes mis en jeu. L'analyse non linéaire représente ainsi un outil de diagnostic non invasif, et peut également fournir des informations pronostiques sur la survie d'un individu [20]. La mise en place d'une dynamique symbolique attribuée aux ΔRR nous permet d'effectuer une approche pour une classification de la variabilité cardiaque, et fournit des informations supplémentaires par rapport à l'analyse temporelle ou fréquentielle classique. L'analyse la plus complète et la plus discriminante consisterait à combiner les deux méthodes, cependant il apparaît que l'utilisation des systèmes dynamiques non linéaires conduise à une meilleure détection des sujets à risque [19], ce qui permet de s'affranchir des méthodes classiques. Nous disposons donc d'outils permettant de caractériser un système : la dynamique symbolique permet notamment de partitionner les séries temporelles en un nombre fini de régions et de s'intéresser aux suites possibles de régions traversées lors de l'évolution du système. La première approche consiste à calculer la fréquence d'apparition de chaque symbole introduit, afin de distinguer les distributions uniformes de séquences des distributions plus complexes. Il est ainsi possible d'obtenir une première mesure de la complexité en comptant le nombre de séquences non réalisées. Ensuite, le calcul de l'entropie de Shannon permet de quantifier l'information produite par le système et de mieux évaluer son degré de complexité, grâce aux propriétés suivantes : la complexité est nulle pour les séquences constantes, et l'entropie de Shannon prend sa valeur maximum dans le cas où la distribution est uniforme [35].

Pour conclure, il semblerait que seules les méthodes d'analyse non linéaire soient à même de rendre compte des phénomènes non linéaires à l'origine de la variabilité cardiaque, qu'il s'agisse de la régulation par le système nerveux ou de phénomènes issus d'intéractions complexes entre des variables hémodynamiques, électrophysiologiques ou encore humorales.

Bibliographie

[1] J. P. FINLEY, S. T. NUGENT, Heart rate variability in infants, children and young adults, *Journal of the Autonomic Nervous System*, **51**, 103-108, 1995.

[2] A. D. JOSE, D. COLLISON, The normal range and determinants of the intrinsic heart rate in man, *Cardiovascular Research*, **4**, 160-167, 1970.

[3] T. OPTHOF, The normal range and determinants of the intrinsic heart rate in man, *Cardiovascular Research*, **45**, 177-184, 2000.

[4] W. R. STAHL, Scaling of respiratory variables in mammals, *Journal of Applied Physiology*, **22**, 453-460, 1967.

[5] K. KARASON, H. MØLGAARD, J. WIKSTRAND, L. SJÖSTRÖM, Heart rate variability in obesity and the effect of weight loss, *American Journal of Cardiology*, **83** (8), 1242-1247, 1999.

[6] A. C. NOOYENS, T. L. VISSCHER, W. M. VERSCHUREN, A. J. SCHUIT, H. C. BOSHUIZEN, W. VAN MECHELEN, Age, period and cohort effects on body weight and body mass index in adults : The Doetinchem Cohort Study, *Public Health Nutrition*, **12** (6), 862-870, 2009.

[7] S. M. FOX, W. L. HASKELL, The exercise stress test : needs for standardization, in *Cardiology : current topics and progress* (M. Eliakim & H. N. Neufeld, ed.), *New York Academic Press*, 149-154, 1970.

[8] H. TANAKA, K. D. MONAHAN, D. R. SEALS, Age-predicted maximal heart rate revisited, *Journal of the American College of Cardiology*, **37** (1), 153-156, 2001.

[9] C. R. COLE, J. M. FOODY, E. H. BLACKSTONE, M. S. LAUER, Heart rate recovery after submaximal exercise testing as a predictor of mortality in a cardiovascularly healthy cohort, *Annals of Internal Medicine*, **132** (7), 552-555, 2000.

[10] C. FOSTER, D. J. FITZGERALD, P. SPATZ, Stability of the blood lactate-heart rate relationship in competitive athletes, *Medicine & Science in Sports & Exercise*, **31** (4), 578-582, 1999.

[11] U. S. FREITAS, C. LETELLIER & L. A. AGUIRRE, Failure in distinguishing colored noise from chaos using the noise titration technique, *Physical Review D*, **79**, 035201, 2009.

[12] V. L. SCHECHTMAN, S. L RAETZ, R. K. HARPER, A. GARFINKEL, A. J. WILSON, D. P. SOUTHALL & R. M. HARPER, Dynamic analysis of cardiac RR intervals in normal infants and in infants who subsequently succumbed to the sudden infant death syndrome, *Pediatric Research*, **31** (6), 606-612, 1992.

[13] R. LANGENDORF, Ventricular premature systoles with postponed compensatory pause, *American Heart Journal*, **46** (3), 401-404, 1953.

[14] D. J. EWING, J. M. M. NEILSON & P. TRAVIS, New method for assessing cardiac parasympathetic activity using 24 hour electrocardiograms, *British Heart Journal*, **52**, 396-402, 1984.

[15] J. T. BIGGER JR, R. E. KLEIGER, J. L. FLEISS *et al.*, Components of heart rate variability measured during healing of acute myocardial infarction, *American Journal of Cardiology*, **61**, 208-215, 1988.

[16] S. CHAKKO, R. G. MULINGTAPANG, H. V. HUIKURI, *et al.*, Alterations in heart rate variability and its circadian rhythm in hypertensive patients with left ventricular hypertrophy free of coronary artery disease, *American Heart Journal*, **126**, 1364-1372, 1993.

[17] J. E. MIETUS, C.-K. PENG, I. HENRY, R. L. GOLDSMITH, A. L. GOLDBERGER, The pNN$_x$ files : re-examining a widely used heart rate variability measure, *Heart*, **88**, 378-380, 2002.

[18] C. LETELLIER, E. ROULIN, S. LORIOT, J.-P. MORIN & F. DIONNET, Symbolic dynamics for arrhythmia identification from heart variability of rats with cardiac failures, *AIP Conference Proceedings*, **742**, 307-312, 2004.

[19] J. KURTH, A. VOSS, P. SAPARIN, A. WITT, H. J. KLEINER & N. WESSEL, Quantitative analysis of heart rate variability, *Chaos*, **5** (1), 88-94, 1995.

[20] A. VOSS, J. KURTHS, H. J. KLEINER, A. WITT, N. WESSEL, P. SAPARIN, K. J. OSTERZIEL, R. SCHARATH & R. DIETZ, The application of methods of non-linear dynamics for the improved and predictive recognition of patients threatened by sudden cardiac death, *Cardiovascular Research*, **31**, 419-433, 1996.

[21] N. WESSEL, H. MALBERG, R. BAUERNSCHMITT & J. KURTHS, Nonlinear methods of cardiovascular physics and their clinical applicability, *International Journal of Bifurcation and Chaos*, **17** (10), 3325-3371, 2007.

[22] C. E. SHANNON, A mathematical theory of communication, *Bell System Technical Journal*, **27**, 379-423 & 623-656, 1948.

[23] U. S. FREITAS, E. ROULIN, J.-F. MUIR & C. LETELLIER, Identifying chaos from heart rate : the right task ?, *Chaos*, **19**, 028505, 2009.

[24] D. E. LAKE, J. S. RICHMAN, M. P. GRIFFIN & J. R. MOORMAN, Sample entropy analysis of neonatal heart rate variability *American Journal of Physiology*, **283**, R789-R797, 2002.

[25] C. LETELLIER, P. DUTERTRE & B. MAHEU, Unstable periodic orbits and templates of the Rössler system : toward a systematic topological characterization, *Chaos*, **5** (1), 271-282, 1995.

[26] X. Z. TANG, E. R. TRACY, A. D. BOOZER, A. DEBRAUW & R. BROWN, Symbol sequence statistics in noisy chaotic signal reconstruction, *Physical Review E*, **51** (5), 3871-3889, 1995.

[27] J. GODELLE & C. LETELLIER, Symbolic sequence statistical analysis for free liquid jets, *Physical Review E*, **62** (6), 7973-7981, 2000.

[28] C. LETELLIER, Symbolic sequence analysis using approximated partition, *Chaos, Solitons & Fractals*, **36**, 32-41, 2008.

[29] P. PONIKOWSKI, S. D. ANKER, T. P. CHUA, R. SZELEMEJ, M. PIEPOLI, S. ADAMOPOULOS et al., Depressed heart rate variability as an independent predictor of death in chronic congestive heart failure secondary to ischemic or idiopathic dilated cardiomyopathy, *American Journal of Cardiology*, **79**, 1645-1650, 1997.

[30] B. M. SZABO, D. J. VAN VELDHUISEN, N. VAN DER VEER, J. BROUWER, P. A. DE GRAEFF, H. J. CRIJNS, Prognostic value of heart rate variability in chronic congestive heart failure secondary to idiopathic or ischemic dilated cardiomyopathy, *American Journal of Cardiology*, **79**, 978-980, 1997.

[31] N. WESSEL, C. ZIEHMANN, J. KURTHS, U. MEYERFELDT, A. SCHIRDEWAN, A. VOSS, Short-term fore-casting of life-threatening cardiac arrhythmias based on symbolic dynamics and finite-time growth rates, *Physical Review E*, **61** (1), 733-739, 2000.

[32] A. VOSS, K. HNATKOVA, N. WESSEL, J. KURTHS, A. SANDER, A. SCHIRDEWAN, A. J. CAMM, M. MALIK, Multiparametric analysis of heart rate variability used for risk stratification among survivors of acute myocardial infarction, *Pacing and Clinical Electrophysiology*, **21** (1), 186-192, 1998.

[33] TASK FORCE OF THE EUROPEAN SOCIETY OF CARDIOLOGY AND THE NORTH AMERICAN SOCIETY OF PACING AND ELECTROPHYSIOLOGY, Heart rate variability. Standards of measurement, physiological inter-pretation, and clinical use, *Circulation*, **93**, 1043-1065, 1996.

[34] J.P. SAUL, P. ALBRECHT, R.D. BERGER, R.J. COHEN, Analysis of long terme heart rate variability : methods, $1/f$ scaling and implications, *Computing in Cardiology*, **14**, 419-422, 1988.

[35] R. WACKERBAUER, A. WITT, H. ATMANSPACHER, J. KURTHS, H. SCHEINGRABER Quantification of structural and dynamical complexity, *Chaos, Solitons and Fractals*, **4**, 133-173, 1994.

Conclusion

Le syndrome de mort subite se révèle être, presque par définition, un syndrome encore largement incompris et dont les clés restent à trouver. Une piste intéressante s'oriente vers la maturation du système cardio-respiratoire et il nous semble que des études systématiques de cette maturation devraient être conduites. A cela s'ajoute, vraisemblablement des faiblesses dans la capacité d'éveil de certains nourrissons lorsqu'ils sont confrontés à des situations pouvant porter préjudice à leur survie. Des études polysomnographiques complètes pourraient permette d'étayer ou non ces hypothèses.

Le suivi cardio-respiratoire des nourrissons demeure un problème ouvert, à l'opposé de ce qui est trop communément cru. Contrairement à ce qui se passe chez l'adulte, le positionnement et surtout le maintien correct des électrodes reste délicat et sujet aux mouvements vifs des nourrissons ; ceci se traduit par des pertes de signal sur des durées non négligeables des enregistrements. Nous n'avons pu idenfitier dans le cadre de ce travail comment les moniteurs géraient des décrochages. Nos essais de capteurs acoustiques — autrement dit de microphones — n'ont pas permis d'obtenir des enregistrements plus fiables et, le signal est souvent de qualité insuffisante pour extraire correctement l'activité cardio-respiratoire, notamment celle de la respiration. C'est donc sur une réponse plutôt négative que nous devons conclure ses essais.

La dynamique cardiaque des quatorze nourrissons enregistrés dans le cadre de cette thèse a été étudiée à partir des électrocardiogrammes enregistrés avec le système « classique » de suivi cardio-respiratoire. A partir des tachogrammes, la dynamique cardiaque a été étudiée par l'intermédiaire d'applications de premier retour construites sur les variations entre intervalles RR successifs (ΔRR). Une entropie de Shannon calculée à partir des probabilités de réalisation des différentes séquences symboliques a été introduite ainsi qu'un coefficient d'asymétrie entre accélération et décélération du rythme cardiaque : ces deux quantités permettent de réaliser une cartographie des différentes structures dynamiques rencontrées. La plupart des nourrissons enregistrés présente des dynamiques atypiques, du moins si nous prenons des adultes sains comme référence. L'interprétation clinique tenant compte de la médicamentation des nourrissons est actuellement en cours. Il apparaît ainsi nécessaire de mieux documenter l'activité cardio-respiratoire des nourrissons.

Annexe A

Le système nerveux autonome

A.1 Introduction

Le système nerveux autonome, appelé encore système végétatif involontaire ou viscéral, contrôle et régule une grande partie des activités inconscientes (fonctions autonomes, végétatives) du corps humain. Ces fonctions végétatives permettent de maintenir la stabilité intérieure adaptée au milieu extérieur : il s'agit de l'homéostasie, remarquée au milieu du XIXᵉ siècle par Claude Bernard [1]. Ce n'est qu'en 1932 que Walter Cannon introduit le concept d'homéostasie [2] comme « une fonction fondamentale assurée par un ensemble de processus dynamique visant à la maintenance du milieu interne, et souligne la non spécificité de la réponse sympathique en fonction du stimulus ». Alors que les organes, et en particulier les viscères, ont chacun leur « autonomie », le système nerveux autonome adapte leur fonctionnement harmonieux tout en respectant leur indépendance. Si son action est interrompue, les organes survivent et continuent à fonctionner mais leur activité n'est plus organisée dans l'homéostasie et dans la réaction aux agressions.

Les différentes fonctions homéostatiques sont :
– L'équilibre électrolytique ;
– Le métabolisme ;
– Le volume ;
– Le pH ;
– La composition sanguine ;
– La température ;
– La pression artérielle.

Ces fonctions vont faire intervenir entre autres le système cardiovasculaire et le système respiratoire.

Le système nerveux autonome fonctionne surtout de façon réflexe, inconscient, mais il est sous la dépendance d'une partie du système nerveux [3] (inclues dans le système nerveux central). Il peut solliciter certaines fonctions végétatives sous le contrôle de la volonté telles que la miction et la défécation. D'autres fonctions telles que la respiration fonctionnent de manière réflexe, mais peuvent être contrôlées (augmentation volontaire de l'inspiration ou de l'expiration ou de l'apnée). Par contre, certaines fonctions telles que celles du système cardiovasculaire ne peuvent absolument pas être sous contrôle.

Les activités du système nerveux autonome s'étendent à l'ensemble de l'organisme. Ainsi, le rythme cardiaque, les muscles lisses (que l'on retrouve dans la paroi des artères, des bronches et de l'intestin notamment), sont sous la responsabilité de ce système, ainsi que le foi, l'estomac, la vessie et les organes reproducteurs [1]. L'une des particularités du système nerveux autonome, dont les activités sont essentiellements involontaires et automatiques, est de siéger en dehors du système nerveux central, au voisinage des structures qu'il innerve.

Le système nerveux autonome se décompose en deux grands systèmes opposés, répartis en hauteur dans deux

---

1. C. Bernard, *Introduction à la médecine expérimentale*, 1865.
2. W. B. Cannon, *The wisdom of the body*, 1932.
3. Système nerveux : il est constitué du système nerveux central et du système nerveux périphérique. Le système nerveux périphérique se décompose selon le système nerveux autonome et le système nerveux somatique.

secteurs différents de la moelle épinière (Fig. A.1) : le système parasympathique qui prend naissance dans les noyaux du tronc cérébral, et le système sympathique (appelé encore orthosympathique) dont les fibres partent de la moelle épinière.

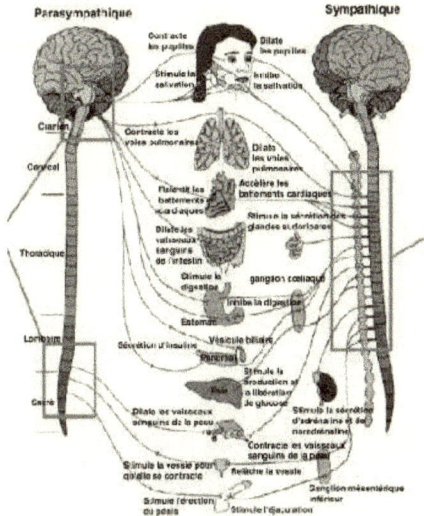

FIGURE A.1 – Systèmes sympathique et parasympathique du système nerveux autonome.

A.2 Organisation du système nerveux autonome

De manière très schématique, les deux systèmes sympathique et parasympathique ont des effets antagonistes l'un de l'autre. Les deux systèmes harmonisent leur action pour aboutir à une modulation fine de l'activité autonome. Ainsi, une activation du système sympathique augmente la fréquence cardiaque, la pression artérielle, le diamètre des bronches, et la libération de glucose dans le foie. Ce système stimule également les glandes sudoripares de la peau. Une activation du système parasympathique a les effets inverses sur ces fonctions. Les principaux effets pratiques des actions sympathiques et parasympathiques sont schématisés dans le tableau A.1. Plus particulièrement, le système nerveux parasympathique assure le contrôle et la modulation des fonctions végétatives dans les conditions habituelles de fonctionnement de l'organisme. Le système nerveux sympathique assure les mêmes fonctions que le système nerveux parasympathique mais il travaille également en urgence, en cas de stress ou d'agressions de l'organisme.

La majorité des organes sont doublement innervés, c'est-à-dire qu'ils reçoivent à la fois une innervation sympathique et une innervation parasympathique, toutes deux ayant des effets opposés.

D'un point de vue anatomique, puisque le système nerveux autonome travaille de manière réflexe, l'information sur l'état du système en régulation est transmise *via* des afférences, non spécifiques du système sympathique ou parasympathique concerné. La voie de sortie du système nerveux autonome comporte deux neurones :
- Un neurone connecteur (Fig. A.2) (ou pré-ganglionnaire) dont le corps cellulaire est situé dans le système nerveux central ;
- Un neurone effecteur (Fig. A.2) (ou post-ganglionnaire) dont le corps cellullaire appelé ganglion est situé en dehors du système nerveux central.

TABLE A.1 – Actions physiologiques comparées des systèmes sympathique et parasympathique.

Effets	Système Sympathique	Système Parasympathique
Peau, muscles (vaisseaux, glandes sudoripares, muscles piloérecteurs)	Vasoconstriction, sudation, piloérection	Aucun
Iris	Mydriase	Myosis
Glandes lacrymales	Peu d'effets	Sécrétion
Glandes salivaires	Salive peu abondante, visqueuse	Salive abondante, fluide
Cœur	Tachycardie	Bradycardie
Bronches	Bronchodilatation	Bronchoconstriction
Tube digestif	Inhibition du péristaltisme et des sécrétions	Augmentation du péristaltisme et des sécrétions
	Contraction des sphincters	Relâchement des sphincters
Vessie	Relâchement de la paroi	Contraction
	Contraction des sphincters	Relâchement des sphincters
Sexuel	Ejaculation	Erection

A.2.1 Les efférences du système nerveux autonome

Les neurones effecteurs [4] du système sympathique innervent les glandes sudoripares, les vaisseaux, les muscles pilo-contricteurs, l'œil, les glandes lacrymales, nasales et salivaires, le cœur, l'arbre trachéo-bronchique, les muscles lisses du tube digestif, les reins, la vessie, les organes génitaux externes. Les glandes endocrines (médullosurrénales) reçoivent une innervation sympathique et sécrètent l'adrénaline et la noradrénaline. La sécrétion peut être activée par la mise en jeu du système sympathique, les hormones ayant ensuite pour rôle de se répandre dans le sang de manière diffuse afin d'atteindre tous les récepteurs du système sympathique.

Pour le système sympathique, le médiateur utilisé au niveau de la synapse entre le neurone pré-ganglionnaire et le neurone post-ganglionnaire est l'acétylcholine, tandis que celui utilisé au niveau de la synapse entre le neurone post-ganglionnaire et l'organe effecteur est, dans la majorité des cas la noradrénaline, et exceptionnellement l'acétylcholine également (pour certains vaisseaux, glandes sudoripares ou muscles piloconstricteurs). De manière similaire à ceux du système sympathique, les neurones effecteurs du système parasympathique innervent les mêmes organes que le système sympathique à l'exception des vaisseaux, des muscles pilo-érecteurs et des glandes sudoripares qui ne reçoivent pas d'innervation parasympathique.

Pour le système parasympathique, le neuromédiateur au niveau de la synapse entre le neurone pré-ganglionnaire et le neurone post-ganglionnaire est l'acétylcholine (récepteurs nicotiniques), de même que celui utilisé au niveau de la synapse entre le neurone post-ganglionnaire et l'organe effecteur avec toutefois une différence puisqu'il concerne les récepteurs muscariniques).

A.2.2 Les afférences du système nerveux autonome

Les afférences véhiculent des informations aux centres sympathique et parasympathique au niveau desquels peuvent être élaboré des réponses par voie efférente. Ces afférences sont d'origine viscérale, et aucune différence entre afférences sympathique et parasympathique. Les messages afférents sont transmis sous forme codée. Les récepteurs de ces messages afférents sont désignés sous le terme d'intéro-récepteur puisqu'ils codent des informations provenant de l'intérieur de l'organisme. Ces récepteurs sensoriels peuvent être classés selon la nature du stimulus à coder :

---

4. Neurone effecteur : transmet l'influx nerveux en provenance du cerveau.

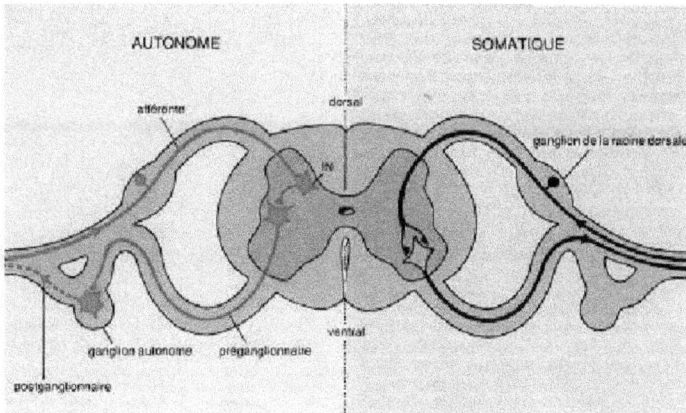

FIGURE A.2 – Neurones connecteur et effecteur du système autonome

- message de type mécanique (pression, volume, etc.) correspondant aux mécanorécepteurs. Ils se trouvent surtout dans les couches musculaires des muscles lisses ;
- message de type chimique (concentration, nature des nutriments, etc.) correspondant aux chémorécepteurs. Ils se trouvent principalement à proximité des vaisseaux sanguins et dans l'épithélium ;
- message de type thermique correspondant aux thermorécepteurs ;
- message de type lumineux correspondant aux photorécepteurs ;
- message de type douloureux correspondant aux nocicepteurs.

Le centre supérieur de contrôle végétatif est l'hypothalamus. Il n'est cependant pas le seul à recevoir des informations des afférences viscérales, d'autres structures en reçoivent égalementi (Fig. A.3) :

- le cervelet ;
- le système limbique ;
- les thalamus ;
- le cortex cérébral (dans certains cas seulement) : c'est en effet au cortex cérébral qu'arrivent toutes les afférences conscientes et c'est de là que partent toutes les réponses conscientes (volontaires).

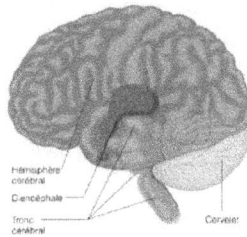

FIGURE A.3 – Système nerveux central.

Enfin, concernant les afférences du système nerveux autonome dans sa globalité, plus de 40 médiateurs ont été identifiés dont les trois principaux sont le glutamate, le GABA et le monoxyde d'azote.

A.3   Contrôle du système nerveux autonome

L'hypothalamus est le principal centre de régulation des fonctions physiologiques, et du maintien de l'homéostasie. De par son action, il influence la plupart des organes, et correspond au centre d'intégration des réponses motrices viscérales et somatiques. L'hypothalamus est en relation étroite avec l'hypophyse, le système limbique, ainsi que les centres végétatifs du tronc cérébral et de la moelle épinière (Fig. A.4). Le système limbique est un ensemble d'éléments interconnectés comprenant des aires corticales et des noyaux sous-corticaux. Ce système est le siège du cerveau affectif et concerne la genèse des émotions et leur intégration dans les comportements fondamentaux qui eux sont élaborés au niveau de l'hypothalamus.

Dans le tronc cérébral, les noyaux de la réticulé forment des réseaux susceptibles d'influencer à la fois le système sympathique et le système parasympathique. Ces noyaux forment les centres du système cardiovasculaire (centres vaso-moteurs et cardio-régulateurs), du système respiratoire, de la motricité digestive et mictionnels. Le contrôle exercer par ces centres est toujours de nature involontaire, seulement dicté par l'état du système.

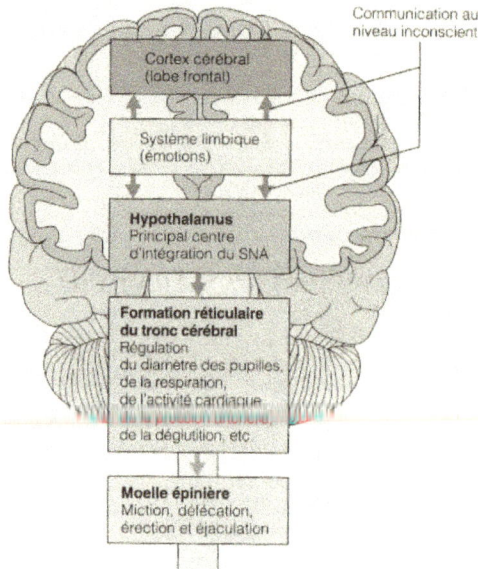

FIGURE A.4 – Centres de régulation du système nerveux autonome.

Il est également appelé cerveau endocrinien car en dehors de son influence sur le système nerveux autonome, sa fonction est de sécréter des hormones qui régissent des comportements fondamentaux tels que le comportement alimentaire, hydrique, sexuel, les rythmes circadiens (Fig. A.5).

L'hypothalamus via différents noyaux peut stimuler le système sympathique et le système parasympathique.

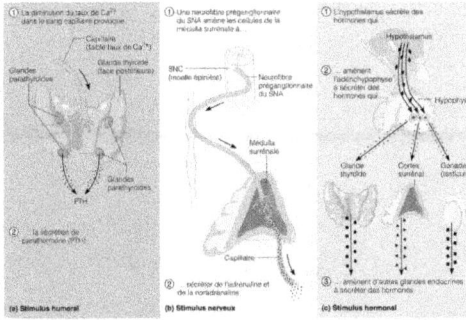

FIGURE A.5 – Processus de libération hormonale commandé par l'hypothalamus.

C'est également grâce à lui qu'une coordination existe entre les deux grands centres de contrôles homéostasiques que sont le système nerveux autonome et le système endocrinien, le premier permettant une adaptation physiologique immédiate tandis que le second permet une adaptation à plus long terme (Fig. A.6).

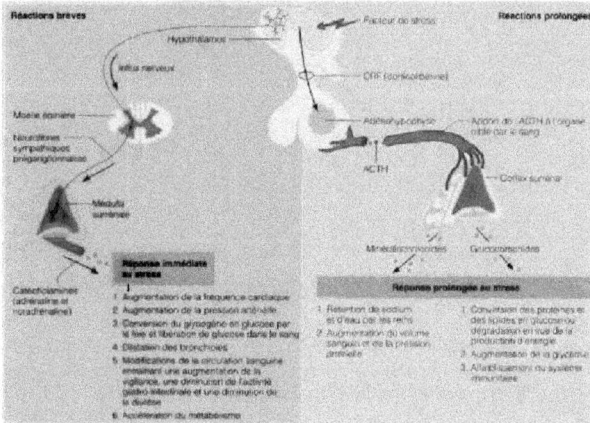

FIGURE A.6 – Processus des réactions brèves et prolongées commandées par l'hypothalamus.

A.4   Le système endocrinien

Le système endocrinien est constitué de glandes mixtes (pancréas, gonades), de glandes endocrines (hypophyse, thyroïde, parathyroïdes, surrénales, thymis, corps pinéal) et de l'hypothalamaus de nature neuroendocrinienne (Fig. A.7). Les fonctions du système endocrinien concernent la reproduction, la croissance et le développement de l'individu. Ce système mobilise les moyens de défense du corps humain. Il participe au maintien des électrolytes, de l'eau et des nutriments dans le sang et assure la régulation du métabolisme cellulaire et la régulation de l'équilibre énergétique.

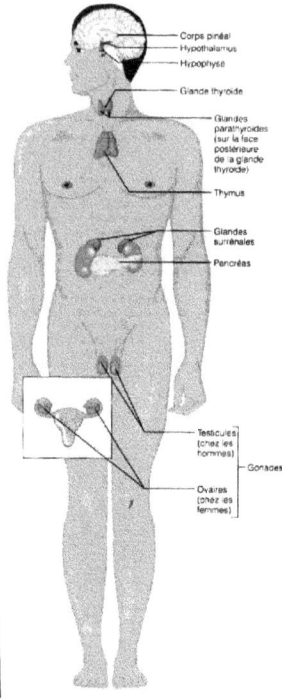

FIGURE A.7 – Les différentes glandes du système endocrinien.

L'hypothalamus est le centre initiateur de la production d'hormones. Ainsi, sous l'effet d'un stress, la libération d'hormones est initiée par l'hypothalamus parallèlement à l'activation des systèmes sympathique et parasympathique du système nerveux autonome (Fig. A.8).

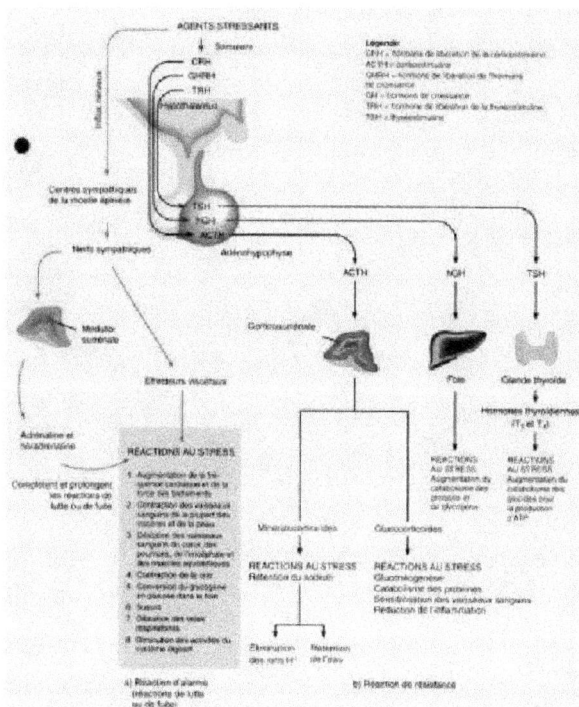

FIGURE A.8 – Processus de réaction au stress.

Bibliographie

[1] G. SERRATRICE & A. VERSCHUEREN Autonomic nervous system. *EMC-Neurologie 2*, **2**, 55-80, 2005.

Annexe B

Applications de 1er retour des nourrissons

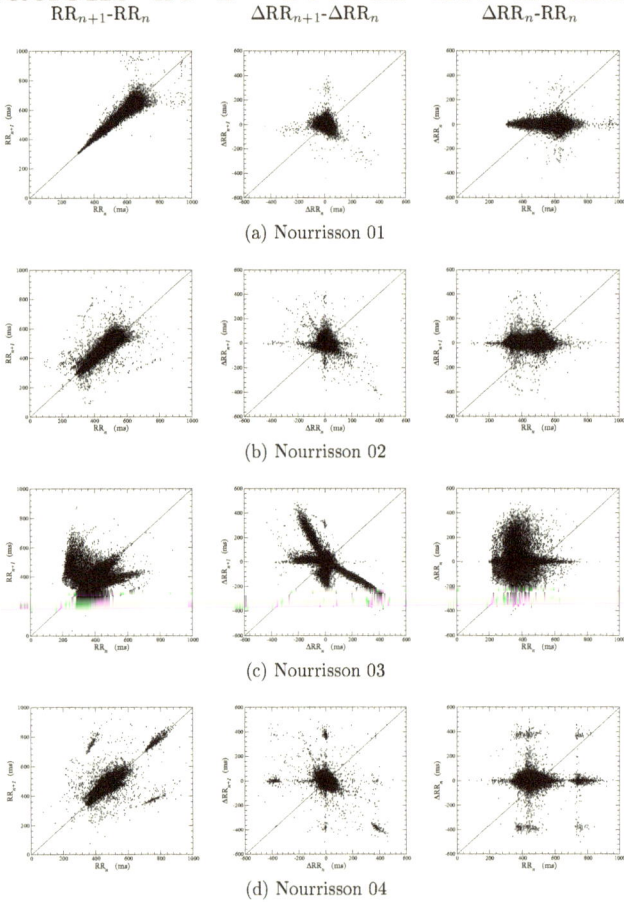

(a) Nourrisson 01

(b) Nourrisson 02

(c) Nourrisson 03

(d) Nourrisson 04

Fig. 2.1.

RR_{n+1}-RR_n ΔRR_{n+1}-ΔRR_n ΔRR_n-RR_n

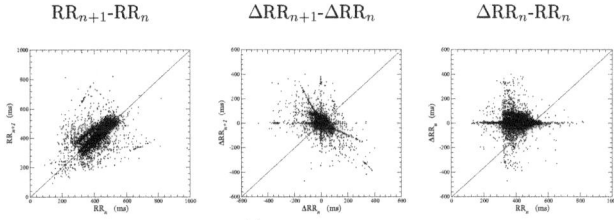

(e) Nourrisson 05

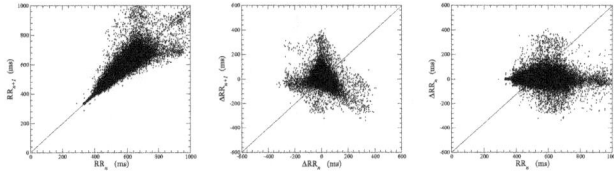

(f) Nourrisson 06

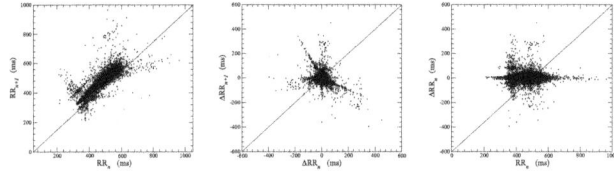

(g) Nourrisson 07

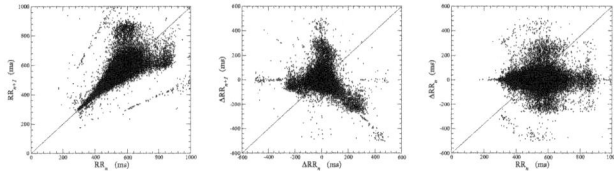

(h) Nourrisson 08

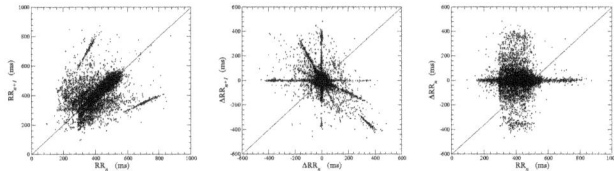

(i) Nourrisson 09

FIG. 2.1 — Suite.

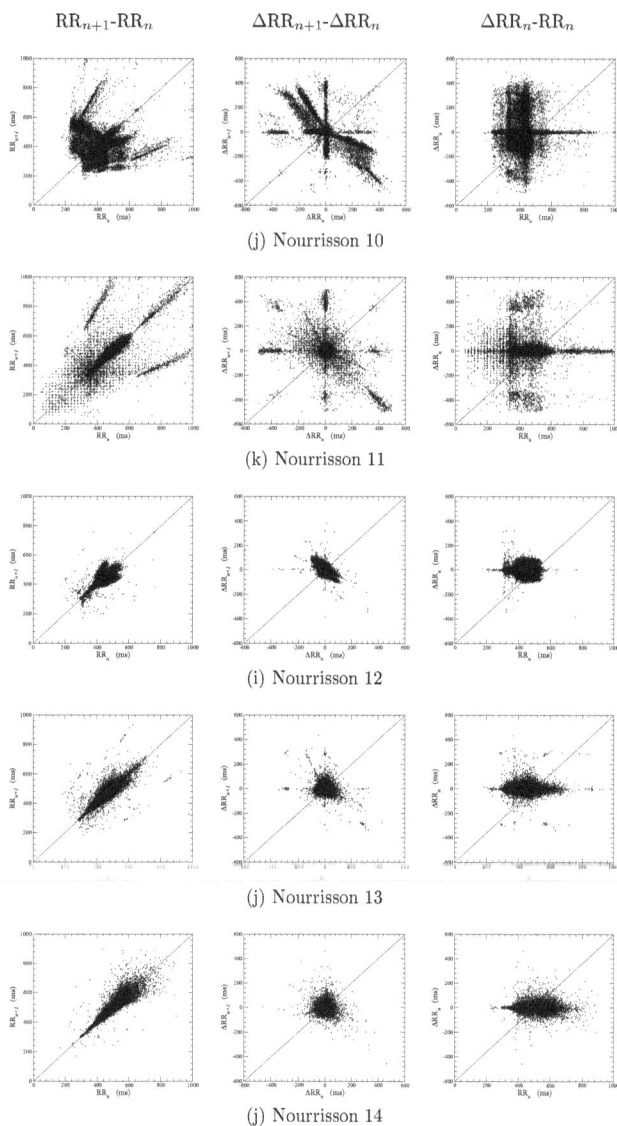

RR$_{n+1}$-RR$_n$ ΔRR$_{n+1}$-ΔRR$_n$ ΔRR$_n$-RR$_n$

(j) Nourrisson 10

(k) Nourrisson 11

(i) Nourrisson 12

(j) Nourrisson 13

(j) Nourrisson 14

FIGURE B.1 – Applications de premier retour sur les variations ΔRR d'un intervalle à l'autre correctement extraits par les deux algorithmes. Cas des nourrissons à risque mais n'ayant pas fait l'objet d'une alarme sérieuse de notre protocole.